●浙江大学数学系列丛书

解析几何学

沈一兵　盛为民　张　希　夏巧玲　编

ZHEJIANG UNIVERSITY PRESS
浙江大学出版社

序

为了弘扬浙江大学数学系的优良传统和学风，适应当代数学研究和教学的发展，2004年起浙江大学数学系组织力量对本科生课程设置和教材进行了重要改革，尤其是对数学系主干课程如数学分析、高等代数、解析几何、实变函数、常微分方程、科学计算、概率论等的教材进行了重新编写，并在浙江大学出版社出版浙江大学数学系列丛书。这是本套系列丛书的第一部分。

丛书的主要特点：

一、加强基础，突出普适性。丛书在内容取舍上，对数学核心内容不仅不削弱，反而有所加强，尤其注重数学基本理论、基本方法的训练。同时，为了适应浙江大学"宽口径"的学生培养制度，对数学应用、数学试验等内容也给予了高度关注。

二、关注前沿理论，强调创新。丛书试图从现代数学的观点审视和选择经典的内容，以新的视角来处理传统的数学内容，使丛书更加适合浙江大学教学改革的需要，适合通才教育的培养目标。

三、注重实践，突出适用性。丛书出版以前，有的作为讲义或正式出版物在浙江大学数学系试用过多次，使丛书的内容和框架、结构比较完善。同时，为了适合不同层次的学生合理取舍，丛书在内容选取上，为学生进一步学习准备了丰富的材料。

在编写过程中，数学系教授们征求了许多学生的意见，并希望能够在教学使用过程中对这套教材作进一步完善。今后我们还会对其他课程的教材进行相应的改革。

为了这套丛书的编写和发行，浙江大学数学系的许多教授和出版社的编辑投入了巨大的精力，我在此对他们表示衷心的感谢。

刘克峰

浙江大学数学系主任

2008年2月

序

前 言

几何学(Geometry),这个源自人类早期文明的响亮名词,至今仍焕发着灿烂的光辉。

古代的几何学主要是研究平面和空间的直观图形的性质,具有很强的现实性和朴素的辩证逻辑。集其大成者,当推欧几里德(Euclid)的《几何原本》。感谢笛卡儿(R. Descartes)等创建了坐标法,使得几何学的研究从"形"转换成"数"。就像几何学大师陈省身先生所比喻:从"裸体人"(综合几何)进化到"原始人"(坐标几何)。这是几何学发展中十分关键的一步。后来,克莱因(F. Klein)用变换群的观点刻画几何学,提出了著名的"爱尔兰根纲领"。从此,坐标及其变换成了几何学中最基本和最重要的观念。传统的大学解析几何课程,主要就是介绍这方面的内容。

我国的高等教育,一直把"分析、几何、代数"列为最重要的必修基础课(通称为"三高"),其中"几何"包括了传统的"解析几何"。遗憾的是,正如姜伯驹先生在为陈维桓教授所编著的《微分流形初步》一书的序言中所写道:"从20世纪50年代到70年代我国大学的几次教学改革中,几何课程曾被一再削弱,当时吴光磊先生就一语双关地批评这种现象为'得意忘形',历史的发展证明他是有远见的。"前事不忘,后事之师。我们今天的教学改革应当引以为鉴。这也是本书编写的目的之一。

几何学历来是浙江大学的特色课程,其历史渊源可追溯到苏步青先生所开创的老浙大几何学派。原杭州大学数学系,在白正国教授的指导下,对微分几何和黎曼几何都有相当的研究。20世纪80年代,丰宁欣老师等也编写了适合当时教学需要的教材《空间解析几何》(浙江科学技术出版社,1982),颇受广大读者欢迎。进入21世纪以来,随着我国高等教育改革的进一步深化,为了提高本科教学的质量,有必要重新撰写一本适应教学需要的解析几何学教材。

根据认识论的基本原则——从特殊到一般和从简单到复杂,本书从欧氏几何(传统解析几何的内容)入门,把仿射几何和射影几何有机地结合起来;以仿射几何为主线,欧氏几何作为其特殊情形,射影几何看作其延伸;适当介绍了非欧几何。具体内容如下:第1章以向量代数为主,介绍向量的各种运算。第2和第3章,以向量和坐标并举的方法,介绍空间直线、平面、二次曲面等传统空间解析几何的内容,用代数的方法讨论了二次曲面的分类。第4章介绍等距变换和仿射变换。第5章在射影几何的基础上,介绍非欧几何。附录一作为第3章的补充,介绍利用不变量讨论二次曲面分类问题。附录二介绍矩阵与行列式的基本概念,附录三简单介绍几何基础,作为第5章的补充。

考虑到工科与理科的不同需要和近年来提倡的"大类"招生,本书的教学课时可以有适当的伸缩性。如讲授本书全部内容,建议每周4学时。如每周3学时,建议略去第5章及附录。如每周2学时,可再略去第4章。

在浙江大学最近几年解析几何课程的教学中,我们相继采用了国内多种不同版本的教材,使我们收益很大,并使我们在编写本书过程中得以借鉴。我们对这些教材的作者表示衷心的感谢。本书是浙江大学2005年校级精品课《几何学》建设的组成部分,得到了浙江大学教务处的资助。浙江大学几何学方向的研究生李本伶、韩敬伟、吴超等同学帮助我们打印了大部分的书稿,特别是吴超同学,他为我们制作了书中大部分图片。对他们的工作,我们一并表示感谢。

由于编者水平有限,书中不妥甚至错误之处,在所难免。恳请读者提出宝贵意见,以供将来作进一步修订之用。

最后,对浙江大学理学院、数学系和浙江大学出版社的大力支持,谨致深切谢意。

编　者

2008年元月

目　录

第1章 向量代数

向量代数和坐标法是研究几何问题的基本工具,也是学习其他数学课程的基础,本章主要介绍向量代数的基本知识(如线性运算,内积,向量积). 为了丰富向量代数的内涵,我们将引入仿射坐标系和直角坐标系,并将有关向量概念用坐标表示. 在介绍用坐标表示向量的内积、外积以及多重向量积时,利用直角坐标来表示,将特别简洁. 不同于一般线性代数课程,我们将着重于三维欧氏空间并注重用几何的方法来叙述向量的概念及运算.

在反映现实世界的各种量中,一般可分为两类:一类在取定单位后可以用一个实数来表示,例如距离、时间、温度、体积、质量等,这类只具有大小的量叫做**数量**;另一类量不仅有大小,而且有方向,例如位移、力、速度、加速度等,这类量称为**向量**或**矢量**. 向量虽然与数量不同,但也可以像数量那样引入运算,并有类似的运算规则. 向量代数就是研究向量的运算及其运算规则的. 利用向量可以简明地把基本的几何对象表示出来,并通过向量的运算解决许多几何问题. 另一方面,通过引入坐标系,向量的运算归结为其坐标的代数运算. 向量代数与坐标法相结合是解析几何研究中的最重要方法.

§1.1 向量及其线性运算

1.1.1 向量及其表示

定义 1.1.1 **向量**(或矢量)是既有大小又有方向的量.

向量既有大小,又有方向,因此我们常用带箭头的线段(即有向线段)来表示. 线段的长度表示向量的大小,箭头所指的方向表示向量的方向. 如图 1-1 中的向量记作$\overrightarrow{AB}$,A 称为该向量的始点,B 称为终点. 有时向量不标明始、终点,只用一个黑体字母或带箭头的字母表示,例如向量 $\boldsymbol{a}$,$\boldsymbol{b}$,$\boldsymbol{c}$,… 或 $\vec{a}$,$\vec{b}$,$\vec{c}$ 等.

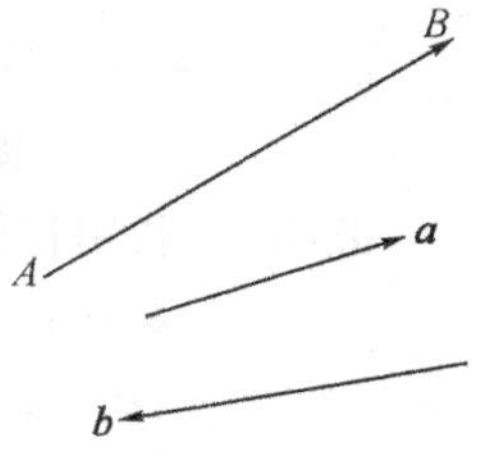

图 1-1

向量的大小也叫做它的长度或模,通常向量 $\overrightarrow{AB}$ 的长度记为 $|\overrightarrow{AB}|$,向量 $\boldsymbol{a}$ 的长度记作 $|\boldsymbol{a}|$. 长度等于 1 的向量称为单位向量.

定义 1.1.2 若两向量具有相同的长度和方向,则称这两个向量相等. 向量 $\boldsymbol{a}$ 与 $\boldsymbol{b}$ 相等,记作 $\boldsymbol{a} = \boldsymbol{b}$.

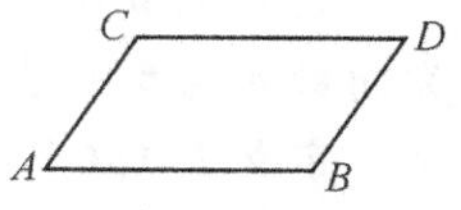

图 1-2

由上面的定义,两向量是否相等与它们的始点无关,只由它们的长度和方向决定. 像这种始点可任意选取,而只由其长度和方向决定的向量通常叫做**自由向量**. 也就是说,自由向量可任意平移,平移后的向量与原来的向量相等. 本书中我们所讲的向量都是指自由向量. 图

1-2 中，平行四边形 $ABCD$，根据上面定义就有，$\overrightarrow{AB}=\overrightarrow{CD}$，$\overrightarrow{AC}=\overrightarrow{BD}$.

定义 1.1.3 两个模长相等方向相反的向量叫做互为**负向量**，向量 $\boldsymbol{a}$ 的负向量记作 $-\boldsymbol{a}$.

显然，向量 $\overrightarrow{AB}$ 与 $\overrightarrow{BA}$ 互为负向量，即 $\overrightarrow{AB}=-\overrightarrow{BA}$. 如果两向量通过平行移动可以移到同一直线上，则称这两向量共线(平行). 如果 $\boldsymbol{a}$ 与 $\boldsymbol{b}$ 共线，记作 $\boldsymbol{a}//\boldsymbol{b}$. 平行于同一平面的一组向量，称为共面向量.

1.1.2 向量的加法

物理学中力、位移的合成分别遵循"平行四边形法则"和"三角形法则". 如图 1-3 中的两个力 $\overrightarrow{OA}$，$\overrightarrow{OC}$ 的合力就是以 $\overrightarrow{OA}$，$\overrightarrow{OC}$ 为邻边的平行四边形 $OABC$ 的对角线向量 $\overrightarrow{OB}$. 如图 1-4 中接连两次位移 $\overrightarrow{OA}$ 和 $\overrightarrow{AB}$ 的合成就是 O 到 B 的位移即 $\overrightarrow{OB}$.

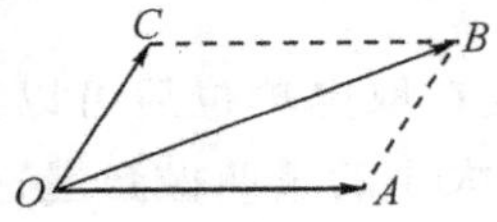

图 1-3

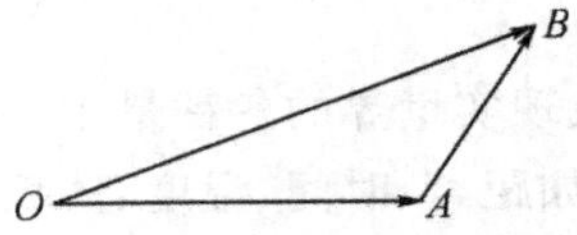

图 1-4

在自由向量的意义下，"平行四边形法则"和"三角形法则"是可以互推的.

定义 1.1.4 设已知向量 $\boldsymbol{a}$，$\boldsymbol{b}$，以空间任一点 O 为始点作向量 $\overrightarrow{OA}=\boldsymbol{a}$，$\overrightarrow{AB}=\boldsymbol{b}$，得到一条折线 OAB，向量 $\overrightarrow{OB}=\boldsymbol{c}$ 称作向量 $\boldsymbol{a}$ 与 $\boldsymbol{b}$ 的**和**，记作 $\boldsymbol{c}=\boldsymbol{a}+\boldsymbol{b}$.

定理 1.1.1 向量加法满足下面的运算规律：

1) 交换律 $\boldsymbol{a}+\boldsymbol{b}=\boldsymbol{b}+\boldsymbol{a}$; (1.1.1)

2) 结合律 $(\boldsymbol{a}+\boldsymbol{b})+\boldsymbol{c}=\boldsymbol{a}+(\boldsymbol{b}+\boldsymbol{c})$. (1.1.2)

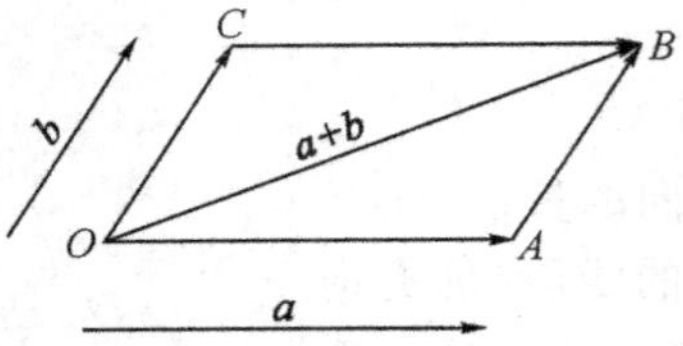

图 1-5

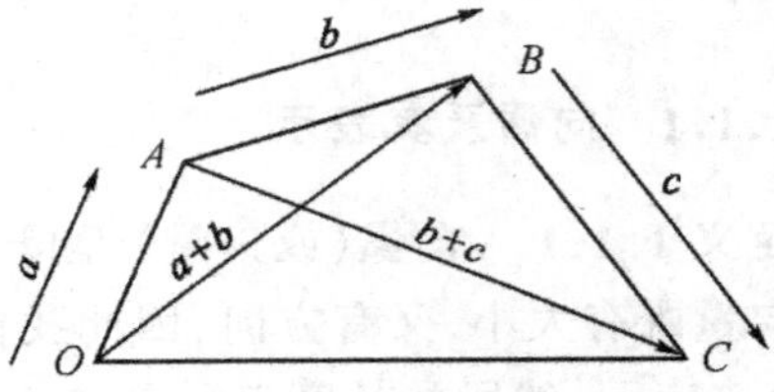

图 1-6

证明 利用作图法立刻得到这两条规律，如图 1-5 和图 1-6 所示，

$$\boldsymbol{b}+\boldsymbol{a}=\overrightarrow{OC}+\overrightarrow{CB}=\overrightarrow{OB}=\overrightarrow{OA}+\overrightarrow{AB}=\boldsymbol{a}+\boldsymbol{b},$$

$$(\boldsymbol{a}+\boldsymbol{b})+\boldsymbol{c}=\overrightarrow{OB}+\overrightarrow{BC}=\overrightarrow{OC}=\overrightarrow{OA}+\overrightarrow{AC}=\boldsymbol{a}+(\boldsymbol{b}+\boldsymbol{c}).$$ □

由上面规则，任三个向量 $\boldsymbol{a}$，$\boldsymbol{b}$，$\boldsymbol{c}$ 相加，不论它们的先后顺序与结合顺序如何，它们的和是一样的，因此可以写成 $\boldsymbol{a}+\boldsymbol{b}+\boldsymbol{c}$. 多个向量的和也可简单写作 $\boldsymbol{a}_1+\boldsymbol{a}_2+\cdots+\boldsymbol{a}_n$.

作为加法的逆运算，我们可以自然地定义向量的减法.

定义 1.1.5 给定两向量 $\boldsymbol{a}$ 和 $\boldsymbol{b}$，如果向量 $\boldsymbol{c}$ 与 $\boldsymbol{b}$ 的和为 $\boldsymbol{a}$，即 $\boldsymbol{c}+\boldsymbol{b}=\boldsymbol{a}$，则向量 $\boldsymbol{c}$ 称为向量 $\boldsymbol{a}$ 与 $\boldsymbol{b}$ 的**差**，记作 $\boldsymbol{c}=\boldsymbol{a}-\boldsymbol{b}$.

定义 1.1.6 长度为零的向量称为**零向量**，以 $\boldsymbol{0}$ 表示.

用有向线段来表示，$\overrightarrow{OA}=\boldsymbol{0}$，即 O 和 A 两点重合. 根据定义知，$\boldsymbol{a}=\boldsymbol{0}$，即 $|\boldsymbol{a}|=0$. 零

向量没有确定的方向，它与任何向量平行. 容易验证：

(1) $\boldsymbol{a}+\boldsymbol{0}=\boldsymbol{a}$;

(2) $\boldsymbol{a}+(-\boldsymbol{b})=\boldsymbol{a}-\boldsymbol{b}$;

(3) $\boldsymbol{a}+(-\boldsymbol{a})=\boldsymbol{a}-\boldsymbol{a}=\boldsymbol{0}$.

根据向量的减法，我们可得向量等式的移项法则：由 $\boldsymbol{b}+\boldsymbol{c}=\boldsymbol{d}$ 可得 $\boldsymbol{b}=\boldsymbol{d}-\boldsymbol{c}$.

另一方面，对于任何两向量 $\boldsymbol{a}$ 和 $\boldsymbol{b}$，成立下面**三角不等式**

$$|\boldsymbol{a}+\boldsymbol{b}|\leqslant|\boldsymbol{a}|+|\boldsymbol{b}| \tag{1.1.3}$$

等式成立当且仅当 $\boldsymbol{a},\boldsymbol{b}$ 同向.

例 1.1.1 平行六面体 $ABCD-A_1B_1C_1D_1$，$\overrightarrow{AB}=\boldsymbol{a}$，$\overrightarrow{AD}=\boldsymbol{b}$，$\overrightarrow{AA_1}=\boldsymbol{c}$，试用 $\boldsymbol{a},\boldsymbol{b},\boldsymbol{c}$ 来表示对角线向量 $\overrightarrow{AC_1}$，$\overrightarrow{A_1C}$.

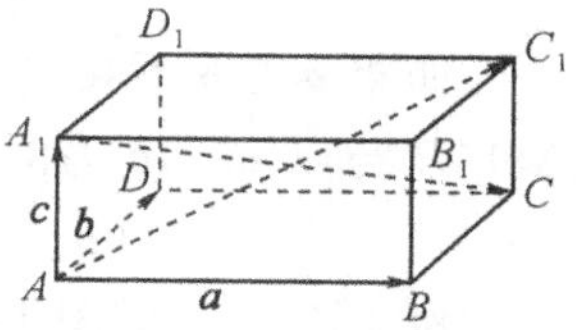

图 1-7

解 $\overrightarrow{AC_1}=\overrightarrow{AB}+\overrightarrow{BB_1}+\overrightarrow{B_1C_1}=\overrightarrow{AB}+\overrightarrow{AA_1}+\overrightarrow{AD}$

$=\boldsymbol{a}+\boldsymbol{b}+\boldsymbol{c}$.

$\overrightarrow{A_1C}=\overrightarrow{A_1A}+\overrightarrow{AB}+\overrightarrow{BC}=\overrightarrow{AB}+\overrightarrow{AD}-\overrightarrow{AA_1}$

$=\boldsymbol{a}+\boldsymbol{b}-\boldsymbol{c}$. ◇

例 1.1.2 设 $\boldsymbol{a}$ 和 $\boldsymbol{b}$ 都是非零向量且不共线，证明：

$$2(|\boldsymbol{a}|^2+|\boldsymbol{b}|^2)=|\boldsymbol{a}+\boldsymbol{b}|^2+|\boldsymbol{a}-\boldsymbol{b}|^2,$$

并说明这个等式的几何意义.

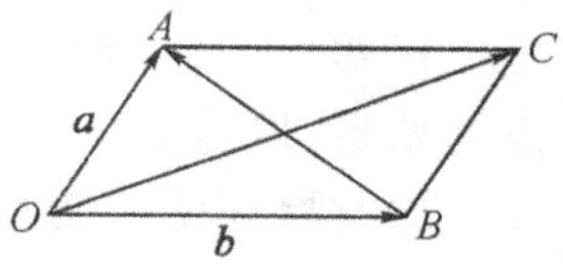

图 1-8

证明 如图 1-8，利用余弦定理可得

$$|\overrightarrow{OC}|^2=|\overrightarrow{OB}|^2+|\overrightarrow{BC}|^2-2|\overrightarrow{OB}||\overrightarrow{BC}|\cos\angle OBC,$$

$$|\overrightarrow{BA}|^2=|\overrightarrow{OB}|^2+|\overrightarrow{OA}|^2-2|\overrightarrow{OB}||\overrightarrow{OA}|\cos\angle AOB,$$

两式相加得 $$|\overrightarrow{OC}|^2+|\overrightarrow{BA}|^2=2(|\overrightarrow{OB}|^2+|\overrightarrow{BC}|^2),$$

即 $$2(|\boldsymbol{a}|^2+|\boldsymbol{b}|^2)=|\boldsymbol{a}+\boldsymbol{b}|^2+|\boldsymbol{a}-\boldsymbol{b}|^2.$$

此等式说明平行四边形的两条对角线长度的平方和等于两边长度的平方和的两倍.

□

1.1.3 向量的数乘

定义 1.1.7 实数 λ 与向量 $\boldsymbol{a}$ 的乘积是一个向量，记作 $\lambda\boldsymbol{a}$，它的模为 $|\lambda||\boldsymbol{a}|$，即 $|\lambda\boldsymbol{a}|=|\lambda||\boldsymbol{a}|$，$\lambda\boldsymbol{a}$ 的方向，当 $\lambda>0$ 时与 $\boldsymbol{a}$ 相同，当 $\lambda<0$ 时与 $\boldsymbol{a}$ 相反. 这种运算我们称为实数与向量的乘法，简称为**数乘**.

已知非零向量 $\boldsymbol{a}$ 和与它同向的单位向量 $\boldsymbol{a}^0$，则下面的等式显然成立.

$$\boldsymbol{a}=|\boldsymbol{a}|\boldsymbol{a}^0,\text{或 } \boldsymbol{a}^0=\frac{\boldsymbol{a}}{|\boldsymbol{a}|}.$$

根据上面的定义，我们可以得到下面运算规律.

定理 1.1.2 实数与向量的乘法满足：

1) $1\cdot\boldsymbol{a}=\boldsymbol{a},0\cdot\boldsymbol{a}=\boldsymbol{0},(-1)\cdot\boldsymbol{a}=-\boldsymbol{a}$; (1.1.4)

2) $\lambda(\mu\boldsymbol{a})=(\lambda\mu)\boldsymbol{a}$; (1.1.5)

3) $(\lambda+\mu)\boldsymbol{a}=\lambda\boldsymbol{a}+\mu\boldsymbol{a}$; (1.1.6)

4) $\lambda(\boldsymbol{a}+\boldsymbol{b})=\lambda\boldsymbol{a}+\lambda\boldsymbol{b}$. (1.1.7)

这里 $\boldsymbol{a},\boldsymbol{b}$ 为向量,λ,μ 为实数.

证明 这里我们仅给出 4) 的证明,其余留给读者.

不妨设 $\boldsymbol{a}\neq\boldsymbol{b},\boldsymbol{b}\neq\boldsymbol{0},\lambda\neq 0$ 或 1,否则等式显然成立.

如果 $\boldsymbol{a}//\boldsymbol{b}$,则取实数 k,使得 $\boldsymbol{a}=k\boldsymbol{b}$($\boldsymbol{a}$ 与 $\boldsymbol{b}$ 同向时取 $k=\left|\dfrac{\boldsymbol{a}}{\boldsymbol{b}}\right|$,反向时取 $k=-\left|\dfrac{\boldsymbol{a}}{\boldsymbol{b}}\right|$).则有

$$\begin{aligned}\lambda(\boldsymbol{a}+\boldsymbol{b})&=\lambda(k\boldsymbol{b}+\boldsymbol{b})=\lambda[(k+1)\boldsymbol{b}]\\&=(\lambda k+\lambda)\boldsymbol{b}=(\lambda k)\boldsymbol{b}+\lambda\boldsymbol{b}\\&=\lambda\boldsymbol{a}+\lambda\boldsymbol{b}.\end{aligned}$$

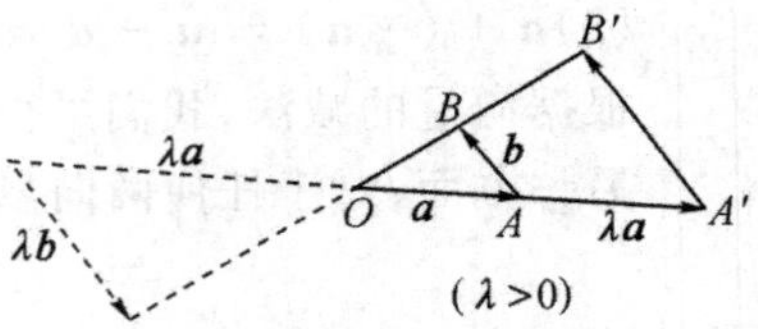

图 1-9

如果 $\boldsymbol{a}$ 与 $\boldsymbol{b}$ 不共线,如图 1-9 所示,以 $\boldsymbol{a}$, $\boldsymbol{b}$ 为两边的 ΔOAB 与以 $\lambda\boldsymbol{a},\lambda\boldsymbol{b}$ 为两边的三角形 $\Delta OA'B'$ 相似,因此由平面几何知识可得

$$\lambda(\boldsymbol{a}+\boldsymbol{b})=\lambda\overrightarrow{OB}=\overrightarrow{OB'}=\overrightarrow{OA'}+\overrightarrow{A'B'}=\lambda\boldsymbol{a}+\lambda\boldsymbol{b}.$$

□

例 1.1.3 如图 1-10,已知三角形 ABC,三边 BC,CA,AB 的中点分别设为 D,E,F. 证明:顺次将三向量 $\overrightarrow{AD},\overrightarrow{BE},\overrightarrow{CF}$ 的终点和始点连接,正好构成一个三角形.

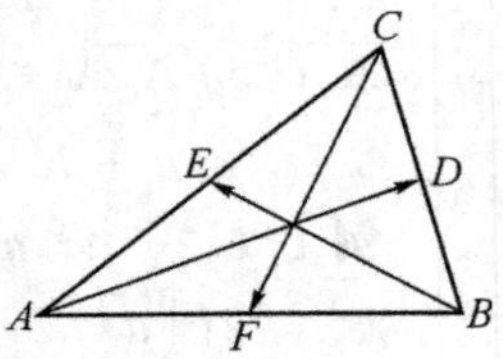

图 1-10

证明 三个向量依次终点与始点连接,则以第一个向量的始点为始点,以最后一个向量的终点为终点的向量即是三向量之和.

因此要证明三向量依次终点与始点连接能构成三角形的等价条件,即这三个向量之和为零向量.

因为 $\overrightarrow{AD}=\overrightarrow{AC}+\dfrac{1}{2}\overrightarrow{CB},\overrightarrow{BE}=\overrightarrow{BA}+\dfrac{1}{2}\overrightarrow{AC},\overrightarrow{CF}=\overrightarrow{CB}+\dfrac{1}{2}\overrightarrow{BA}$,所以

$$\begin{aligned}\overrightarrow{AD}+\overrightarrow{BE}+\overrightarrow{CF}&=\overrightarrow{AC}+\overrightarrow{CB}+\overrightarrow{BA}+\frac{1}{2}(\overrightarrow{CB}+\overrightarrow{BA}+\overrightarrow{AC})\\&=\frac{3}{2}(\overrightarrow{AC}+\overrightarrow{CB}+\overrightarrow{BA})=\boldsymbol{0}\end{aligned}$$

这表示 $\overrightarrow{AD},\overrightarrow{BE},\overrightarrow{CF}$ 构成一个三角形.

□

1.1.4 向量的线性关系与向量的分解

定义 1.1.8 由向量 $\boldsymbol{a}_1,\boldsymbol{a}_2,\cdots,\boldsymbol{a}_n$ 及实数 $\lambda_1,\lambda_2,\cdots\lambda_n$ 所组成的向量 $\boldsymbol{a}=\lambda_1\boldsymbol{a}_1+\cdots+\lambda_n\boldsymbol{a}_n$(即 $\boldsymbol{a}=\sum\limits_{i=1}^{n}\lambda_i\boldsymbol{a}_i$)称为向量 $\boldsymbol{a}_1,\boldsymbol{a}_2,\cdots,\boldsymbol{a}_n$ 的一个**线性组合**.此时也称 $\boldsymbol{a}$ 可以由 $\boldsymbol{a}_1,\boldsymbol{a}_2,\cdots,\boldsymbol{a}_n$ **线性表示**.

利用向量的线性运算(即加法和数乘),我们在下面给出向量共线、共面的充要条件.

定理 1.1.3 如果向量 $\boldsymbol{a}\neq\boldsymbol{0}$,则向量 $\boldsymbol{b}$ 与 $\boldsymbol{a}$ 共线的充要条件是

$$\boldsymbol{b}=k\boldsymbol{a},$$

其中 k 是由 $\boldsymbol{a}$ 和 $\boldsymbol{b}$ 唯一确定的数量.

(证明略,留给读者作为习题.)

定理 1.1.4 如果 $\boldsymbol{a}$ 和 $\boldsymbol{b}$ 不共线,则向量 $\boldsymbol{c}$ 和 $\boldsymbol{a},\boldsymbol{b}$ 共面的充要条件是

$$\boldsymbol{c}=k_1\boldsymbol{a}+k_2\boldsymbol{b},$$

其中 k_1,k_2 是由 $\boldsymbol{a},\boldsymbol{b},\boldsymbol{c}$ 唯一确定的数量.

证明 因为 $\boldsymbol{a},\boldsymbol{b}$ 不共线，所以 $\boldsymbol{a},\boldsymbol{b}$ 都不是零向量.

充分性 如果 k_1,k_2 中至少有一个是零，则 $\boldsymbol{c}$ 必与 $\boldsymbol{a},\boldsymbol{b}$ 之一共线，从而 $\boldsymbol{a},\boldsymbol{b},\boldsymbol{c}$ 共面. 如果 $k_1k_2\neq 0$，则由向量加法的定义知 $\boldsymbol{c}$ 和 $k_1\boldsymbol{a}$，$k_2\boldsymbol{b}$ 共面，因此也和 $\boldsymbol{a},\boldsymbol{b}$ 共面.

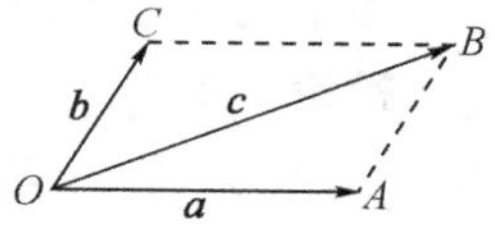

图 1-11

必要性 将共面向量 $\boldsymbol{a},\boldsymbol{b},\boldsymbol{c}$ 的始点都移到同一点 O. 设 $\overrightarrow{OB}=\boldsymbol{c}$，做平行四边形 $OABC$，使 $\overrightarrow{OA}$ 与 $\boldsymbol{a}$ 共线，$\overrightarrow{OC}$ 与 $\boldsymbol{b}$ 共线，则必存在 k_1，k_2 使得 $\overrightarrow{OA}=k_1\boldsymbol{a}$，$\overrightarrow{OC}=k_2\boldsymbol{b}$，所以 $\boldsymbol{c}=\overrightarrow{OB}=\overrightarrow{OA}+\overrightarrow{OC}=k_1\boldsymbol{a}+k_2\boldsymbol{b}$.

余下证明 k_1,k_2 是唯一确定的.

假设 $\boldsymbol{c}=k_1\boldsymbol{a}+k_2\boldsymbol{b}=\lambda_1\boldsymbol{a}+\lambda_2\boldsymbol{b}$，则有 $(k_1-\lambda_1)\boldsymbol{a}+(k_2-\lambda_2)\boldsymbol{b}=0$. 如果 $k_1-\lambda_1$ 和 $k_2-\lambda_2$ 中有一个非零，例如 $k_1-\lambda_1\neq 0$，则有 $\boldsymbol{a}=-\dfrac{k_2-\lambda_2}{k_1-\lambda_1}\boldsymbol{b}$，从而 $\boldsymbol{a}$ 和 $\boldsymbol{b}$ 共线，这跟定理的假设矛盾. 因此必有 $k_1=\lambda_1$，$k_2=\lambda_2$. □

定理 1.1.5 如果三向量 $\boldsymbol{a},\boldsymbol{b},\boldsymbol{c}$ 不共面，则空间中任意向量 $\boldsymbol{r}$ 可以表示为

$$\boldsymbol{r}=k_1\boldsymbol{a}+k_2\boldsymbol{b}+k_3\boldsymbol{c},$$

其中 k_1,k_2,k_3 是由向量 $\boldsymbol{a},\boldsymbol{b},\boldsymbol{c},\boldsymbol{r}$ 所唯一确定的实数.

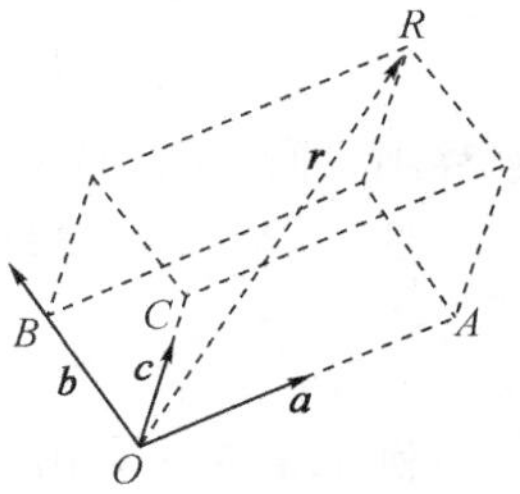

图 1-12

证明 因为 $\boldsymbol{a},\boldsymbol{b},\boldsymbol{c}$ 不共面，所以 $\boldsymbol{a},\boldsymbol{b},\boldsymbol{c}$ 都不是零向量，也不相互平行. 将向量 $\boldsymbol{a},\boldsymbol{b},\boldsymbol{c},\boldsymbol{r}$ 移至同一始点 O，设 $\overrightarrow{OR}=\boldsymbol{r}$，如图 1-12 所示. 过 R 点作三张平面分别平行 $\boldsymbol{c}$ 与 $\boldsymbol{b}$，$\boldsymbol{a}$ 与 $\boldsymbol{c}$，$\boldsymbol{a}$ 与 $\boldsymbol{b}$ 所张成的平面，并与 $\boldsymbol{a},\boldsymbol{b},\boldsymbol{c}$ 所在的三条直线的交点分别记为 A,B,C. 由向量的加法的定义可得

$$\boldsymbol{r}=\overrightarrow{OR}=\overrightarrow{OA}+\overrightarrow{OB}+\overrightarrow{OC}.$$

另一方面，$\overrightarrow{OA},\overrightarrow{OB},\overrightarrow{OC}$ 分别与 $\boldsymbol{a},\boldsymbol{b},\boldsymbol{c}$ 共线，则存在实数 k_1,k_2,k_3 使得 $\overrightarrow{OA}=k_1\boldsymbol{a}$，$\overrightarrow{OB}=k_2\boldsymbol{b}$，$\overrightarrow{OC}=k_3\boldsymbol{c}$，所以 $\boldsymbol{r}=k_1\boldsymbol{a}+k_2\boldsymbol{b}+k_3\boldsymbol{c}$.

再证实数 k_1,k_2,k_3 是唯一确定的. 假设存在另一分解 $\boldsymbol{r}=\lambda_1\boldsymbol{a}+\lambda_2\boldsymbol{b}+\lambda_3\boldsymbol{c}$，则 $(k_1-\lambda_1)\boldsymbol{a}+(k_2-\lambda_2)\boldsymbol{b}+(k_3-\lambda_3)\boldsymbol{c}=0$. 如果上式系数中不全为零，例如 $k_1-\lambda_1\neq 0$，则 $\boldsymbol{a}=-\dfrac{k_2-\lambda_2}{k_1-\lambda_1}\boldsymbol{b}-\dfrac{k_3-\lambda_3}{k_1-\lambda_1}\boldsymbol{c}$，此时 $\boldsymbol{a},\boldsymbol{b},\boldsymbol{c}$ 共面，与原题设矛盾. 因此必有 $k_1=\lambda_1$，$k_2=\lambda_2$，$k_3=\lambda_3$，即 $\boldsymbol{r}$ 的分解是唯一的. □

定义 1.1.9 设 $\boldsymbol{a}_1,\boldsymbol{a}_2,\cdots,\boldsymbol{a}_n$ 是 n 个向量，如果存在不全为零的 n 个数 $k_1,\cdots,k_n$，使得

$$k_1\boldsymbol{a}_1+k_2\boldsymbol{a}_2+\cdots+k_n\boldsymbol{a}_n=\boldsymbol{0}，即\sum_{i=1}^{n}k_i\boldsymbol{a}_i=\boldsymbol{0},$$

则称 n 个向量 $\boldsymbol{a}_1,\cdots,\boldsymbol{a}_n$ 是**线性相关**的，否则称这 n 个向量是**线性无关**.

根据定义，我们可得下面定理.

定理 1.1.6 向量组 $\boldsymbol{a}_1,\boldsymbol{a}_2,\cdots,\boldsymbol{a}_n$ 线性相关的充要条件是其中必有一向量是其余 $n-1$ 个向量的线性组合.

定理 1.1.7 如果向量组 $\boldsymbol{a}_1,\boldsymbol{a}_2,\cdots,\boldsymbol{a}_n$ 中有一部分向量组线性相关，则原来的 n 个向

向量构成的向量组也线性相关.

根据线性相关的定义及定理1.1.3,1.1.4,1.1.5,1.1.6,1.1.7,容易得到下面结论.

推论 1.1.1 1) 一个向量 $\boldsymbol{a}$ 线性相关的充要条件是 $\boldsymbol{a}=0$.

2) 两个向量线性相关的充要条件是这两个向量共线.

3) 三个向量线性相关的充要条件是这三个向量共面.

4) 空间中任意四个向量总是线性相关的.(上面结论留做习题).

例 1.1.4 设一直线上三点 A,B,P 满足 $\overrightarrow{AP}=\lambda\overrightarrow{PB}(\lambda\neq-1)$,$O$ 是空间任意一点.求证:

$$\overrightarrow{OP}=\frac{\overrightarrow{OA}+\lambda\overrightarrow{OB}}{1+\lambda}.$$

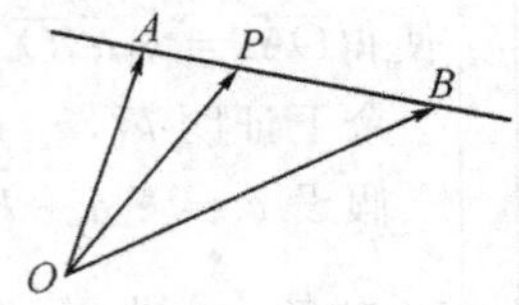

图 1-13

证明 如图 1-13,直接利用向量加法的定义,我们有

$$\begin{aligned}\overrightarrow{OP}&=\overrightarrow{OA}+\overrightarrow{AP}\\&=\overrightarrow{OA}+\lambda\overrightarrow{PB}\\&=\overrightarrow{OA}+\lambda(\overrightarrow{OB}-\overrightarrow{OP})\end{aligned}$$

经移项,即得等式成立. □

注 当点 P 是线段 AB 的中点时,$\lambda=1$. 此时,中点公式为

$$\overrightarrow{OP}=\frac{\overrightarrow{OA}+\overrightarrow{OB}}{2}.$$

例 1.1.5 利用向量法证明三角形的三条中线相交于一点,且这点与每一顶点的距离等于从该顶点所引中线长的 $\frac{2}{3}$.

证明 设 $\triangle ABC$ 中,D,E,F 分别是边 BC,AC,AB 的中点(图 1-14).作中线 BE 与 AD 相交于一点 G,设 $\overrightarrow{AG}=\lambda\overrightarrow{AD}$,$\overrightarrow{BG}=\mu\overrightarrow{BE}$,因为 $\overrightarrow{AD}=\overrightarrow{AB}+\frac{1}{2}\overrightarrow{BC}$,$\overrightarrow{BE}=\overrightarrow{BC}+\frac{1}{2}\overrightarrow{CA}$,所以 $\overrightarrow{AG}=\lambda(\overrightarrow{AB}+\frac{1}{2}\overrightarrow{BC})$,$\overrightarrow{BG}=\mu(\overrightarrow{BC}+\frac{1}{2}\overrightarrow{CA})$.

又因为 $\overrightarrow{AB}+\overrightarrow{BG}+\overrightarrow{GA}=0$,即

$$\begin{aligned}&\overrightarrow{AB}+\mu(\overrightarrow{BC}+\frac{1}{2}\overrightarrow{CA})-\lambda(\overrightarrow{AB}+\frac{1}{2}\overrightarrow{BC})\\&=(1-\lambda)\overrightarrow{AB}+(\mu-\frac{1}{2}\lambda)\overrightarrow{BC}+\frac{1}{2}\mu\overrightarrow{CA}=0.\end{aligned}$$

由于 $\overrightarrow{CA}=-\overrightarrow{AB}-\overrightarrow{BC}$,代入上式得

$$(1-\lambda-\frac{1}{2}\mu)\overrightarrow{AB}+\frac{1}{2}(\mu-\lambda)\overrightarrow{BC}=\mathbf{0}.$$

由于 $\overrightarrow{AB},\overrightarrow{BC}$ 不共线,则必有 $1-\lambda-\frac{1}{2}\mu=0$,$\lambda-\mu=0$. 可得 $\lambda=\mu=\frac{2}{3}$,即

$$\overrightarrow{AG}=\frac{2}{3}\overrightarrow{AD},\overrightarrow{BG}=\frac{2}{3}\overrightarrow{BE}.$$

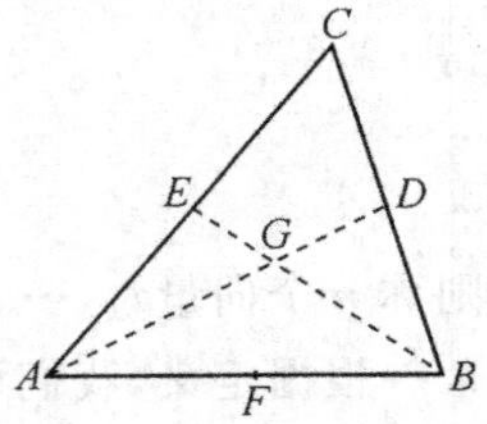

图 1-14

这表明,中线 AD 和 BE 的交点与顶点 A,B 的距离分别等于相

应中线的$\frac{2}{3}$. 另一方面,同理可证中线 AD 与 CF 的交点与 A,C 的距离也等于相应中线的$\frac{2}{3}$. 因此三中线必交于一点,且这点与 A,B,C 的距离分别等于相应中线的长的$\frac{2}{3}$. □

例 1.1.6 证明四面体对边中点的连线交于一点,且互相平分.

证明 如图 1-15,设四面体 $ABCD$ 一组对边 AB,CD 的中点分别为 E,F,EF 的中点设为 G_1,其余两组对应中点连线的中点分别设为 G_2,G_3. 下面仅需证明 G_1,G_2,G_3 三点重合.

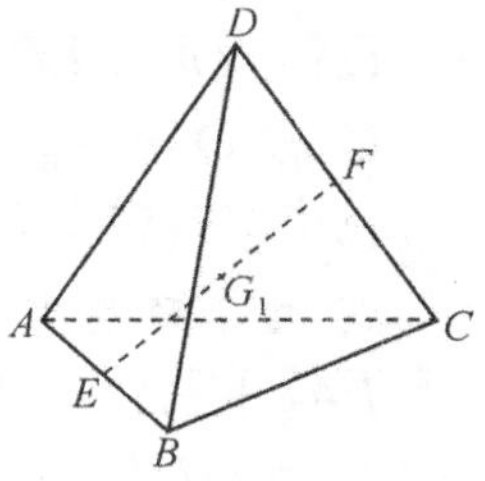

图 1-15

$$\begin{aligned}\overrightarrow{AG_1} &= \frac{1}{2}(\overrightarrow{AF}+\overrightarrow{AE})\\ &= \frac{1}{2}\left(\frac{1}{2}(\overrightarrow{AC}+\overrightarrow{AD})+\frac{1}{2}\overrightarrow{AB}\right)\\ &= \frac{1}{4}(\overrightarrow{AC}+\overrightarrow{AD}+\overrightarrow{AB}).\end{aligned}$$

同理可证:$\overrightarrow{AG_i}=\frac{1}{4}(\overrightarrow{AC}+\overrightarrow{AD}+\overrightarrow{AB})$,$(i=2,3)$.

所以$\overrightarrow{AG_1}=\overrightarrow{AG_2}=\overrightarrow{AG_3}$,即 G_1,G_2,G_3 三点重合,命题得证. □

例 1.1.7 已知向量$\boldsymbol{\xi}_1$,$\boldsymbol{\xi}_2$,$\boldsymbol{\xi}_3$ 不共面,判定 $\boldsymbol{a}=\boldsymbol{\xi}_1+\boldsymbol{\xi}_2+\boldsymbol{\xi}_3$,$\boldsymbol{b}=\boldsymbol{\xi}_1+2\boldsymbol{\xi}_2$,$\boldsymbol{c}=\boldsymbol{\xi}_1+\boldsymbol{\xi}_2+2\boldsymbol{\xi}_3$ 是否共面.

解 由推论 1.1.1 知,判定 $\boldsymbol{a}$,$\boldsymbol{b}$,$\boldsymbol{c}$ 是否共面即判定 $\boldsymbol{a}$,$\boldsymbol{b}$,$\boldsymbol{c}$ 是否线性相关.

设 $\lambda_1\boldsymbol{a}+\lambda_2\boldsymbol{b}+\lambda_3\boldsymbol{c}=0$,则

$$\lambda_1(\boldsymbol{\xi}_1+\boldsymbol{\xi}_2+\boldsymbol{\xi}_3)+\lambda_2(\boldsymbol{\xi}_1+2\boldsymbol{\xi}_2)+\lambda_3(\boldsymbol{\xi}_1+\boldsymbol{\xi}_2+2\boldsymbol{\xi}_3)=0,$$

即
$$(\lambda_1+\lambda_2+\lambda_3)\boldsymbol{\xi}_1+(\lambda_1+2\lambda_2+\lambda_3)\boldsymbol{\xi}_2+(\lambda_1+2\lambda_3)\boldsymbol{\xi}_3=0.$$

由于$\boldsymbol{\xi}_1$,$\boldsymbol{\xi}_2$,$\boldsymbol{\xi}_3$ 不共面,则有 $\begin{cases}\lambda_1+\lambda_2+\lambda_3=0\\ \lambda_1+2\lambda_2+\lambda_3=0.\\ \lambda_1+2\lambda_3=0\end{cases}$

由于此齐次线性方程组的行列式$\begin{vmatrix}1&1&1\\1&2&1\\1&0&2\end{vmatrix}\neq 0$,所以方程组只有零解. $\lambda_1=\lambda_2=\lambda_3=0$,因此 $\boldsymbol{a}$,$\boldsymbol{b}$,$\boldsymbol{c}$ 不共面.

1.1 习 题

1. 设 $ABCDEF$ 为正六边形,O 是中心,在向量$\overrightarrow{OA}$,$\overrightarrow{OB}$,$\overrightarrow{OC}$,$\overrightarrow{OD}$,$\overrightarrow{OE}$,$\overrightarrow{OF}$,$\overrightarrow{AB}$,$\overrightarrow{BC}$,$\overrightarrow{CD}$,$\overrightarrow{DE}$,$\overrightarrow{EF}$ 和$\overrightarrow{FA}$ 中哪几个是相等的?

2. 根据向量加法法则,用作图法证明下列等式

(1) $(\boldsymbol{a}+\boldsymbol{b})+(\boldsymbol{a}-\boldsymbol{b})=2\boldsymbol{a}$; (2) $\frac{\boldsymbol{a}-\boldsymbol{b}}{2}+\boldsymbol{b}=\frac{\boldsymbol{a}+\boldsymbol{b}}{2}$.

3. 向量 $\boldsymbol{a}$,$\boldsymbol{b}$ 必须满足什么几何性质,以下各式才成立.

(1) $|\boldsymbol{a}+\boldsymbol{b}|=|\boldsymbol{a}-\boldsymbol{b}|$; (2) $\boldsymbol{a}+\boldsymbol{b}=\lambda(\boldsymbol{a}-\boldsymbol{b})$;

(3) $\frac{\boldsymbol{a}}{|\boldsymbol{a}|}=\frac{\boldsymbol{b}}{|\boldsymbol{b}|}$; (4) $|\boldsymbol{a}+\boldsymbol{b}|=|\boldsymbol{a}|+|\boldsymbol{b}|$;

(5) $|\boldsymbol{a}+\boldsymbol{b}|=|\boldsymbol{a}|-|\boldsymbol{b}|$；　　(6) $|\boldsymbol{a}-\boldsymbol{b}|=|\boldsymbol{a}|+|\boldsymbol{b}|$.

4. 用向量法证明任意三角形两边中点的连线平行于第三边，而且它的长等于第三边长的一半.

5. 设 P 是平行四边形 $ABCD$ 的中心，O 是任意一点. 证明：
$\overrightarrow{OA}+\overrightarrow{OB}+\overrightarrow{OC}+\overrightarrow{OD}=4\overrightarrow{OP}$.

6. 设 O 是平面上正多边形 $A_1A_2\cdots A_n$ 的中心，证明：
$\overrightarrow{OA_1}+\overrightarrow{OA_2}+\cdots+\overrightarrow{OA_n}=\mathbf{0}$.

7. 在上题条件下，P 是任意一点. 证明：
$\overrightarrow{PA_1}+\overrightarrow{PA_2}+\cdots+\overrightarrow{PA_n}=n\overrightarrow{PO}$.

8. 已知$\overrightarrow{OA}=\boldsymbol{r}_1$，$\overrightarrow{OB}=\boldsymbol{r}_2$，$\overrightarrow{OC}=\boldsymbol{r}_3$是以原点 O 为顶点的平行六面体的 3 条边，设过点 O 的对角线与平面 ABC 的交点为 M，求向量$\overrightarrow{OM}$.

9. 设 D 是 ΔABC 的内心，O 是空间任意一点. 求证：
$\overrightarrow{OD}=\dfrac{a\overrightarrow{OA}+b\overrightarrow{OB}+c\overrightarrow{OC}}{a+b+c}$，其中 $a=|\overrightarrow{BC}|$，$b=|\overrightarrow{AC}|$，$c=|\overrightarrow{AB}|$.

10. 已知不共线向量$\overrightarrow{OA}=\boldsymbol{e}_1$，$\overrightarrow{OB}=\boldsymbol{e}_2$，求 $\angle BOA$ 的角平分线上的单位向量.

11. 在四面体 $OABC$ 中，设点 P 是 $\triangle ABC$ 的重心(三中线之交点). 求向量$\overrightarrow{OP}$关于向量$\overrightarrow{OA}$，$\overrightarrow{OB}$和$\overrightarrow{OC}$的分解式.

12. 用向量法证明：

(1) P 是 ΔABC 重心的充要条件是$\overrightarrow{PA}+\overrightarrow{PB}+\overrightarrow{PC}=\mathbf{0}$；

(2) 三角形三条角平分线共点；

(3) 平行六面体的四条对角线交于一点，而且互相平分.

13. 已知向量 $\boldsymbol{a}=\boldsymbol{e}_1-2\boldsymbol{e}_2+3\boldsymbol{e}_3$，$\boldsymbol{b}=2\boldsymbol{e}_1+\boldsymbol{e}_3$，$\boldsymbol{c}=6\boldsymbol{e}_1-2\boldsymbol{e}_2+6\boldsymbol{e}_3$，问 $\boldsymbol{a}+\boldsymbol{b}$ 和 $\boldsymbol{c}$ 是否共线.

14. 已知向量 $\boldsymbol{a},\boldsymbol{b},\boldsymbol{c}$ 关于三个不共面向量$\boldsymbol{e}_1,\boldsymbol{e}_2,\boldsymbol{e}_3$ 的分解式为：

(1) $\boldsymbol{a}=2\boldsymbol{e}_1-\boldsymbol{e}_2-\boldsymbol{e}_3$，$\boldsymbol{b}=-\boldsymbol{e}_1+2\boldsymbol{e}_2-\boldsymbol{e}_3$，$\boldsymbol{c}=-\boldsymbol{e}_1-\boldsymbol{e}_2+2\boldsymbol{e}_3$；

(2) $\boldsymbol{a}=\boldsymbol{e}_3$，$\boldsymbol{b}=\boldsymbol{e}_1-\boldsymbol{e}_2-\boldsymbol{e}_3$，$\boldsymbol{c}=\boldsymbol{e}_1-\boldsymbol{e}_2+\boldsymbol{e}_3$；

(3) $\boldsymbol{a}=\boldsymbol{e}_1+\boldsymbol{e}_2+\boldsymbol{e}_3$，$\boldsymbol{b}=\boldsymbol{e}_2+\boldsymbol{e}_3$，$\boldsymbol{c}=-\boldsymbol{e}_1+\boldsymbol{e}_3$.

问 $\boldsymbol{a},\boldsymbol{b},\boldsymbol{c}$ 是否共面. 如果共面，写出它们之间的线性关系.

15. 证明三个向量 $a\boldsymbol{e}_1-b\boldsymbol{e}_2$，$b\boldsymbol{e}_2-c\boldsymbol{e}_3$，$c\boldsymbol{e}_3-a\boldsymbol{e}_1$ 共面.

16. 设$\overrightarrow{OP_i}=\boldsymbol{r}_i(i=1,2,3,4)$，试证：$P_1,P_2,P_3,P_4$ 四点共面的充要条件是存在不全为零的实数 $\lambda_i(i=1,2,3,4)$，使得

$\sum\limits_{i=1}^{4}\lambda_i\boldsymbol{r}_i=0$，其中 $\sum\limits_{i=1}^{4}\lambda_i=0$.

§ 1.2 标架与坐标

1.2.1 标架,坐标系

定义 1.2.1 空间一定点 O,连同三个不共面的有序向量 $\boldsymbol{e}_1,\boldsymbol{e}_2,\boldsymbol{e}_3$,称为空间中的一个**仿射标架**,$O$ 称为这个仿射标架的原点,记这个仿射标架为 $\{O;\boldsymbol{e}_1,\boldsymbol{e}_2,\boldsymbol{e}_3\}$;如果向量 $\boldsymbol{e}_1,\boldsymbol{e}_2,\boldsymbol{e}_3$ 都是单位向量,且两两相互垂直,则 $\{O;\boldsymbol{e}_1,\boldsymbol{e}_2,\boldsymbol{e}_3\}$ 称为**直角标架**,或**幺正标架**.

给定一标架 $\{O;\boldsymbol{e}_1,\boldsymbol{e}_2,\boldsymbol{e}_3\}$,由于 $\boldsymbol{e}_1,\boldsymbol{e}_2,\boldsymbol{e}_3$ 不共面,由定理 1.1.5 知,空间任何向量 $\boldsymbol{a}$ 都可以由 $\boldsymbol{e}_1,\boldsymbol{e}_2,\boldsymbol{e}_3$ 线性表示,即

$$\boldsymbol{a} = x\boldsymbol{e}_1 + y\boldsymbol{e}_2 + z\boldsymbol{e}_3, \tag{1.2.1}$$

这里唯一确定的有序三元实数组 (x,y,z) 称为向量 $\boldsymbol{a}$ 关于标架 $\{O;\boldsymbol{e}_1,\boldsymbol{e}_2,\boldsymbol{e}_3\}$ 的**坐标**,x,y,z 称为对应的**坐标分量**.通常简写为 $\boldsymbol{a} = \{x,y,z\}$.对于空间任意点 P,向量 $\overrightarrow{OP}$ 称为 P 点的**径向量**或**向径**,径向量 $\overrightarrow{OP}$ 关于标架 $\{O;\boldsymbol{e}_1,\boldsymbol{e}_2,\boldsymbol{e}_3\}$ 的坐标 (x,y,z) 也称为点 P 关于标架 $\{O;\boldsymbol{e}_1,\boldsymbol{e}_2,\boldsymbol{e}_3\}$ 的坐标.这样取定标架 $\{O;\boldsymbol{e}_1,\boldsymbol{e}_2,\boldsymbol{e}_3\}$ 之后,空间全体点的集合与全体有序三元实数组 (x,y,z) 的集合构成一一对应的关系,这种一一对应的关系称为空间的一个**仿射坐标系**,简称**坐标系**.

由于坐标系由标架 $\{O;\boldsymbol{e}_1,\boldsymbol{e}_2,\boldsymbol{e}_3\}$ 完全决定,因此空间坐标系也常用标架 $\{O;\boldsymbol{e}_1,\boldsymbol{e}_2,\boldsymbol{e}_3\}$ 来表示,此时点 O 叫做坐标原点,而向量 $\boldsymbol{e}_1,\boldsymbol{e}_2,\boldsymbol{e}_3$ 称为坐标向量.

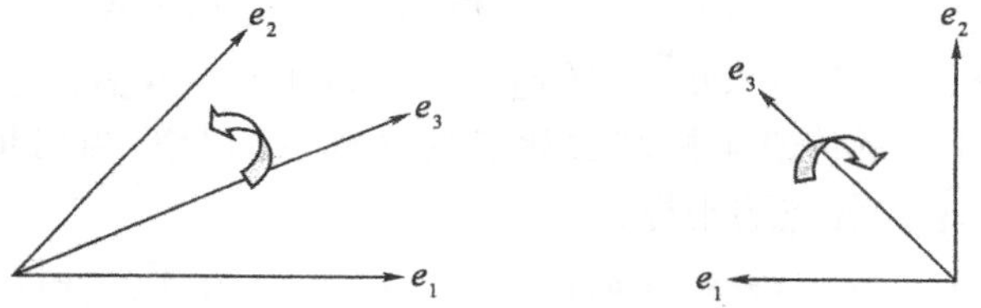

图 1-16

对于标架 $\{O;\boldsymbol{e}_1,\boldsymbol{e}_2,\boldsymbol{e}_3\}$,如果 $\boldsymbol{e}_1,\boldsymbol{e}_2,\boldsymbol{e}_3$ 间的相互关系和右手拇指、食指、中指相同,则此标架叫做右旋标架或右手标架.如果 $\boldsymbol{e}_1,\boldsymbol{e}_2,\boldsymbol{e}_3$ 和左手拇指、食指、中指相同,则此标架叫做左旋标架或左手标架.等价地:用右手四指转动方向表示从 $\boldsymbol{e}_1$ 转到 $\boldsymbol{e}_2$,如果 $\boldsymbol{e}_3$ 与大拇指方向一致,则称标架 $\boldsymbol{e}_1,\boldsymbol{e}_2,\boldsymbol{e}_3$ 为右手标架;用左手四指转动方向表示从 $\boldsymbol{e}_1$ 转到 $\boldsymbol{e}_2$,如果 $\boldsymbol{e}_3$ 与大拇指方向一致,则称标架 $\boldsymbol{e}_1,\boldsymbol{e}_2,\boldsymbol{e}_3$ 为左手标架(图 1-16).

由右旋标架决定的坐标系叫做**右旋坐标系**或**右手坐标系**,由左旋标架决定的坐标系叫做**左旋坐标系**或**左手坐标系**;直角标架所确定的坐标系叫做**直角坐标系**.

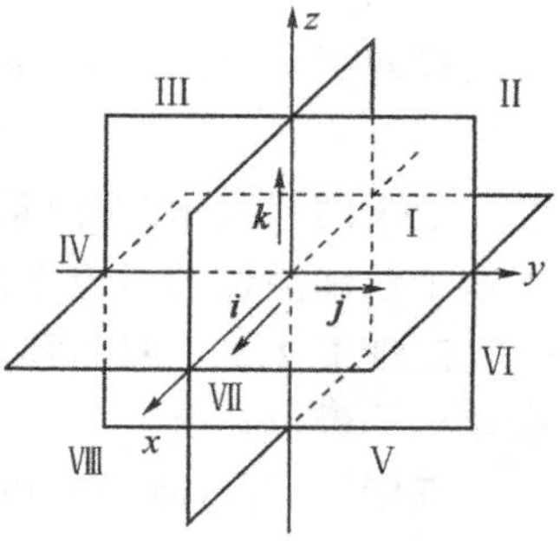

图 1-17

通常在讨论空间问题时,所采用的坐标系一般都是右手直角坐标系.特别约定,在用到直角坐标系时,坐标向量用 $\boldsymbol{i},\boldsymbol{j},\boldsymbol{k}$ 来表示,即用 $\{O;\boldsymbol{i},\boldsymbol{j},\boldsymbol{k}\}$ 来表示直角坐标系.过 O 点

作三条分别与 $\boldsymbol{i},\boldsymbol{j},\boldsymbol{k}$ 同向的数轴(规定了正方向的直线)Ox,Oy,Oz,再取定一个线段作为长度单位,这样就确定了一个直角坐标系.我们将其记作 $O\text{-}xyz$.点 O 称为坐标原点,三条轴 Ox,Oy,Oz 称为坐标轴,依次称为 x 轴,y 轴,z 轴;由每两条坐标轴所决定的平面 xOy,yOz,zOx 称为坐标平面.三个坐标平面把空间划分成八个区域,每一个区域称为一个卦限.八个卦限的顺序按在其中点的坐标分量的符号如下表所示.

卦限 / 坐标	Ⅰ	Ⅱ	Ⅲ	Ⅳ	Ⅴ	Ⅵ	Ⅶ	Ⅷ
x	+	−	−	+	+	−	−	+
y	+	+	−	−	+	+	−	−
z	+	+	+	+	−	−	−	−

由点的坐标的定义可知,坐标平面上的点的坐标必有一分量为零.例如在平面 xOy 上的点的坐标可表示为 $(x,y,0)$,在 x 轴上的点坐标可表示为 $(x,0,0)$,在 y 轴上的点的坐标可表示为 $(0,y,0)$,原点的坐标为 $(0,0,0)$.

1.2.2　向量及其线性运算的坐标表示

空间中给定一仿射标架 $\{O;\boldsymbol{e}_1,\boldsymbol{e}_2,\boldsymbol{e}_3\}$.如果向量 $\boldsymbol{r}$ 的始点为 $P_1(x_1,y_1,z_1)$,终点为 $P_2(x_2,y_2,z_2)$,则点 P_1 和 P_2 的径向量为

$$\overrightarrow{OP_1}=x_1\boldsymbol{e}_1+y_1\boldsymbol{e}_2+z_1\boldsymbol{e}_3 \text{ 和 } \overrightarrow{OP_2}=x_2\boldsymbol{e}_1+y_2\boldsymbol{e}_2+z_2\boldsymbol{e}_3$$

所以 $\boldsymbol{r}=\overrightarrow{P_1P_2}=\overrightarrow{OP_2}-\overrightarrow{OP_1}=(x_2-x_1)\boldsymbol{e}_1+(y_2-y_1)\boldsymbol{e}_2+(z_2-z_1)\boldsymbol{e}_3$,故该向量的坐标等于它的终点坐标减去始点的坐标.特别地,当向量的始点是坐标原点时,向量的坐标等于它的终点的坐标.

设向量 $\boldsymbol{r}_1=x_1\boldsymbol{e}_1+y_1\boldsymbol{e}_2+z_1\boldsymbol{e}_3,\boldsymbol{r}_2=x_2\boldsymbol{e}_1+y_2\boldsymbol{e}_2+z_2\boldsymbol{e}_3$,则由向量加法和数乘的运算规律得

$$\boldsymbol{r}_1+\boldsymbol{r}_2=(x_1+x_2)\boldsymbol{e}_1+(y_1+y_2)\boldsymbol{e}_2+(z_1+z_2)\boldsymbol{e}_3.$$

设向量 $\boldsymbol{r}=x\boldsymbol{e}_1+y\boldsymbol{e}_2+z\boldsymbol{e}_3,\lambda\in\mathbf{R}$,则

$$\lambda\boldsymbol{r}=\lambda x\boldsymbol{e}_1+\lambda y\boldsymbol{e}_2+\lambda z\boldsymbol{e}_3.$$

上面两式表示,两向量和的坐标等于两向量对应坐标的和,数和向量乘积的坐标等于这个数和向量的对应坐标的乘积.

定理 1.2.1　两非零向量 $\boldsymbol{r}_1=(x_1,y_1,z_1),\boldsymbol{r}_2=(x_2,y_2,z_2)$ 共线的充要条件是对应坐标分量成比例.

证明　由前面一节知,两向量共线的充要条件是其中一向量可用另一向量来线性表示,不妨设 $\boldsymbol{r}_1=\lambda\boldsymbol{r}_2$,因此

$$(x_1,y_1,z_1)=\lambda(x_2,y_2,z_2)=(\lambda x_2,\lambda y_2,\lambda z_2).$$

由此得 $\dfrac{x_1}{x_2}=\dfrac{y_1}{y_2}=\dfrac{z_1}{z_2}=\lambda$.当分母为零时,约定分子也为零.　□

推论 1.2.1　三个点 $P_1(x_1,y_1,z_1),P_2(x_2,y_2,z_2)$ 和 $P_2(x_3,y_3,z_3)$ 共线的充要条

件是

$$\frac{x_2-x_1}{x_3-x_1}=\frac{y_2-y_1}{y_3-y_1}=\frac{z_2-z_1}{z_3-z_1}. \tag{1.2.2}$$

定理 1.2.2 三向量 $\boldsymbol{r}_1=\{x_1,y_1,z_1\}$，$\boldsymbol{r}_2=\{x_2,y_2,z_2\}$，$\boldsymbol{r}_3=\{x_3,y_3,z_3\}$ 共面的充要条件是

$$\begin{vmatrix} x_1 & y_1 & z_1 \\ x_2 & y_2 & z_2 \\ x_3 & y_3 & z_3 \end{vmatrix}=0. \tag{1.2.3}$$

证明 由上节知，三向量 $\boldsymbol{r}_1$，$\boldsymbol{r}_2$，$\boldsymbol{r}_3$ 共面的充要条件是存在不全为零的数 λ,μ,ν，使得 $\lambda\boldsymbol{r}_1+\mu\boldsymbol{r}_2+\nu\boldsymbol{r}_3=0$，由此可得

$$\begin{bmatrix} x_1 & x_2 & x_3 \\ y_1 & y_2 & y_3 \\ z_1 & z_2 & z_3 \end{bmatrix}\begin{bmatrix} \lambda \\ \mu \\ \nu \end{bmatrix}=\begin{bmatrix} 0 \\ 0 \\ 0 \end{bmatrix}.$$

根据线性方程组理论，由于 λ,μ,ν 不全为零，所以

$$\begin{vmatrix} x_1 & x_2 & x_3 \\ y_1 & y_2 & y_3 \\ z_1 & z_2 & z_3 \end{vmatrix}=0.$$

□

推论 1.2.2 四点 $P_i(x_i,y_i,z_i)(i=1,2,3,4)$ 共面的充要条件是

$$\begin{vmatrix} x_2-x_1 & y_2-y_1 & z_2-z_1 \\ x_3-x_1 & y_3-y_1 & z_3-z_1 \\ x_4-x_1 & y_4-y_1 & z_4-z_1 \end{vmatrix}=0, \tag{1.2.4}$$

或

$$\begin{vmatrix} x_1 & y_1 & z_1 & 1 \\ x_2 & y_2 & z_2 & 1 \\ x_3 & y_3 & z_3 & 1 \\ x_4 & y_4 & z_4 & 1 \end{vmatrix}=0. \tag{1.2.5}$$

利用向量法也可以推导有向线段的**定比分点公式**.

设有向线段 $\overrightarrow{P_1P_2}$ 的两个端点 P_1 和 $P_2(P_1\neq P_2)$，如果点 P 满足 $\overrightarrow{P_1P}=\lambda\overrightarrow{PP_2}$，则称点 P 是把有向线段 $\overrightarrow{P_1P_2}$ 分成定比 λ 的分点. 注意 $\lambda\neq-1$，不然，如果 $\overrightarrow{P_1P}=-\overrightarrow{PP_2}$，则有 $\overrightarrow{OP}-\overrightarrow{OP_1}=\overrightarrow{OP}-\overrightarrow{OP_2}$，因此 $\overrightarrow{OP_1}=\overrightarrow{OP_2}$，即 P_1，P_2 为同一点，这与条件 $P_1\neq P_2$ 矛盾.

命题 1.2.3 设有向线段 $\overrightarrow{P_1P_2}$ 的两个端点 $P_1(x_1,y_1,z_1)$ 和 $P_2(x_2,y_2,z_2)(P_1\neq P_2)$，则分有向线段 $\overrightarrow{P_1P_2}$ 成定比 λ 的分点 P 的坐标是

$$x=\frac{x_1+\lambda x_2}{1+\lambda},y=\frac{y_1+\lambda y_2}{1+\lambda},z=\frac{z_1+\lambda z_2}{1+\lambda}. \tag{1.2.6}$$

证明 设分点 P 的坐标是(x,y,z)，由于$\overrightarrow{P_1P}=\lambda\overrightarrow{PP_2}$，即

$$(x-x_1,y-y_1,z-z_1)=\lambda(x_2-x,y_2-y,z_2-z),$$

故得

$$x-x_1=\lambda(x_2-x),y-y_1=\lambda(y_2-y),z-z_1=\lambda(z_2-z).$$

由此可得分$\overrightarrow{P_1P_2}$成定比 λ 的分点 P 的坐标为

$$x=\frac{x_1+\lambda x_2}{1+\lambda},y=\frac{y_1+\lambda y_2}{1+\lambda},z=\frac{z_1+\lambda z_2}{1+\lambda}.$$ □

推论 1.2.3 设两点 $P_1(x_1,y_1,z_1)$ 和 $P_2(x_2,y_2,z_2)$，则线段 P_1P_2 的中点(即 $\lambda=1$)坐标为

$$x=\frac{x_1+x_2}{2},y=\frac{y_1+y_2}{2},z=\frac{z_1+z_2}{2}. \tag{1.2.7}$$

例 1.2.1 空间中取定一仿射标架$\{O;\boldsymbol{e}_1,\boldsymbol{e}_2,\boldsymbol{e}_3\}$，已知三角形三顶点为 $P_i(x_i,y_i,z_i)$，$(i=1,2,3)$，求三角形 $\Delta P_1P_2P_3$ 的重心坐标.

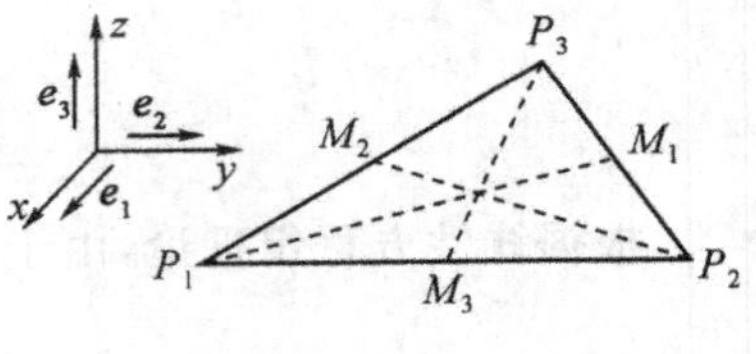

图 1-18

解 如图 1-18，设 $\Delta P_1P_2P_3$ 的三顶点 P_i 的对边上的中点为 $M_i(i=1,2,3)$，三中线的公共点(即重心)为 $G(x,y,z)$，因此

$$\overrightarrow{P_1G}=2\overrightarrow{GM_1},$$

即重心 G 把中线$\overrightarrow{P_1M_1}$分成定比 $\lambda=2$.

因为 M_1 为$\overrightarrow{P_2P_3}$的中心，即 M_1 把$\overrightarrow{P_2P_3}$分成定比 $\lambda=1$，根据定比分点坐标公式有

$$M_1\left(\frac{x_2+x_3}{2},\frac{y_2+y_3}{2},\frac{z_2+z_3}{2}\right),$$

再次利用定比分点坐标公式

$$x=\frac{x_1+2\left(\frac{x_2+x_3}{2}\right)}{1+2},y=\frac{y_1+2\left(\frac{y_2+y_3}{2}\right)}{1+2},z=\frac{z_1+2\left(\frac{z_2+z_3}{2}\right)}{1+2},$$

所以 $\Delta P_1P_2P_3$ 的重心坐标为

$$\left(\frac{x_1+x_2+x_3}{3},\frac{y_1+y_2+y_3}{3},\frac{z_1+z_2+z_3}{3}\right).$$

注 在讨论向量的线性运算时，我们可采用一般的仿射坐标系. 但在下面我们讨论向量内积、向量外积时，采用直角坐标系表述起来非常方便，这也是我们通常取直角坐标系的原因.

1.2 习 题

1. 在平行六面体 $ABCD-EFGH$ 中. 平行四边形 $CGHD$ 的中心为 P，并设$\overrightarrow{EF}=\boldsymbol{e}_1$，$\overrightarrow{EH}=\boldsymbol{e}_2$，$\overrightarrow{EA}=\boldsymbol{e}_3$，试求向量$\overrightarrow{AP}$，$\overrightarrow{FP}$关于标架$\{A;\boldsymbol{e}_1,\boldsymbol{e}_2,\boldsymbol{e}_3\}$的分量，以及 ΔBEP 三顶点及其重心关于$\{A;\boldsymbol{e}_1,\boldsymbol{e}_2,\boldsymbol{e}_3\}$的坐标.

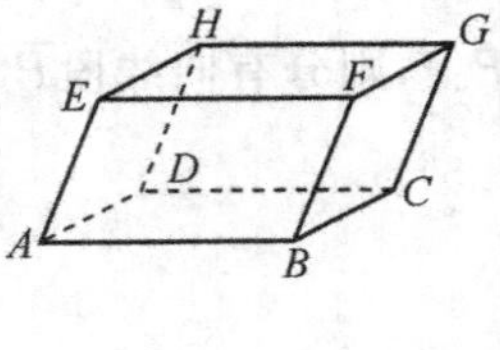

2. 设平行四边形的三个顶点的径向量分别为 $\boldsymbol{r}_1,\boldsymbol{r}_2,\boldsymbol{r}_3$，求第四个顶点的径向量和对角线交点的径向量用 $\boldsymbol{r}_1,\boldsymbol{r}_2,\boldsymbol{r}_3$ 表示的关系式.

3. 在标架 $\{O;\boldsymbol{e}_1,\boldsymbol{e}_2,\boldsymbol{e}_3\}$ 下，已知向量 $\boldsymbol{a},\boldsymbol{b},\boldsymbol{c}$ 的分量如下：

$\boldsymbol{a}=\{1,0,1\},\boldsymbol{b}=\{0,-2,0\},\boldsymbol{c}=\{1,2,3\}$

求向量 $\boldsymbol{a}+3\boldsymbol{b}-\boldsymbol{c}$ 的分量.

4. 在空间直角坐标系 $\{O;\boldsymbol{i},\boldsymbol{j},\boldsymbol{k}\}$ 下，设点 $P(1,2,-3)$，求 P 点关于

(1) 各坐标平面；(2) 各坐标轴；(3) 坐标原点的各个对称点的坐标.

5. 已知向量 $\boldsymbol{a},\boldsymbol{b},\boldsymbol{c}$ 的分量如下

(1) $\boldsymbol{a}=\{0,-1,2\},\boldsymbol{b}=\{1,1,3\},\boldsymbol{c}=\{2,1,-1\}$；

(2) $\boldsymbol{a}=\{1,1,1\},\boldsymbol{b}=\{2,1,-1\},\boldsymbol{c}=\{0,1,3\}$.

试判别它们是否共面？

6. 已知线段 AB 被点 $C(1,0,1)$ 和 $D(3,2,1)$ 三等分. 试求这个线段两端点 A 与 B 的坐标.

7. 证明：四面体每一顶点与对面重心所连的线段共点，且这点到顶点的距离是它到对面重心距离的三倍.

§1.3 向量的内积

1.3.1 向量在轴上的射影

在讲述向量的数量积之前，先介绍一下向量在轴上的射影的概念. 在空间中取一轴(即有向直线) S，给定一向量 $\boldsymbol{r}$，设其起点为 A，终点为 B. 过 A,B 两点作平面垂直于轴 S，交 S 于点 A' 和 B'(图 1-19)，则有向线段 $\overrightarrow{A'B'}$ 在轴 S 上的代数长 $A'B'$ 称为向量 $\boldsymbol{r}$ 在轴上的**射影**，记作射影$_s\boldsymbol{r}$. 而向量 $\overrightarrow{A'B'}$ 叫做向量 $\overrightarrow{AB}$ 在轴 S 上的**射影向量**，记作射影向量$_s\overrightarrow{AB}$.

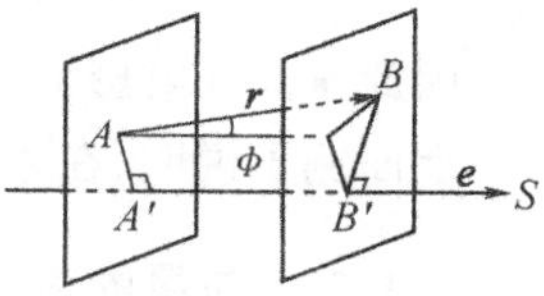

图 1-19

设 φ 是向量 $\boldsymbol{r}$ 与轴 S 正向之间的夹角(本书中夹角总是取值于 $0\sim\pi$ 之间的角度，即 $\varphi\in[0,\pi]$)，$\boldsymbol{e}$ 为与轴 S 同向的单位向量，则由图 1-19 易知，

$$射影_s\boldsymbol{r}=|\boldsymbol{r}|\cos\varphi, \tag{1.3.1}$$

$$射影向量_s\boldsymbol{r}=(射影_s\boldsymbol{r})\cdot\boldsymbol{e}=|\boldsymbol{r}|\cos\varphi\cdot\boldsymbol{e}. \tag{1.3.2}$$

由上式容易证明，相等的向量在同一轴上的射影和射影向量必相等. 我们也可以把射影$_s\overrightarrow{AB}$ 和射影向量$_s\overrightarrow{AB}$ 分别写成：射影$_e\overrightarrow{AB}$ 和射影向量$_e\overrightarrow{AB}$，并且可以分别叫做 $\overrightarrow{AB}$ 在向量 $\boldsymbol{e}$ 上的射影和射影向量.

定理 1.3.1 对任何向量 $\boldsymbol{a},\boldsymbol{b}$ 成立

$$射影_s(\boldsymbol{a}+\boldsymbol{b})=射影_s\boldsymbol{a}+射影_s\boldsymbol{b} \tag{1.3.3}$$

证明 如图 1-20，设 $\overrightarrow{AB}=\boldsymbol{a},\overrightarrow{BC}=\boldsymbol{b}$，则 $\boldsymbol{a}+\boldsymbol{b}=\overrightarrow{AC}$. 过 A,B,C 作轴 S 的垂直平面分别交轴 S 于 A',B',C'，则有 $\overrightarrow{A'C'}=\overrightarrow{A'B'}+\overrightarrow{B'C'}$. 因为

$\overrightarrow{A'C'}=射影向量_s\overrightarrow{AC}=(射影_s\overrightarrow{AC})\boldsymbol{e}$

$\overrightarrow{A'B'}$ = 射影向量$_s\overrightarrow{AB}$ = (射影$_s\overrightarrow{AB}$)$\boldsymbol{e}$

$\overrightarrow{B'C'}$ = 射影向量$_s\overrightarrow{BC}$ = (射影$_s\overrightarrow{BC}$)$\boldsymbol{e}$

其中$\boldsymbol{e}$为与轴S同向的单位向量，因此

(射影$_s\overrightarrow{AC}$)$\boldsymbol{e}$ = (射影$_s\overrightarrow{AB}$ + 射影$_s\overrightarrow{BC}$)$\boldsymbol{e}$，即

$$射影_s(\boldsymbol{a}+\boldsymbol{b}) = 射影_s\boldsymbol{a} + 射影_s\boldsymbol{b}.$$

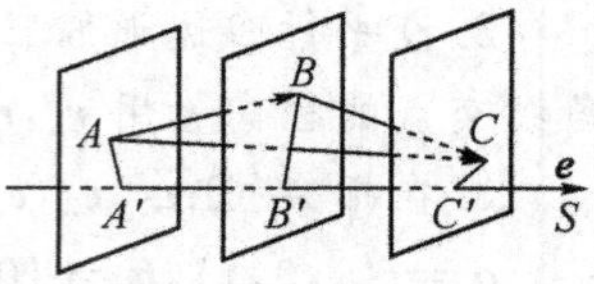

图 1-20

□

类似地我们可得

定理 1.3.2 对于任意向量 $\boldsymbol{a}$ 和实数 λ 成立

$$射影_s(\lambda\boldsymbol{a}) = \lambda(射影_s\boldsymbol{a}) \tag{1.3.4}$$

证明留给读者作为习题.

例 1.3.1 在直角坐标系$\{O;\boldsymbol{i},\boldsymbol{j},\boldsymbol{k}\}$下，对于任何向量 $\boldsymbol{r}$ 必有如下分解

$$\boldsymbol{r} = (射影_i\boldsymbol{r})\boldsymbol{i} + (射影_j\boldsymbol{r})\boldsymbol{j} + (射影_k\boldsymbol{r})\boldsymbol{k}.$$

证明 如图 1-21，过 O 点作三条轴 x 轴，y 轴，z 轴分别与$\boldsymbol{i}$，$\boldsymbol{j}$，$\boldsymbol{k}$ 同向，取一点 P 使得$\overrightarrow{OP} = \boldsymbol{r}$. 过 P 作三平面垂直于x轴，y轴，z 轴，交点分别设为 A，B，C. 则有

$$\boldsymbol{r} = \overrightarrow{OP} = \overrightarrow{OA} + \overrightarrow{OB} + \overrightarrow{OC},$$

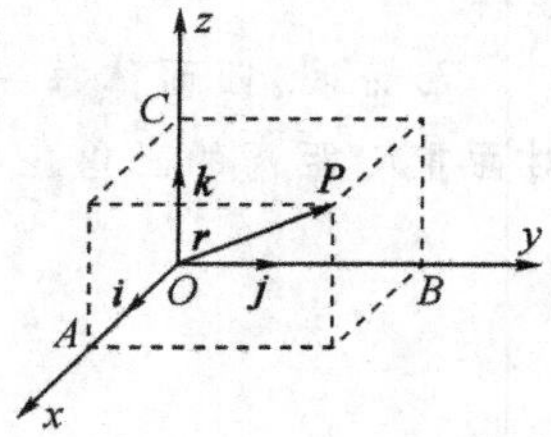

图 1-21

另一方面

$$\overrightarrow{OA} = 射影向量_i\boldsymbol{r} = (射影_i\boldsymbol{r})\boldsymbol{i},$$

$$\overrightarrow{OB} = 射影向量_j\boldsymbol{r} = (射影_j\boldsymbol{r})\boldsymbol{j},$$

$$\overrightarrow{OC} = 射影向量_k\boldsymbol{r} = (射影_k\boldsymbol{r})\boldsymbol{k},$$

因此 $\boldsymbol{r} = (射影_i\boldsymbol{r})\boldsymbol{i} + (射影_j\boldsymbol{r})\boldsymbol{j} + (射影_k\boldsymbol{r})\boldsymbol{k}$. □

上面例子说明，在直角坐标系下，一向量(或点)的坐标分别是其在各坐标轴上的射影.

1.3.2 向量的内积

回顾物理学中做功问题. 如果一个质点在力$\boldsymbol{f}$的作用下产生一个位移$\boldsymbol{s}$，则力$\boldsymbol{f}$所做的功W是一个数量，它等于力$\boldsymbol{f}$在位移上的射影$|\boldsymbol{f}|\cos\angle(\boldsymbol{f},\boldsymbol{s})$与位移$\boldsymbol{s}$的距离$|\boldsymbol{s}|$的乘积，即

$$W = |\boldsymbol{f}||\boldsymbol{s}|\cos\angle(\boldsymbol{f},\boldsymbol{s}).$$

其中$\angle(\boldsymbol{f},\boldsymbol{s})$表示$\boldsymbol{f}$和$\boldsymbol{s}$之间的夹角.

定义 1.3.1 两个向量 $\boldsymbol{a}$，$\boldsymbol{b}$ 的模和他们夹角余弦的乘积叫向量$\boldsymbol{a}$和$\boldsymbol{b}$的**内积**(也称**数量积**)，记作 $\boldsymbol{a}\cdot\boldsymbol{b}$，即

$$\boldsymbol{a}\cdot\boldsymbol{b} = |\boldsymbol{a}||\boldsymbol{b}|\cos\angle(\boldsymbol{a},\boldsymbol{b}). \tag{1.3.5}$$

两向量的内积是一个数量而不是向量. 当 $\boldsymbol{a}$，$\boldsymbol{b}$ 中有零向量时，$\boldsymbol{a}\cdot\boldsymbol{b} = 0$. 如果 $\boldsymbol{a}$，$\boldsymbol{b}$ 都是非零向量，则有

$$射影_a\boldsymbol{b} = |\boldsymbol{b}|\cos\angle(\boldsymbol{a},\boldsymbol{b})$$

$$射影_b\boldsymbol{a} = |\boldsymbol{a}|\cos\angle(\boldsymbol{a},\boldsymbol{b})$$

所以

$$\boldsymbol{a}\cdot\boldsymbol{b}=|\boldsymbol{b}|\text{射影}_{\boldsymbol{b}}\boldsymbol{a}=|\boldsymbol{a}|\text{射影}_{\boldsymbol{a}}\boldsymbol{b} \tag{1.3.6}$$

特别地,向量 $\boldsymbol{a}$ 和单位向量 $\boldsymbol{b}_0$ 的内积等于 $\boldsymbol{a}$ 在 $\boldsymbol{b}_0$ 上的射影,即

$$\boldsymbol{a}\cdot\boldsymbol{b}_0=\text{射影}_{\boldsymbol{b}_0}\boldsymbol{a}$$

向量 $\boldsymbol{a}$ 与自身的内积等于 $\boldsymbol{a}$ 的模的平方,即

$$\boldsymbol{a}\cdot\boldsymbol{a}=|\boldsymbol{a}|^2.$$

向量 $\boldsymbol{a}$ 与自身的内积也可记为 $\boldsymbol{a}^2$. 从(1.3.5),我们也可把两个非零向量的夹角的余弦用内积和模来表示的,即

$$\angle(\boldsymbol{a},\boldsymbol{b})=\arccos\frac{\boldsymbol{a}\cdot\boldsymbol{b}}{|\boldsymbol{a}||\boldsymbol{b}|}, \tag{1.3.7}$$

由上式可得下面定理.

定理 1.3.3 (1) 两向量互相垂直的充要条件是它们的内积等于零.

(2) $|\boldsymbol{a}\cdot\boldsymbol{b}|\leqslant|\boldsymbol{a}||\boldsymbol{b}|$,等式成立当且仅当 $\boldsymbol{a},\boldsymbol{b}$ 共线(Schwartz 不等式).

向量的内积满足以下的运算规律:

定理 1.3.4 $\boldsymbol{a},\boldsymbol{b},\boldsymbol{c}$ 为任意向量,λ 为任意实数,则成立

1) 交换律 $\boldsymbol{a}\cdot\boldsymbol{b}=\boldsymbol{b}\cdot\boldsymbol{a}$; (1.3.8)

2) 结合律 $(\lambda\boldsymbol{a})\cdot\boldsymbol{b}=\lambda(\boldsymbol{a}\cdot\boldsymbol{b})$; (1.3.9)

3) 分配律 $\boldsymbol{a}\cdot(\boldsymbol{b}+\boldsymbol{c})=\boldsymbol{a}\cdot\boldsymbol{b}+\boldsymbol{a}\cdot\boldsymbol{c}$. (1.3.10)

证明 1) 和 2) 由读者自行证明,这里仅证明 3).

如果 $\boldsymbol{a}=\boldsymbol{0}$,(1.3.10) 自然成立. 不妨设 $\boldsymbol{a}\neq\boldsymbol{0}$,由(1.3.6) 式得

$$\begin{aligned}\boldsymbol{a}\cdot(\boldsymbol{b}+\boldsymbol{c})&=|\boldsymbol{a}|\text{射影}_{\boldsymbol{a}}(\boldsymbol{b}+\boldsymbol{c})=|\boldsymbol{a}|(\text{射影}_{\boldsymbol{a}}\boldsymbol{b}+\text{射影}_{\boldsymbol{a}}\boldsymbol{c})\\&=|\boldsymbol{a}|\text{射影}_{\boldsymbol{a}}\boldsymbol{b}+|\boldsymbol{a}|\text{射影}_{\boldsymbol{a}}\boldsymbol{c}\\&=\boldsymbol{a}\cdot\boldsymbol{b}+\boldsymbol{a}\cdot\boldsymbol{c}.\end{aligned}$$

□

由于向量的内积满足上述运算规律,因此向量的两个线性组合的数量积可以按多项式相乘的法则来展开. 即成立下式:

$$\left(\sum_{i=1}^{m}\lambda_i\boldsymbol{a}_i\right)\cdot\left(\sum_{j=1}^{n}\mu_j\boldsymbol{b}_j\right)=\sum_{i=1}^{m}\sum_{j=1}^{n}\lambda_i\mu_j\boldsymbol{a}_i\cdot\boldsymbol{b}_j. \tag{1.3.11}$$

例 1.3.2 证明三角形三条高线相交于一点.

证明 如图 1-22,设 ΔABC,BC 边上的高和 AC 边上的高交于一点 X. 证明三条高交于一点,只需证明 $\overrightarrow{CX}\perp\overrightarrow{AB}$. 由于 $\overrightarrow{XA}\perp\overrightarrow{BC}$,$\overrightarrow{XB}\perp\overrightarrow{CA}$,因此 $\overrightarrow{XA}\cdot\overrightarrow{BC}=0$,$\overrightarrow{XB}\cdot\overrightarrow{CA}=0$

$$\begin{aligned}0&=\overrightarrow{XA}\cdot\overrightarrow{BC}+\overrightarrow{XB}\cdot\overrightarrow{CA}\\&=\overrightarrow{XA}\cdot(\overrightarrow{XC}-\overrightarrow{XB})+\overrightarrow{XB}\cdot(\overrightarrow{XA}-\overrightarrow{XC})\\&=\overrightarrow{XC}\cdot\overrightarrow{XA}-\overrightarrow{XC}\cdot\overrightarrow{XB}\\&=\overrightarrow{XC}\cdot(\overrightarrow{XA}-\overrightarrow{XB})\\&=\overrightarrow{XC}\cdot\overrightarrow{AB}\end{aligned}$$

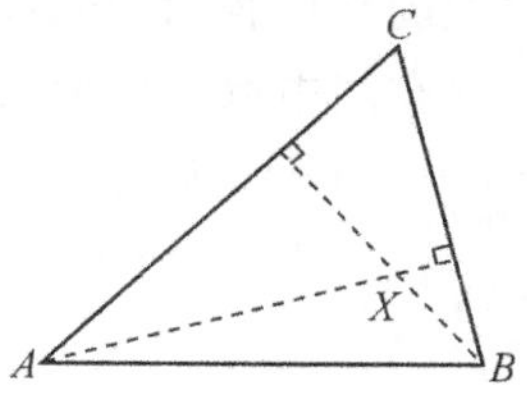

图 1-22

□

例 1.3.3 利用向量的内积导出三角形的余弦定理和中线长的公式.

解 如图 1-23,设 ΔABC 中,D 为 BC 中点. 由于 $\overrightarrow{AC}=\overrightarrow{AB}+\overrightarrow{BC}$.

$|\overrightarrow{AC}|^2=\overrightarrow{AC}\cdot\overrightarrow{AC}=(\overrightarrow{AB}+\overrightarrow{BC})^2$

$$
\begin{aligned}
&= |\overrightarrow{AB}|^2 + |\overrightarrow{BC}|^2 + 2\,\overrightarrow{AB}\cdot\overrightarrow{BC} \\
&= |\overrightarrow{AB}|^2 + |\overrightarrow{BC}|^2 - 2\,\overrightarrow{BA}\cdot\overrightarrow{BC} \\
&= |\overrightarrow{AB}|^2 + |\overrightarrow{BC}|^2 - 2|\overrightarrow{AB}|\cdot|\overrightarrow{BC}|\cos\angle ABC
\end{aligned}
$$

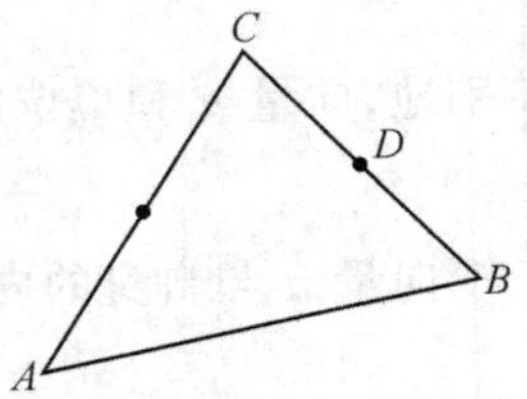

图 1-23

由于$\overrightarrow{AD} = \overrightarrow{AC} + \frac{1}{2}\overrightarrow{CB} = \overrightarrow{AB} + \frac{1}{2}\overrightarrow{BC}$. 所以

$$
\begin{aligned}
|\overrightarrow{AD}|^2 &= (\overrightarrow{AC} + \frac{1}{2}\overrightarrow{CB})^2 \\
&= |\overrightarrow{AC}|^2 + \frac{1}{4}|\overrightarrow{CB}|^2 + \overrightarrow{AC}\cdot\overrightarrow{CB}
\end{aligned}
$$

$$
\begin{aligned}
|\overrightarrow{AD}|^2 &= (\overrightarrow{AB} + \frac{1}{2}\overrightarrow{BC})^2 \\
&= |\overrightarrow{AB}|^2 + \frac{1}{4}|\overrightarrow{BC}|^2 + \overrightarrow{AB}\cdot\overrightarrow{BC}
\end{aligned}
$$

两式相加得

$$
\begin{aligned}
2|\overrightarrow{AD}|^2 &= |\overrightarrow{AC}|^2 + |\overrightarrow{AB}|^2 + \frac{1}{2}|\overrightarrow{CB}|^2 + \overrightarrow{BC}\cdot(\overrightarrow{AB} - \overrightarrow{AC}) \\
&= |\overrightarrow{AC}|^2 + |\overrightarrow{AB}|^2 - \frac{1}{2}|\overrightarrow{CB}|^2
\end{aligned}
$$

因此

$$
|\overrightarrow{AD}| = \frac{\sqrt{2}}{2}\sqrt{|\overrightarrow{AC}|^2 + |\overrightarrow{AB}|^2 - \frac{1}{2}|\overrightarrow{CB}|^2}. \qquad \diamond
$$

1.3.3 内积的坐标表示

空间中任取一仿射标架$\{O, \boldsymbol{e}_1, \boldsymbol{e}_2, \boldsymbol{e}_3\}$，设$\boldsymbol{r}_1 = x_1\boldsymbol{e}_1 + y_1\boldsymbol{e}_2 + z_1\boldsymbol{e}_3$，$\boldsymbol{r}_2 = x_2\boldsymbol{e}_1 + y_2\boldsymbol{e}_2 + z_2\boldsymbol{e}_3$，则由内积的运算规则得

$$
\begin{aligned}
\boldsymbol{r}_1\cdot\boldsymbol{r}_2 = {} & x_1x_2\boldsymbol{e}_1\cdot\boldsymbol{e}_1 + x_1y_2\boldsymbol{e}_1\cdot\boldsymbol{e}_2 + x_1z_2\boldsymbol{e}_1\cdot\boldsymbol{e}_3 \\
& + y_1x_2\boldsymbol{e}_2\cdot\boldsymbol{e}_1 + y_1y_2\boldsymbol{e}_2\cdot\boldsymbol{e}_2 + y_1z_2\boldsymbol{e}_2\cdot\boldsymbol{e}_3 \\
& + z_1x_2\boldsymbol{e}_3\cdot\boldsymbol{e}_1 + z_1y_2\boldsymbol{e}_3\cdot\boldsymbol{e}_2 + z_1z_2\boldsymbol{e}_3\cdot\boldsymbol{e}_3
\end{aligned}
$$

由上式可见在一般仿射坐标系下，内积的坐标表示式比较复杂. 一旦取定了一组标架$\{\boldsymbol{e}_i\}$并规定了矩阵$\{\boldsymbol{e}_i\cdot\boldsymbol{e}_j\}_{3\times3}$，就定义了向量的内积. 下面我们将在直角坐标系下给出内积的坐标表示，其表示式则较为简便.

空间中取直角标架$\{O, \boldsymbol{i}, \boldsymbol{j}, \boldsymbol{k}\}$，即$\boldsymbol{i}\cdot\boldsymbol{j} = \boldsymbol{j}\cdot\boldsymbol{k} = \boldsymbol{k}\cdot\boldsymbol{i} = 0$，$\boldsymbol{i}^2 = \boldsymbol{j}^2 = \boldsymbol{k}^2 = 1$，设$\boldsymbol{r}_1 = x_1\boldsymbol{i} + y_1\boldsymbol{j} + z_1\boldsymbol{k}$，$\boldsymbol{r}_2 = x_2\boldsymbol{i} + y_2\boldsymbol{j} + z_2\boldsymbol{k}$，则由内积的运算规则得

$$
\begin{aligned}
\boldsymbol{r}_1\cdot\boldsymbol{r}_2 = {} & x_1x_2\boldsymbol{i}\cdot\boldsymbol{i} + x_1y_2\boldsymbol{i}\cdot\boldsymbol{j} + x_1z_2\boldsymbol{i}\cdot\boldsymbol{k} \\
& + y_1x_2\boldsymbol{j}\cdot\boldsymbol{i} + y_1y_2\boldsymbol{j}\cdot\boldsymbol{j} + y_1z_2\boldsymbol{j}\cdot\boldsymbol{k} \\
& + z_1x_2\boldsymbol{k}\cdot\boldsymbol{i} + z_1y_2\boldsymbol{k}\cdot\boldsymbol{j} + z_1z_2\boldsymbol{k}\cdot\boldsymbol{k} \\
= {} & x_1x_2 + y_1y_2 + z_1z_2 \qquad (1.3.12)
\end{aligned}
$$

上式说明，在直角坐标系下，两向量的内积等于这两个向量的对应坐标分量乘积之和. 特别地，我们可以得到求向量模长的公式

$$
\begin{aligned}
|\boldsymbol{r}_1| &= \sqrt{\boldsymbol{r}_1\cdot\boldsymbol{r}_1} = \sqrt{x_1^2 + y_1^2 + z_1^2} \\
|\boldsymbol{r}_2| &= \sqrt{\boldsymbol{r}_2\cdot\boldsymbol{r}_2} = \sqrt{x_2^2 + y_2^2 + z_2^2}
\end{aligned} \qquad (1.3.13)
$$

又根据内积的定义，可求两向量 $\boldsymbol{r}_1$ 和 $\boldsymbol{r}_2$ 的夹角公式

$$\cos\angle(\boldsymbol{r}_1,\boldsymbol{r}_2)=\frac{\boldsymbol{r}_1\cdot\boldsymbol{r}_2}{|\boldsymbol{r}_1|\cdot|\boldsymbol{r}_2|}=\frac{x_1x_2+y_1y_2+z_1z_2}{\sqrt{x_1^2+y_1^2+z_1^2}\cdot\sqrt{x_2^2+y_2^2+z_2^2}} \tag{1.3.14}$$

设两点 $P_1(x_1,y_1,z_1)$，$P_2(x_2,y_2,z_2)$，则两点之间的距离

$$d=|\overrightarrow{P_1P_2}|=\sqrt{(\overrightarrow{P_1P_2})\cdot(\overrightarrow{P_1P_2})}=\sqrt{(x_2-x_1)^2+(y_2-y_1)^2+(z_2-z_1)^2}. \tag{1.3.15}$$

向量与坐标轴的夹角称为向量的方向角，方向角的余弦称为方向余弦.一个向量的方向完全可由它的方向角来决定.

设非零向量 $\boldsymbol{r}=x\boldsymbol{i}+y\boldsymbol{j}+z\boldsymbol{k}$，并设 α,β,γ 分别是 $\boldsymbol{r}$ 与 x 轴($\boldsymbol{i}$)，y 轴($\boldsymbol{j}$)，z 轴($\boldsymbol{k}$) 的夹角，即 $\boldsymbol{r}$ 的三个方向角(图 1-24) 则成立

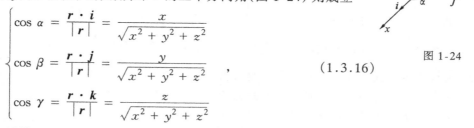

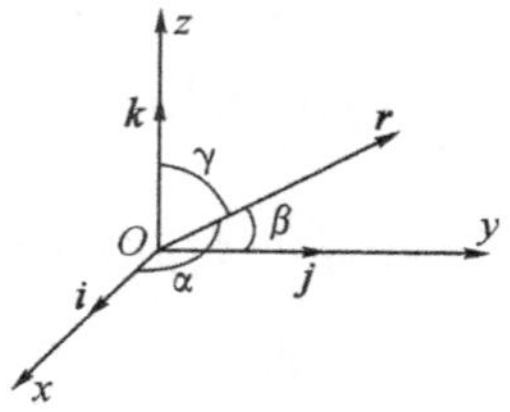

图 1-24

$$\begin{cases}\cos\alpha=\dfrac{\boldsymbol{r}\cdot\boldsymbol{i}}{|\boldsymbol{r}|}=\dfrac{x}{\sqrt{x^2+y^2+z^2}}\\ \cos\beta=\dfrac{\boldsymbol{r}\cdot\boldsymbol{j}}{|\boldsymbol{r}|}=\dfrac{y}{\sqrt{x^2+y^2+z^2}}\\ \cos\gamma=\dfrac{\boldsymbol{r}\cdot\boldsymbol{k}}{|\boldsymbol{r}|}=\dfrac{z}{\sqrt{x^2+y^2+z^2}}\end{cases}, \tag{1.3.16}$$

显然

$$\boldsymbol{r}^0=\frac{\boldsymbol{r}}{|\boldsymbol{r}|}=(\cos\alpha,\cos\beta,\cos\gamma) \tag{1.3.17}$$

例 1.3.4 利用内积证明柯西 - 施瓦兹(Cauchy-Schwartz) 不等式

$$\left(\sum_{i=1}^{3}a_ib_i\right)^2\leqslant\left(\sum_{i=1}^{3}a_i^2\right)\left(\sum_{i=1}^{3}b_i^2\right)$$

证明 设 $\boldsymbol{a}=(a_1,a_2,a_3)$，$\boldsymbol{b}=(b_1,b_2,b_3)$

$$|\boldsymbol{a}\cdot\boldsymbol{b}|=|\boldsymbol{a}|\cdot|\boldsymbol{b}|\cos\angle(\boldsymbol{a},\boldsymbol{b})\leqslant|\boldsymbol{a}|\cdot|\boldsymbol{b}|$$

所以

$$\left(\sum_{i=1}^{3}a_ib_i\right)^2\leqslant\left(\sum_{i=1}^{3}a_i^2\right)\left(\sum_{i=1}^{3}b_i^2\right).$$

□

例 1.3.5 求向量 $\boldsymbol{a}=(3,4,5)$ 在向量 $\boldsymbol{b}=(-1,2,0)$ 的射影.

解 由于 $\boldsymbol{a}\cdot\boldsymbol{b}=|\boldsymbol{b}|$ 射影$_{\boldsymbol{b}}\boldsymbol{a}$，所以

$$\text{射影}_{\boldsymbol{b}}\boldsymbol{a}=\frac{\boldsymbol{a}\cdot\boldsymbol{b}}{|\boldsymbol{b}|}=\frac{-3+8}{\sqrt{1+4}}=\sqrt{5}.$$

◇

1.3 习 题

1. 证明：射影$_l(\lambda_1\boldsymbol{a}_1+\lambda_2\boldsymbol{a}_2+\cdots+\lambda_n\boldsymbol{a}_n)=\lambda_1$ 射影$_l\boldsymbol{a}_1+\lambda_2$ 射影$_l\boldsymbol{a}_2+\cdots+\lambda_n$ 射影$_l\boldsymbol{a}_n$.
2. 已给下列各条件，求 $\boldsymbol{a},\boldsymbol{b}$ 的内积，并求 $\boldsymbol{a}$ 在 $\boldsymbol{b}$ 上的射影.

(1) $|\boldsymbol{a}|=4$，$|\boldsymbol{b}|=3$，$\angle(\boldsymbol{a},\boldsymbol{b})=\dfrac{\pi}{4}$；

(2) $|\boldsymbol{a}|=3$，$|\boldsymbol{b}|=5$，$\boldsymbol{a},\boldsymbol{b}$ 反向.

3. 计算下列各项.

(1) 已知向量 $\boldsymbol{a},\boldsymbol{b},\boldsymbol{c}$ 两两相成 60° 角，且 $|\boldsymbol{a}|=4,|\boldsymbol{b}|=2,|\boldsymbol{c}|=6$，试求：$\boldsymbol{p}=\boldsymbol{a}+\boldsymbol{b}+\boldsymbol{c}$ 的长度；

(2) 已知等边三角形 ABC 的边长为 1，且 $\overrightarrow{BC}=\boldsymbol{a},\overrightarrow{CA}=\boldsymbol{b},\overrightarrow{AB}=\boldsymbol{c}$，求 $\boldsymbol{a}\cdot\boldsymbol{b}+\boldsymbol{b}\cdot\boldsymbol{c}+\boldsymbol{c}\cdot\boldsymbol{a}$；

(3) 在直角坐标系下，已知 $\boldsymbol{a}=(3,5,7),\boldsymbol{b}=(4,2,5),\boldsymbol{c}=(1,0,-1)$，求 $(\boldsymbol{a}+2\boldsymbol{b})\cdot\boldsymbol{c}$；

(4) 已知向量 $\boldsymbol{a}+3\boldsymbol{b}$ 与 $7\boldsymbol{a}-5\boldsymbol{b}$ 垂直，且 $\boldsymbol{a}-4\boldsymbol{b}$ 与 $7\boldsymbol{a}-2\boldsymbol{b}$ 垂直，求 $\boldsymbol{a},\boldsymbol{b}$ 的夹角；

(5) 在直角坐标下，已经 $\boldsymbol{a}=\{4,-3,2\},\boldsymbol{b}=\{2,-1,-2\}$，求向量 $\boldsymbol{a}$ 在 $\boldsymbol{b}$ 上的射影；

(6) 已知 $|\boldsymbol{a}|=3,|\boldsymbol{b}|=2,\angle(\boldsymbol{a},\boldsymbol{b})=\frac{\pi}{3}$，求 $3\boldsymbol{a}+2\boldsymbol{b}$ 与 $2\boldsymbol{a}-3\boldsymbol{b}$ 的内积和夹角.

4. 证明 $\boldsymbol{a}$ 与 $(\boldsymbol{a}\cdot\boldsymbol{c})\boldsymbol{b}-(\boldsymbol{a}\cdot\boldsymbol{b})\boldsymbol{c}$ 和 $\boldsymbol{b}-\frac{\boldsymbol{a}\cdot\boldsymbol{b}}{\boldsymbol{a}^2}\boldsymbol{a}$ 都垂直.

5. 用向量法证明以下各题.

(1) 三角形三条中线的长度的平方和等于三边长度的平方和的 $\frac{3}{4}$；

(2) 内接于半圆且以直径为一边的三角形为直角三角形；

(3) 三角形各边的垂直平分线共点且这点到各顶点等距；

(4) 平行四边形为菱形的充要条件是对角线互相垂直；

(5) 任意空间四边形四边的平方和等于它的对角线中点连线平方的四倍与对角线的平方和.

(6) 空间四边形对角线相互垂直的充要条件是对边平方和相等.

6. 证明：对任意四点 A,B,C,D，有

$$\overrightarrow{AB}\cdot\overrightarrow{CD}+\overrightarrow{BC}\cdot\overrightarrow{AD}+\overrightarrow{CA}\cdot\overrightarrow{BD}=0.$$

7. 已知 ΔABC 三顶点 $A(0,0,0),B(0,1,1),C(1,2,2)$，求

(1) 三角形三边长；(2) 三角形三内角；(3) 三角形三中线长；(4) 角 A 的平分角线向量 $\overrightarrow{AD}$（终点 D 在 BC 边上），并求 $\overrightarrow{AD}$ 的方向余弦；(5) 三角形内心的坐标.

8. 证明：对于任意三个共面向量 $\boldsymbol{r}_1,\boldsymbol{r}_2,\boldsymbol{r}_3$ 有

$$\begin{vmatrix} \boldsymbol{r}_1\cdot\boldsymbol{r}_1 & \boldsymbol{r}_1\cdot\boldsymbol{r}_2 & \boldsymbol{r}_1\cdot\boldsymbol{r}_3 \\ \boldsymbol{r}_2\cdot\boldsymbol{r}_1 & \boldsymbol{r}_2\cdot\boldsymbol{r}_2 & \boldsymbol{r}_2\cdot\boldsymbol{r}_3 \\ \boldsymbol{r}_3\cdot\boldsymbol{r}_1 & \boldsymbol{r}_3\cdot\boldsymbol{r}_2 & \boldsymbol{r}_3\cdot\boldsymbol{r}_3 \end{vmatrix}=0.$$

9. 设 $A_1A_2\cdots A_n$ 是一正 n 边形，P 是它的外接圆上的任意一点，试证明：

$$|\overrightarrow{PA_1}+\overrightarrow{PA_2}+\cdots+\overrightarrow{PA_n}|=\text{常数}.$$

§1.4 向量的外积

1.4.1 外积的定义及运算规律

我们以物理学中力矩的概念为例来引入两向量外积的概念. 设力 $\boldsymbol{f}$ 的作用点为 P, $\boldsymbol{r}=\overrightarrow{OP}$, 则力 $\boldsymbol{f}$ 关于点 O 的力矩是一个向量 $\boldsymbol{m}$, 其大小等于点 O 到 $\boldsymbol{f}$ 的距离与 $\boldsymbol{f}$ 的大小的乘积, 即为 $|\boldsymbol{r}||\boldsymbol{f}|\cdot\sin\angle(\boldsymbol{r},\boldsymbol{f})$, 其方向垂直于由 $\boldsymbol{r}$ 和 $\boldsymbol{f}$ 所决定的平面, 且从 $\boldsymbol{m}$ 的终端向下看时, $\boldsymbol{f}$ 绕 O 旋转取逆时针方向, 即 $\boldsymbol{r},\boldsymbol{f},\boldsymbol{m}$ 构成右手系, 如图 1-25 所示.

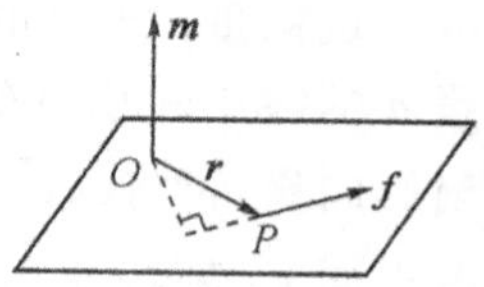

图 1-25

定义 1.4.1 两向量 $\boldsymbol{a}$ 和 $\boldsymbol{b}$ 的外积是一个向量, 记作 $\boldsymbol{a}\times\boldsymbol{b}$, 其长度为

$$|\boldsymbol{a}\times\boldsymbol{b}|=|\boldsymbol{a}||\boldsymbol{b}|\sin\angle(\boldsymbol{a},\boldsymbol{b}),\tag{1.4.1}$$

其方向与 $\boldsymbol{a},\boldsymbol{b}$ 都垂直, 且使 $\boldsymbol{a},\boldsymbol{b},\boldsymbol{a}\times\boldsymbol{b}$ 构成右手系, 即用右手四指转动方向表示从 $\boldsymbol{a}$ 转到 $\boldsymbol{b}$, 则 $\boldsymbol{a}\times\boldsymbol{b}$ 方向与大拇指方向一致. 外积也叫做向量积.

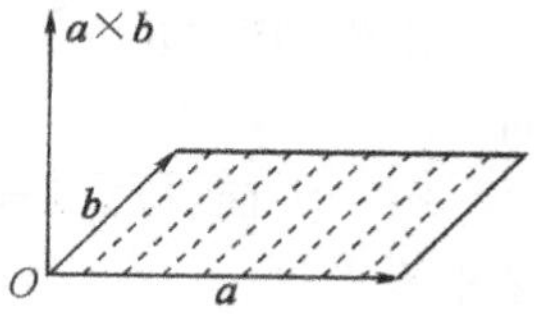

图 1-26

由定义, 当 $\boldsymbol{a},\boldsymbol{b}$ 不共线时, $|\boldsymbol{a}\times\boldsymbol{b}|$ 等于以 $\boldsymbol{a},\boldsymbol{b}$ 为边的平行四边形的面积(图 1-26). 由定义, 易证下面定理.

定理 1.4.1 两个向量 $\boldsymbol{a}$ 和 $\boldsymbol{b}$ 共线的充要条件是 $\boldsymbol{a}\times\boldsymbol{b}=\boldsymbol{0}$.

定理 1.4.2 外积满足下面的运算规律

1) 反交换律 $\quad \boldsymbol{a}\times\boldsymbol{b}=-\boldsymbol{b}\times\boldsymbol{a}$; (1.4.2)

2) 结合律 $\quad (\lambda\boldsymbol{a})\times\boldsymbol{b}=\lambda(\boldsymbol{a}\times\boldsymbol{b})$; (1.4.3)

3) 分配律 $\quad (\boldsymbol{a}+\boldsymbol{b})\times\boldsymbol{c}=\boldsymbol{a}\times\boldsymbol{c}+\boldsymbol{b}\times\boldsymbol{c}$ (1.4.4)

证明 1) 如果 $\boldsymbol{a}$ 与 $\boldsymbol{b}$ 共线, (1.4.2) 式显然成立. 如果不共线, 由定义 $\boldsymbol{a}\times\boldsymbol{b}$ 和 $\boldsymbol{b}\times\boldsymbol{a}$ 的模显然相等, $\boldsymbol{a}\times\boldsymbol{b}$ 和 $\boldsymbol{b}\times\boldsymbol{a}$ 都垂直于 $\boldsymbol{a},\boldsymbol{b}$ 所决定的平面, 所以 $\boldsymbol{a}\times\boldsymbol{b}$ 与 $\boldsymbol{b}\times\boldsymbol{a}$ 必共线. 另一方面 $\boldsymbol{a},\boldsymbol{b},\boldsymbol{a}\times\boldsymbol{b}$ 和 $\boldsymbol{b},\boldsymbol{a},\boldsymbol{b}\times\boldsymbol{a}$ 都构成右手系, 因此 $\boldsymbol{a}\times\boldsymbol{b}$ 与 $\boldsymbol{b}\times\boldsymbol{a}$ 方向必相反. 故 (1.4.2) 式成立.

2) 当 $\lambda=0$ 或 $\boldsymbol{a},\boldsymbol{b}$ 共线时, (1.4.3) 显然成立. 不妨设 $\lambda\neq0$, 且 $\boldsymbol{a},\boldsymbol{b}$ 不共线. 首先考虑 (1.4.3) 式两边向量的模.

$$|(\lambda\boldsymbol{a})\times\boldsymbol{b}|=|\lambda||\boldsymbol{a}||\boldsymbol{b}|\sin\angle(\lambda\boldsymbol{a},\boldsymbol{b}),$$
$$|\lambda(\boldsymbol{a}\times\boldsymbol{b})|=|\lambda||\boldsymbol{a}||\boldsymbol{b}|\sin\angle(\boldsymbol{a},\boldsymbol{b}).$$

不管 λ 是正是负, 必有 $\sin\angle(\boldsymbol{a},\boldsymbol{b})=\sin\angle(\lambda\boldsymbol{a},\boldsymbol{b})$. 因此 $|(\lambda\boldsymbol{a})\times\boldsymbol{b}|=|\lambda(\boldsymbol{a}\times\boldsymbol{b})|$. 另一方面, 当 $\lambda>0$ 时, 则 $\lambda\boldsymbol{a}$ 和 $\boldsymbol{a}$ 同向, 因此 $(\lambda\boldsymbol{a})\times\boldsymbol{b}$ 和 $(\boldsymbol{a}\times\boldsymbol{b})$ 同向. 从而 $(\lambda\boldsymbol{a})\times\boldsymbol{b}$ 和 $\lambda(\boldsymbol{a}\times\boldsymbol{b})$ 同向. 当 $\lambda<0$ 时, $(\lambda\boldsymbol{a})\times\boldsymbol{b}$, $\lambda(\boldsymbol{a}\times\boldsymbol{b})$ 都和 $\boldsymbol{a}\times\boldsymbol{b}$ 反向, 所以 $(\lambda\boldsymbol{a})\times\boldsymbol{b}$ 和 $\lambda(\boldsymbol{a}\times\boldsymbol{b})$ 仍同向. 由此可见 $(\lambda\boldsymbol{a})\times\boldsymbol{b}$ 和 $\lambda(\boldsymbol{a}\times\boldsymbol{b})$ 有相同的模和方向, 因此必相等.

3) 如果 $\boldsymbol{a},\boldsymbol{b},\boldsymbol{c}$ 中至少有一零向量或 $\boldsymbol{a},\boldsymbol{b}$ 为共线向量, (1.4.4) 式显然成立.

设 $\boldsymbol{c}^0$ 为 $\boldsymbol{c}$ 的单位向量, 由于

$$(\boldsymbol{a}+\boldsymbol{b})\times\boldsymbol{c}=|\boldsymbol{c}|[(\boldsymbol{a}+\boldsymbol{b})\times\boldsymbol{c}^0],$$
$$\boldsymbol{a}\times\boldsymbol{c}+\boldsymbol{b}\times\boldsymbol{c}=|\boldsymbol{c}|[\boldsymbol{a}\times\boldsymbol{c}^0+\boldsymbol{b}\times\boldsymbol{c}^0]$$

因此我们仅需证明

$$(\boldsymbol{a}+\boldsymbol{b})\times\boldsymbol{c}^0=\boldsymbol{a}\times\boldsymbol{c}^0+\boldsymbol{b}\times\boldsymbol{c}^0. \tag{1.4.5}$$

我们可以用下面作图法作出向量 $\boldsymbol{a}\times\boldsymbol{c}^0$.

过向量 $\boldsymbol{a}$ 与 $\boldsymbol{c}^0$ 的公共始点 O 作平面 π 垂直于 $\boldsymbol{c}^0$(图 1-27). 从向量 $\boldsymbol{a}$ 的终点 A 引 $AA_1\perp\pi$, $A_1\in\pi$ 为垂足, $\overrightarrow{OA_1}$ 为向量 $\boldsymbol{a}$ 在 π 上的射影向量, 再将 $\overrightarrow{OA_1}$ 在平面 π 上绕 O 点依顺时针方向(自 $\boldsymbol{c}^0$ 的终点看平面 π) 旋转 $90°$, 得 $\overrightarrow{OA_2}$, 我们将证明

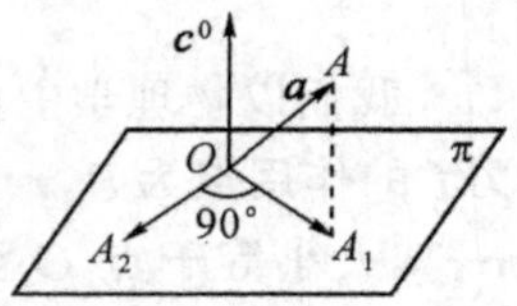

图 1-27

$$\overrightarrow{OA_2}=\boldsymbol{a}\times\boldsymbol{c}^0.$$

由作图法知 $\overrightarrow{OA_2}\perp\boldsymbol{a}$, $\overrightarrow{OA_2}\perp\boldsymbol{c}^0$ 且 $\{O;\boldsymbol{a},\boldsymbol{c}^0,\overrightarrow{OA_2}\}$ 构成右手标架, 则 $\overrightarrow{OA_2}$ 与 $\boldsymbol{a}\times\boldsymbol{c}^0$ 同向.

另一方面 $|\overrightarrow{OA_2}|=|\overrightarrow{OA_1}|=|\boldsymbol{a}|\sin\angle(\boldsymbol{a},\boldsymbol{c}^0)$, 所以 $\overrightarrow{OA_2}$ 与 $\boldsymbol{a}\times\boldsymbol{c}^0$ 有相同的方向和模, 必相等.

如图 1-28 所示, π 为过 O 点且垂直于 $\boldsymbol{c}^0$ 的平面, 设 $\overrightarrow{OA}=\boldsymbol{a}$, $\overrightarrow{OB}=\boldsymbol{b}$, $\overrightarrow{OD}=\boldsymbol{a}+\boldsymbol{b}$, 并设 A,B,D 在 π 上的垂足分别为 A_1,B_1,D_1, 则可知 $\overrightarrow{OA_1}$, $\overrightarrow{OB_1}$, $\overrightarrow{OD_1}$ 分别是 $\overrightarrow{OA}$, $\overrightarrow{OB}$, $\overrightarrow{OD}$ 在平面 π 上的射影向量. 由于向量 $\overrightarrow{OB}$ 和 $\overrightarrow{AD}$ 相等, 则它们在平面 π 上的射影向量也相等, 即 $\overrightarrow{OB_1}=\overrightarrow{A_1D_1}$, 因此成立:

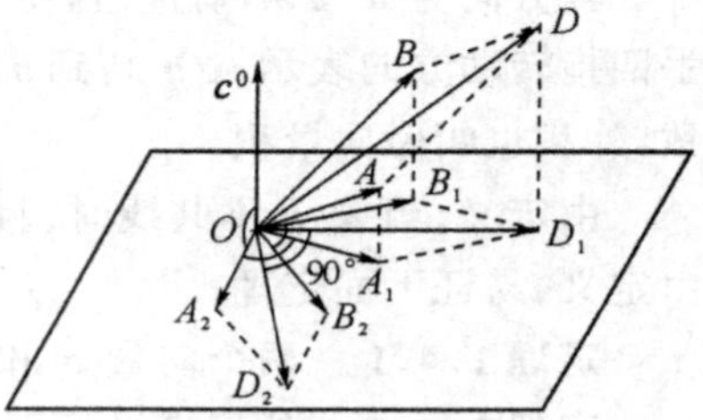

图 1-28

$$\overrightarrow{OD_1}=\overrightarrow{OA_1}+\overrightarrow{A_1D_1}=\overrightarrow{OA_1}+\overrightarrow{OB_1},$$

即 $OA_1D_1B_1$ 构成一平行四边形. 再将 $\overrightarrow{OA_1}$, $\overrightarrow{OB_1}$, $\overrightarrow{OD_1}$ 在平面 π 内绕 O 点顺时针方向(从 $\boldsymbol{c}^0$ 的终点看平面 π) 旋转 $90°$ 得 $\overrightarrow{OA_2}$, $\overrightarrow{OB_2}$, $\overrightarrow{OD_2}$. 由作图法可知

$$\overrightarrow{OA_2}=\boldsymbol{a}\times\boldsymbol{c}^0,\ \overrightarrow{OB_2}=\boldsymbol{b}\times\boldsymbol{c}^0,\ \overrightarrow{OD_2}=(\boldsymbol{a}+\boldsymbol{b})\times\boldsymbol{c}^0,$$

由于 $OA_2D_2B_2$ 仍构成一平行四边形, 即 $\overrightarrow{OD_2}=\overrightarrow{OA_2}+\overrightarrow{OB_2}$, 所以

$$(\boldsymbol{a}+\boldsymbol{b})\times\boldsymbol{c}^0=\boldsymbol{a}\times\boldsymbol{c}^0+\boldsymbol{b}\times\boldsymbol{c}^0.$$ □

推论 1.4.2 $\boldsymbol{c}\times(\boldsymbol{a}+\boldsymbol{b})=\boldsymbol{c}\times\boldsymbol{a}+\boldsymbol{c}\times\boldsymbol{b}.$ (1.4.6)

由于外积的运算规律, 向量的两个线性组合的外积也可以类似于多项式运算

$$\left(\sum_{i=1}^{m}\lambda_i\boldsymbol{a}_i\right)\times\left(\sum_{j=1}^{m}\mu_j\boldsymbol{b}_j\right)=\sum_{i=1}^{m}\sum_{j=1}^{m}\lambda_i\mu_j\boldsymbol{a}_i\times\boldsymbol{b}_j. \tag{1.4.7}$$

在向量外积的运算中, 必须注意外积不满足交换律, 而且有反交换律, 所以运算中, 向量的次序不可以任意颠倒, 交换外积的两个向量, 就必须改变符号.

例 1.4.1 证明 $(\boldsymbol{a}\times\boldsymbol{b})^2+(\boldsymbol{ab})^2=\boldsymbol{a}^2\boldsymbol{b}^2$ (1.4.8)

证明 由于

$$(\boldsymbol{a}\times\boldsymbol{b})^2=\boldsymbol{a}^2\boldsymbol{b}^2\sin^2\angle(\boldsymbol{a},\boldsymbol{b}),$$
$$(\boldsymbol{a}\cdot\boldsymbol{b})^2=\boldsymbol{a}^2\boldsymbol{b}^2\cos^2\angle(\boldsymbol{a},\boldsymbol{b}).$$

因此

$$(\boldsymbol{a}\times\boldsymbol{b})^2+(\boldsymbol{a}\cdot\boldsymbol{b})^2=\boldsymbol{a}^2\boldsymbol{b}^2(\sin^2\angle(\boldsymbol{a},\boldsymbol{b})+\cos^2\angle(\boldsymbol{a},\boldsymbol{b}))$$
$$=\boldsymbol{a}^2\boldsymbol{b}^2.$$ □

例 1.4.2 利用向量积推导三角形正弦定理.

证明 如图 1-29,设 ΔABC 三个内角为 α,β,γ,三边长分别为 a,b,c. 由于
$$\boldsymbol{0}=\overrightarrow{AB}\times\overrightarrow{AB}=(\overrightarrow{AC}+\overrightarrow{CB})\times\overrightarrow{AB}=\overrightarrow{AC}\times\overrightarrow{AB}+\overrightarrow{CB}\times\overrightarrow{AB}.$$
得
$$\overrightarrow{AC}\times\overrightarrow{AB}=-\overrightarrow{CB}\times\overrightarrow{AB}.$$
因此
$$|\overrightarrow{AC}\times\overrightarrow{AB}|=|\overrightarrow{CB}\times\overrightarrow{AB}|$$
即
$$bc\sin\alpha=ac\sin\beta,$$

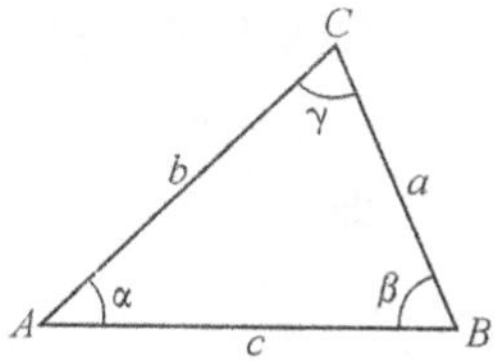

图 1-29

也即
$$\frac{\sin\alpha}{a}=\frac{\sin\beta}{b}.$$
同理可得
$$\frac{b}{\sin\beta}=\frac{c}{\sin\gamma}.$$ □

例 1.4.3 已知非零向量 $\boldsymbol{r}_1$ 垂直于另一非零向量 $\boldsymbol{r}_2$,将 $\boldsymbol{r}_2$ 绕 $\boldsymbol{r}_1$ 逆时针(从 $\boldsymbol{r}_1$ 的终点往其起点看)旋转角度 θ 得到向量 $\boldsymbol{r}_3$,试用 $\boldsymbol{r}_1,\boldsymbol{r}_2$ 和 θ 来表示 $\boldsymbol{r}_3$.

解 显然三向量 $\boldsymbol{r}_1/|\boldsymbol{r}_1|,\boldsymbol{r}_2/|\boldsymbol{r}_2|,(\boldsymbol{r}_1/|\boldsymbol{r}_1|)\times(\boldsymbol{r}_2/|\boldsymbol{r}_2|)$ 构成空间的一个幺正标架,空间中任何向量都可由此三向量线性表出. 这里根据题意可得
$$\boldsymbol{r}_3=|\boldsymbol{r}_2|((\cos\theta)\boldsymbol{r}_2/|\boldsymbol{r}_2|+(\sin\theta)(\boldsymbol{r}_1/|\boldsymbol{r}_1|)\times(\boldsymbol{r}_2/|\boldsymbol{r}_2|))$$
$$=\cos\theta\,\boldsymbol{r}_2+\frac{\sin\theta}{|\boldsymbol{r}_1|}\boldsymbol{r}_1\times\boldsymbol{r}_2.$$ ◇

例 1.4.4 已给空间三点 A,B,C,试证:A,B,C 共线的充要条件是对任一点 O 成立 $\overrightarrow{OA}\times\overrightarrow{OB}+\overrightarrow{OB}\times\overrightarrow{OC}+\overrightarrow{OC}\times\overrightarrow{OA}=\boldsymbol{0}$.

证明 A,B,C 三点共线,即向量 $\overrightarrow{AB}$ 与 $\overrightarrow{AC}$ 共线,根据定理 1.4.1,其充要条件为
$$\overrightarrow{AB}\times\overrightarrow{AC}=\boldsymbol{0}.$$
另一方面
$$\overrightarrow{AB}\times\overrightarrow{AC}=(\overrightarrow{OB}-\overrightarrow{OA})\times(\overrightarrow{OC}-\overrightarrow{OA})$$
$$=\overrightarrow{OB}\times\overrightarrow{OC}-\overrightarrow{OB}\times\overrightarrow{OA}-\overrightarrow{OA}\times\overrightarrow{OC}$$
$$=\overrightarrow{OA}\times\overrightarrow{OB}+\overrightarrow{OB}\times\overrightarrow{OC}+\overrightarrow{OC}\times\overrightarrow{OA}.$$ □

1.4.2 外积的坐标表示

取直角坐标系 $\{O;\boldsymbol{i},\boldsymbol{j},\boldsymbol{k}\}$. 设向量 $\boldsymbol{v}_1$ 和 $\boldsymbol{v}_2$ 的坐标分别是 (x_1,y_1,z_1) 和 (x_2,y_2,z_2),即 $\boldsymbol{v}_1=x_1\boldsymbol{i}+y_1\boldsymbol{j}+z_1\boldsymbol{k}$,$\boldsymbol{v}_2=x_2\boldsymbol{i}+y_2\boldsymbol{j}+z_2\boldsymbol{k}$,根据外积的运算规律,我们有
$$\boldsymbol{v}_1\times\boldsymbol{v}_2=(x_1\boldsymbol{i}+y_1\boldsymbol{j}+z_1\boldsymbol{k})\times(x_2\boldsymbol{i}+y_2\boldsymbol{j}+z_2\boldsymbol{k})$$
$$=x_1x_2(\boldsymbol{i}\times\boldsymbol{i})+x_1y_2(\boldsymbol{i}\times\boldsymbol{j})+x_1z_2(\boldsymbol{i}\times\boldsymbol{k})$$
$$+y_1x_2(\boldsymbol{j}\times\boldsymbol{i})+y_1y_2(\boldsymbol{j}\times\boldsymbol{j})+y_1z_2(\boldsymbol{j}\times\boldsymbol{k})$$

$$+ z_1x_2(\boldsymbol{k}\times\boldsymbol{i}) + z_1y_2(\boldsymbol{k}\times\boldsymbol{j}) + z_1z_2(\boldsymbol{k}\times\boldsymbol{k})$$

由于$\boldsymbol{i},\boldsymbol{j},\boldsymbol{k}$是两两正交的单位向量且构成右手系，所以有下列关系

$$\begin{aligned}&\boldsymbol{i}\times\boldsymbol{i}=\boldsymbol{0},\boldsymbol{i}\times\boldsymbol{j}=\boldsymbol{k},\boldsymbol{i}\times\boldsymbol{k}=-\boldsymbol{j}\\&\boldsymbol{j}\times\boldsymbol{i}=-\boldsymbol{k},\boldsymbol{j}\times\boldsymbol{j}=\boldsymbol{0},\boldsymbol{j}\times\boldsymbol{k}=\boldsymbol{i}\\&\boldsymbol{k}\times\boldsymbol{i}=\boldsymbol{j},\boldsymbol{k}\times\boldsymbol{j}=-\boldsymbol{i},\boldsymbol{k}\times\boldsymbol{k}=\boldsymbol{0}\end{aligned}\tag{1.4.9}$$

代入上式，则得

$$\boldsymbol{v}_1\times\boldsymbol{v}_2=(y_1z_2-y_2z_1)\boldsymbol{i}+(z_1x_2-z_2x_1)\boldsymbol{j}+(x_1y_2-x_2y_1)\boldsymbol{k}$$

即

$$\boldsymbol{v}_1\times\boldsymbol{v}_2=\begin{vmatrix}y_1&z_1\\y_2&z_2\end{vmatrix}\boldsymbol{i}+\begin{vmatrix}z_1&x_1\\z_2&x_2\end{vmatrix}\boldsymbol{j}+\begin{vmatrix}x_1&y_1\\x_2&y_2\end{vmatrix}\boldsymbol{k}\tag{1.4.10}$$

为便于记忆，上式也可写成

$$\boldsymbol{v}_1\times\boldsymbol{v}_2=\begin{vmatrix}\boldsymbol{i}&\boldsymbol{j}&\boldsymbol{k}\\x_1&y_1&z_1\\x_2&y_2&z_2\end{vmatrix}\tag{1.4.11}$$

例 1.4.5 设$\triangle ABC$三顶点$A(1,0,1)$，$B(2,1,1)$，$C(3,-1,1)$，求这三角形的面积和AB边上的高.

解 $\triangle ABC$的面积$S=\dfrac{1}{2}|\overrightarrow{AB}\times\overrightarrow{AC}|$，$AB$边上的高$h=\dfrac{2S}{|\overrightarrow{AB}|}$.

由于$\overrightarrow{AB}=\{1,1,0\}$，$\overrightarrow{AC}=\{2,-1,0\}$，

$$\overrightarrow{AB}\times\overrightarrow{AC}=\begin{vmatrix}\boldsymbol{i}&\boldsymbol{j}&\boldsymbol{k}\\1&1&0\\2&-1&0\end{vmatrix}=-3\boldsymbol{k},$$

所以$S=\dfrac{3}{2}$，$h=\dfrac{2S}{|\sqrt{1+1}|}=\dfrac{3}{2}\sqrt{2}$. □

1.4 习 题

1. 已知$|\boldsymbol{a}|=1$，$|\boldsymbol{b}|=2$，$\boldsymbol{a}\cdot\boldsymbol{b}=1$，试求

(1) $|\boldsymbol{a}\times\boldsymbol{b}|$；(2) $|(\boldsymbol{a}+\boldsymbol{b})\times(\boldsymbol{a}-\boldsymbol{b})|^2$.

2. 设$\boldsymbol{i},\boldsymbol{j},\boldsymbol{k}$是互相垂直的单位向量，并构成右手系，试求

$\boldsymbol{i}\times(5\boldsymbol{i}+2\boldsymbol{j}+\boldsymbol{k})+(\boldsymbol{j}+\boldsymbol{k})\times(\boldsymbol{i}-\boldsymbol{j}+\boldsymbol{k})$.

3. 证明：

(1) $(\boldsymbol{a}\times\boldsymbol{b})\cdot\boldsymbol{c}=(\boldsymbol{a}\times\boldsymbol{b})\cdot(\boldsymbol{c}+\lambda\boldsymbol{a}+\mu\boldsymbol{b})$，其中$\lambda,\mu$为任意实数；

(2) $(\boldsymbol{a}\times\boldsymbol{b})^2\leqslant\boldsymbol{a}^2\cdot\boldsymbol{b}^2$，并证明在什么情形下等号成立；

(3) 如果$\boldsymbol{a}+\boldsymbol{b}+\boldsymbol{c}=\boldsymbol{0}$，那么$\boldsymbol{a}\times\boldsymbol{b}=\boldsymbol{b}\times\boldsymbol{c}=\boldsymbol{c}\times\boldsymbol{a}$；

(4) 如果$\boldsymbol{a}\times\boldsymbol{b}=\boldsymbol{c}\times\boldsymbol{d}=\boldsymbol{a}\times\boldsymbol{c}=\boldsymbol{b}\times\boldsymbol{d}$，则$\boldsymbol{a}-\boldsymbol{d}$和$\boldsymbol{b}-\boldsymbol{c}$共线；

(5) 设P是$\triangle ABC$的重心，试证明$\triangle APB$，$\triangle BPC$，$\triangle CPA$的面积相等；

(6) 设$\boldsymbol{a},\boldsymbol{b},\boldsymbol{c}$共面，且都是单位向量，$\angle(\boldsymbol{b},\boldsymbol{c})=\alpha$，$\angle(\boldsymbol{c},\boldsymbol{a})=\beta$，$\angle(\boldsymbol{a},\boldsymbol{b})=\gamma$，且$\alpha+\beta+\gamma=2\pi$. 试证明$\sin\alpha\boldsymbol{a}+\sin\beta\boldsymbol{b}+\sin\gamma\boldsymbol{c}=0$.

4. 在直角坐标系内已知三点 $A(3,4,-1)$，$B(2,4,1)$，$C(3,5,-4)$. 求
(1) 三角形 ABC 的面积；(2) 三角形 ABC 的三条高的长.

5. 如果三点 A,B,C 不共线，它们的径向量分别为 $\boldsymbol{r}_1,\boldsymbol{r}_2,\boldsymbol{r}_3$. 证明：$A,B,C$ 所决定平面与向量 $\boldsymbol{r}_1\times\boldsymbol{r}_2+\boldsymbol{r}_2\times\boldsymbol{r}_3+\boldsymbol{r}_3\times\boldsymbol{r}_1$ 垂直.

6. 用向量方法证明三角形面积的海伦(Heron)公式：$\Delta^2=p(p-a)(p-b)(p-c)$，其中 $p=\dfrac{1}{2}(a+b+c)$，Δ 为三角形的面积.

7. 给定不共线三点 O,A,B. 将 B 绕$\overrightarrow{OA}$ 逆时针(从 A 点往 O 点看)旋转角度 θ 得到点 C，试用$\overrightarrow{OA}$，$\overrightarrow{OB}$ 和 θ 来表示$\overrightarrow{OC}$.

§1.5 向量的多重乘积

1.5.1 向量的混合积及其坐标表示

定义 1.5.1 给定三个向量 $\boldsymbol{a},\boldsymbol{b},\boldsymbol{c}$，如果先做前两个向量 $\boldsymbol{a}$ 和 $\boldsymbol{b}$ 的外积，再用所得的向量与第三个向量 $\boldsymbol{c}$ 作内积，最后得到的数称为 $\boldsymbol{a},\boldsymbol{b},\boldsymbol{c}$ 的混合积，记作 $(\boldsymbol{a}\times\boldsymbol{b})\cdot\boldsymbol{c}$ 或 $(\boldsymbol{a},\boldsymbol{b},\boldsymbol{c})$.

定理 1.5.1 (混合积的几何性质) 三个不共面向量 $\boldsymbol{a},\boldsymbol{b},\boldsymbol{c}$ 的混合积的绝对值等于以 $\boldsymbol{a},\boldsymbol{b},\boldsymbol{c}$ 为棱的平行六面体的体积，并且当 $\boldsymbol{a},\boldsymbol{b},\boldsymbol{c}$ 构成右手系时 $(\boldsymbol{a},\boldsymbol{b},\boldsymbol{c})>0$；当 $\boldsymbol{a},\boldsymbol{b},\boldsymbol{c}$ 构成左手系时，$(\boldsymbol{a},\boldsymbol{b},\boldsymbol{c})<0$.

证明 设不共面向量 $\boldsymbol{a},\boldsymbol{b},\boldsymbol{c}$ 有共同始点 O，以这三向量为棱作一平行六面体(图 1-30). 设 $\boldsymbol{a},\boldsymbol{b}$ 为边的平行四边形面积为 S，高为 h.

$$V=Sh=|\boldsymbol{a}\times\boldsymbol{b}|\,|\text{射影}_{\boldsymbol{a}\times\boldsymbol{b}}\boldsymbol{c}|=|(\boldsymbol{a}\times\boldsymbol{b})\cdot\boldsymbol{c}| \tag{1.5.1}$$

当 $\boldsymbol{a},\boldsymbol{b},\boldsymbol{c}$ 构成右手系，则 $\boldsymbol{c}$ 与 $\boldsymbol{a}\times\boldsymbol{b}$ 的夹角为锐角，即射影$_{\boldsymbol{a}\times\boldsymbol{b}}\boldsymbol{c}>0$. 此时

$$(\boldsymbol{a}\times\boldsymbol{b})\cdot\boldsymbol{c}=V>0.$$

当 $\boldsymbol{a},\boldsymbol{b},\boldsymbol{c}$ 构成左手系，则 $\boldsymbol{c}$ 与 $\boldsymbol{a}\times\boldsymbol{b}$ 的夹角为钝角，即射影$_{\boldsymbol{a}\times\boldsymbol{b}}\boldsymbol{c}<0$. 此时

$$(\boldsymbol{a}\times\boldsymbol{b})\cdot\boldsymbol{c}=-V<0.$$

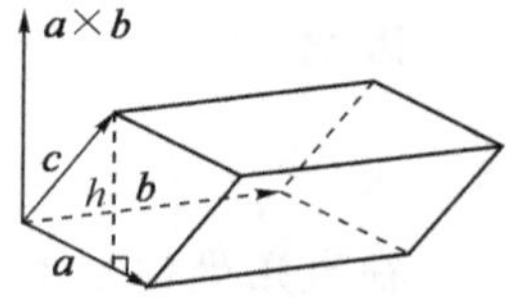

图 1-30

□

如果三向量 $\boldsymbol{a},\boldsymbol{b},\boldsymbol{c}$ 共面，则由 $\boldsymbol{a}\times\boldsymbol{b}$ 正交于 $\boldsymbol{a}$ 和 $\boldsymbol{b}$，得 $\boldsymbol{a}\times\boldsymbol{b}$ 也正交于 $\boldsymbol{c}$，即 $(\boldsymbol{a},\boldsymbol{b},\boldsymbol{c})=(\boldsymbol{a}\times\boldsymbol{b})\cdot\boldsymbol{c}=0$. 反之，如果 $(\boldsymbol{a},\boldsymbol{b},\boldsymbol{c})=(\boldsymbol{a}\times\boldsymbol{b})\cdot\boldsymbol{c}=0$，则 $\boldsymbol{a}\times\boldsymbol{b}$ 正交于 $\boldsymbol{c}$. 若 $\boldsymbol{a}\times\boldsymbol{b}=\boldsymbol{0}$，即 $\boldsymbol{a},\boldsymbol{b}$ 共线，此时必有 $\boldsymbol{a},\boldsymbol{b},\boldsymbol{c}$ 共面. 我们不妨假设 $\boldsymbol{a}\times\boldsymbol{b}\neq0$，由于 $\boldsymbol{a},\boldsymbol{b},\boldsymbol{c}$ 同时正交于一非零向量 $\boldsymbol{a}\times\boldsymbol{b}$，故 $\boldsymbol{a},\boldsymbol{b},\boldsymbol{c}$ 共面. 因此，我们得到

定理 1.5.2 三向量 $\boldsymbol{a},\boldsymbol{b},\boldsymbol{c}$ 共面的充要条件是 $(\boldsymbol{a},\boldsymbol{b},\boldsymbol{c})=0$.

下面我们在直角坐标系下给出混合积的坐标表示.

定理 1.5.3 取直角坐标系 $\{O;\boldsymbol{i},\boldsymbol{j},\boldsymbol{k}\}$，设 $\boldsymbol{a}=(x_1,y_1,z_1)$，$\boldsymbol{b}=(x_2,y_2,z_2)$，$\boldsymbol{c}=(x_3,y_3,z_3)$，则

$$(\boldsymbol{a},\boldsymbol{b},\boldsymbol{c})=\begin{vmatrix}x_1 & y_1 & z_1\\ x_2 & y_2 & z_2\\ x_3 & y_3 & z_3\end{vmatrix} \tag{1.5.2}$$

证明

$$\begin{aligned}(\boldsymbol{a}\times\boldsymbol{b})\cdot\boldsymbol{c}&=\begin{vmatrix}\boldsymbol{i} & \boldsymbol{j} & \boldsymbol{k}\\ x_1 & y_1 & z_1\\ x_2 & y_2 & z_2\end{vmatrix}\cdot(x_3\boldsymbol{i}+y_3\boldsymbol{j}+z_3\boldsymbol{k})\\ &=\begin{vmatrix}x_3 & y_3 & z_3\\ x_1 & y_1 & z_1\\ x_2 & y_2 & z_2\end{vmatrix}=\begin{vmatrix}x_1 & y_1 & z_1\\ x_2 & y_2 & z_2\\ x_3 & y_3 & z_3\end{vmatrix}.\end{aligned}$$

□

由(1.5.2)式可知

定理 1.5.4 轮换混合积的三个因子,并不改变它的值,对调任何两个因子其值将改变符号,即

$$\begin{aligned}(\boldsymbol{a},\boldsymbol{b},\boldsymbol{c})&=(\boldsymbol{b},\boldsymbol{c},\boldsymbol{a})=(\boldsymbol{c},\boldsymbol{a},\boldsymbol{b})=-(\boldsymbol{b},\boldsymbol{a},\boldsymbol{c})=-(\boldsymbol{c},\boldsymbol{b},\boldsymbol{a})\\ &=-(\boldsymbol{a},\boldsymbol{c},\boldsymbol{b})\end{aligned} \tag{1.5.3}$$

例 1.5.1 试将任一向量 $\boldsymbol{r}$ 表示成三个不共面向量 $\boldsymbol{a}$,$\boldsymbol{b}$ 和 $\boldsymbol{c}$ 的线性组合.

解 设 $\boldsymbol{r}=\lambda_1\boldsymbol{a}+\lambda_2\boldsymbol{b}+\lambda_3\boldsymbol{c}$,则

$$\begin{aligned}\boldsymbol{r}\cdot(\boldsymbol{b}\times\boldsymbol{c})&=(\lambda_1\boldsymbol{a}+\lambda_2\boldsymbol{b}+\lambda_3\boldsymbol{c})\cdot(\boldsymbol{b}\times\boldsymbol{c})=\lambda_1\boldsymbol{a}\cdot(\boldsymbol{b}\times\boldsymbol{c})\\ &=\lambda_1(\boldsymbol{b},\boldsymbol{c},\boldsymbol{a})=\lambda_1(\boldsymbol{a},\boldsymbol{b},\boldsymbol{c}),\end{aligned}$$

因此 $\lambda_1=\dfrac{(\boldsymbol{r},\boldsymbol{b},\boldsymbol{c})}{(\boldsymbol{a},\boldsymbol{b},\boldsymbol{c})}$,同理可得 $\lambda_2=\dfrac{(\boldsymbol{a},\boldsymbol{r},\boldsymbol{c})}{(\boldsymbol{a},\boldsymbol{b},\boldsymbol{c})}$,$\lambda_3=\dfrac{(\boldsymbol{a},\boldsymbol{b},\boldsymbol{r})}{(\boldsymbol{a},\boldsymbol{b},\boldsymbol{c})}$.

因此

$$\boldsymbol{r}=\frac{1}{(\boldsymbol{a},\boldsymbol{b},\boldsymbol{c})}[(\boldsymbol{r},\boldsymbol{b},\boldsymbol{c})\boldsymbol{a}+(\boldsymbol{a},\boldsymbol{r},\boldsymbol{c})\boldsymbol{b}+(\boldsymbol{a},\boldsymbol{b},\boldsymbol{r})\boldsymbol{c}]. \tag{1.5.4}$$

在直角坐标系下,设 $\boldsymbol{a}$,$\boldsymbol{b}$,$\boldsymbol{c}$,$\boldsymbol{r}$ 的坐标分别是

$$\boldsymbol{a}=\{a_1,a_2,a_3\},\boldsymbol{b}=\{b_1,b_2,b_3\},$$
$$\boldsymbol{c}=\{c_1,c_2,c_3\},\boldsymbol{r}=\{r_1,r_2,r_3\},$$

上面的分解法就是解线性方程组

$$\begin{cases}a_1\lambda_1+b_1\lambda_2+c_1\lambda_3=r_1\\ a_2\lambda_1+b_2\lambda_2+c_2\lambda_3=r_2\\ a_3\lambda_1+b_3\lambda_2+c_3\lambda_3=r_3\end{cases}$$

的克莱姆(Gramer)法则.

1.5.2 双重外积

定义 1.5.2 给定三向量,先作其中的两向量的外积,再作所得向量和第三个向量的外积,最后所得的向量称为三向量的**双重外积(双重向量积)**.

不妨设 $\boldsymbol{a}\times\boldsymbol{b}\neq\boldsymbol{0}$ 即 $\boldsymbol{a}$,$\boldsymbol{b}$ 不共线,现在我们讨论双重外积$(\boldsymbol{a}\times\boldsymbol{b})\times\boldsymbol{c}$.设

$$e_1=\frac{a}{|a|},e_2=\left(b-\frac{a\cdot b}{|a|^2}a\right)\Big/\left|b-\frac{a\cdot b}{|a|^2}a\right|,$$

$$e_3=e_1\times e_2=a\times b/\sqrt{|a|^2|b|^2-(a\cdot b)^2}\ . \tag{1.5.5}$$

容易验证$\{O,e_1,e_2,e_3\}$为右手直角标架.

$$\begin{aligned}(a\times b)\times c&=\sqrt{|a|^2|b|^2-(a\cdot b)^2}\,e_3\times((c\cdot e_1)e_1+(c\cdot e_2)e_2+(c\cdot e_3)e_3)\\&=|a\times b|((c\cdot e_1)e_2)-|a\times b|((c\cdot e_2)e_1)\\&=|a\times b|\{(\frac{c\cdot a}{|a|})\left(b-\frac{a\cdot b}{|a|^2}a\right)\Big/\left|b-\frac{a\cdot b}{|a|^2}a\right|\\&\quad-\frac{a}{|a|}\left(c\cdot b-\frac{a\cdot b}{|a|^2}c\cdot a\right)\Big/\left|b-\frac{a\cdot b}{|a|^2}a\right|\}\\&=\left[(c\cdot a)(b-\frac{a\cdot b}{|a|^2}a)-(c\cdot b-\frac{a\cdot b}{|a|^2}(c\cdot a))a\right]\\&=(a\cdot c)b-(b\cdot c)a\end{aligned}$$

即得

$$(a\times b)\times c=(a\cdot c)b-(b\cdot c)a. \tag{1.5.6}$$

根据外积的反交换律,我们可得

$$\begin{aligned}a\times(b\times c)&=-(b\times c)\times a\\&=-[(a\cdot b)c-(a\cdot c)b]\\&=(a\cdot c)b-(a\cdot b)c.\end{aligned} \tag{1.5.7}$$

例 1.5.2 求证:

(1)$(a\times b)\times c+(b\times c)\times a+(c\times a)\times b=\mathbf{0}$(Jacobi 恒等式);

(2)$(a\times b)\cdot(c\times d)=(a\cdot c)(b\cdot d)-(a\cdot d)(b\cdot c)$(Lagrange 恒等式);

(3)$$\begin{aligned}(a\times b)\times(c\times d)&=(a,b,d)\cdot c-(a,b,c)\cdot d\\&=(a,c,d)\cdot b-(b,c,d)\cdot a.\end{aligned}$$

证明 (1) 利用双重外积公式(1.5.6)有

$$\begin{aligned}&(a\times b)\times c+(b\times c)\times a+(c\times a)\times b\\&\quad=(a\cdot c)b-(b\cdot c)a+(b\cdot a)c-(c\cdot a)b+(c\cdot b)a-(a\cdot b)c\\&\quad=\mathbf{0}\ .\end{aligned}$$

(2)$$\begin{aligned}(a\times b)\cdot(c\times d)&=(a,b,c\times d)=(b,c\times d,a)\\&=(b\times(c\times d))\cdot a\\&=[((b\cdot d)c-(b\cdot c)d)]\cdot a\\&=(a\cdot c)(b\cdot d)-(b\cdot c)(a\cdot d).\end{aligned}$$

(3) 根据(1.5.6) 和(1.5.7),有

$$\begin{aligned}(a\times b)\times(c\times d)&=(a\cdot(c\times d))b-(b\cdot(c\times d))a\\&=(a,c,d)\cdot b-(b,c,d)\cdot a),\end{aligned}$$

或

$$\begin{aligned}(a\times b)\times(c\times d)&=((a\times b)\cdot d)c-((a\times b)\cdot c)d\\&=(a,b,d)\cdot c-(a,b,c)\cdot d).\end{aligned}$$

□

1.5　习　题

1. 证明下列各题：

(1) $|(\boldsymbol{a},\boldsymbol{b},\boldsymbol{c})| \leqslant |\boldsymbol{a}||\boldsymbol{b}||\boldsymbol{c}|$，并说明其几何意义；

(2) $(\boldsymbol{a},\boldsymbol{b},\lambda\boldsymbol{c}+\mu\boldsymbol{d})=\lambda(\boldsymbol{a},\boldsymbol{b},\boldsymbol{c})+\mu(\boldsymbol{a},\boldsymbol{b},\boldsymbol{d})$；

(3) 直角坐标系下 $\boldsymbol{a}=\{3,4,5\}$，$\boldsymbol{b}=\{1,2,2\}$，$\boldsymbol{c}=\{9,14,16\}$ 共面；

(4) $\boldsymbol{a}=a_1\boldsymbol{e}_1+a_2\boldsymbol{e}_2+a_3\boldsymbol{e}_3$，$\boldsymbol{b}=b_1\boldsymbol{e}_1+b_2\boldsymbol{e}_2+b_3\boldsymbol{e}_3$，$\boldsymbol{c}=c_1\boldsymbol{e}_1+c_2\boldsymbol{e}_2+c_3\boldsymbol{e}_3$，则成立 $(\boldsymbol{a},\boldsymbol{b},\boldsymbol{c})=\begin{vmatrix} a_1 & a_2 & a_3 \\ b_1 & b_2 & b_3 \\ c_1 & c_2 & c_3 \end{vmatrix}(\boldsymbol{e}_1,\boldsymbol{e}_2,\boldsymbol{e}_3)$.

2. 已知直角坐标系内 A,B,C,D 四点坐标，判别它们是否共面？如果不共面，求以它们为顶点的四面体体积和从顶点 D 所引出的高.

(1) $A(1,0,1)$，$B(4,4,6)$，$C(2,2,3)$，$D(10,14,17)$；

(2) $A(0,0,0)$，$B(1,0,1)$，$C(0,1,1)$，$D(1,1,1)$；

(3) $A(2,3,1)$，$B(4,1,-2)$，$C(6,3,7)$，$D(-5,4,8)$.

3. 设 AD,BE,CF 是 $\triangle ABC$ 的三条中线，P 是任意一点，O 是三角形的重心，证明：$(\overrightarrow{OP},\overrightarrow{OA},\overrightarrow{OD})+(\overrightarrow{OP},\overrightarrow{OB},\overrightarrow{OE})+(\overrightarrow{OP},\overrightarrow{OC},\overrightarrow{OF})=0$.

4. 直角坐标系下，已知向量 $\boldsymbol{a}=\{3,1,2\}$，$\boldsymbol{b}=\{2,7,4\}$，$\boldsymbol{c}=\{1,2,1\}$，求：

(1) $(\boldsymbol{a},\boldsymbol{b},\boldsymbol{c})$；　(2) $(\boldsymbol{a}\times\boldsymbol{b})\times\boldsymbol{c}$；　(3) $\boldsymbol{a}\times(\boldsymbol{b}\times\boldsymbol{c})$.

5. 证明：(1) $\boldsymbol{b}\cdot[(\boldsymbol{a}\times\boldsymbol{b})\times\boldsymbol{a}]=|\boldsymbol{a}|^2|\boldsymbol{b}|^2\sin^2\angle(\boldsymbol{a},\boldsymbol{b})$；

(2) $(\boldsymbol{a}\times\boldsymbol{b})\cdot(\boldsymbol{c}\times\boldsymbol{d})+(\boldsymbol{a}\times\boldsymbol{c})\cdot(\boldsymbol{d}\times\boldsymbol{b})+(\boldsymbol{a}\times\boldsymbol{d})\cdot(\boldsymbol{b}\times\boldsymbol{c})=0$；

(3) $(\boldsymbol{a}\times\boldsymbol{b},\boldsymbol{c}\times\boldsymbol{d},\boldsymbol{e}\times\boldsymbol{f})=(\boldsymbol{a},\boldsymbol{b},\boldsymbol{d})(\boldsymbol{c},\boldsymbol{e},\boldsymbol{f})-(\boldsymbol{a},\boldsymbol{b},\boldsymbol{c})(\boldsymbol{d},\boldsymbol{e},\boldsymbol{f})$；

(4) $(\boldsymbol{b},\boldsymbol{c},\boldsymbol{d})\boldsymbol{a}+(\boldsymbol{c},\boldsymbol{a},\boldsymbol{d})\boldsymbol{b}+(\boldsymbol{a},\boldsymbol{b},\boldsymbol{d})\boldsymbol{c}+(\boldsymbol{b},\boldsymbol{a},\boldsymbol{c})\boldsymbol{d}=0$；

(5) $\boldsymbol{a},\boldsymbol{b},\boldsymbol{c}$ 共面的充要条件是 $\boldsymbol{b}\times\boldsymbol{c},\boldsymbol{c}\times\boldsymbol{a},\boldsymbol{a}\times\boldsymbol{b}$ 共面.

第 2 章 空间的直线与平面

空间解析几何的主要内容，是用代数方法研究空间曲线和曲面的性质. 前一章中我们介绍了坐标系，在空间引入坐标系后，空间的点与三元数组间建立了对应关系. 在此基础上，把曲线和曲面看作点的几何轨迹，就可建立曲线、曲面与方程之间的对应关系. 本章主要介绍在直角坐标系下曲线和曲面的方程表示，利用向量代数和线性方程组的理论来导出平面和直线的方程，并讨论它们的相互位置关系. 这里需要指出，如果我们所讨论的问题只涉及点、直线、平面的位置关系（如点在直线或平面上、直线在平面上相交、平行等），而不涉及有关距离、夹角（包括垂直）等所谓度量性质，我们完全可以用仿射坐标系代替直角坐标系进行讨论. 关于这一点，我们将不再一一指出，请读者仔细体会.

§2.1 图形与方程

空间中的几何图形（如曲线、曲面）都可看成具有某种特征性质的点的集合. 几何图形的点的特征性质，包含两方面的意思：(1) 该图形的点都具有这种特征性质；(2) 具有这种特征性质的点必在该图形上. 因此图形上点的这种特征性质，也可说成是点在该图形上的充要条件. 在空间取定标架后，空间的点与三元组(x,y,z)建立一一对应关系. 图形上点的这种特征性质通常反映为坐标(x,y,z)应满足的相互制约条件，一般可用代数式子（如代数方程组，代数不等式）来表示. 这样研究空间图形的几何问题，归结为研究其对应的代数方程组或代数不等式.

2.1.1 曲面的方程

空间的曲面可看作满足某种特性的点的轨迹. 建立坐标系 $O\text{-}xyz$，曲面上点的特征性质反映为点的坐标 x,y,z 所应满足的相互制约条件，一般用方程

$$F(x,y,z)=0 \tag{2.1.1}$$

来表示.

定义 2.1.1 空间建立坐标系后，如果一个方程与一张曲面有下面的关系：

(1) 曲面上所有点的坐标都满足这个方程；

(2) 坐标满足这个方程的所有点都在这张曲面上.

那么这个方程叫做曲面的**方程**，而这张曲面叫做这个方程的**图形**. 方程(2.1.1) 通常叫做曲面的**一般方程**或**普通方程**.

一般说来，在空间直角坐标系下（即取定一标架$\{O;\boldsymbol{i},\boldsymbol{j},\boldsymbol{k}\}$），如果点的坐标 x,y,z 表示成两个变量u,v 的函数

$$\begin{cases} x = x(u,v) \\ y = y(u,v) \quad (a \leqslant u \leqslant b, c \leqslant v \leqslant d), \\ z = z(u,v) \end{cases} \tag{2.1.2}$$

对于 u,v 在所属范围内的每对值,由方程(2.1.2)所确定的点都在某一曲面上;反之,该曲面上的每个点的坐标 x,y,z 都可由 u,v 在所属范围内的一对值通过方程(2.1.2)来表示,则方程(2.1.2)称为该曲面的**参数方程**,u,v 称为**参数**.从曲面的参数方程消去参数 u,v 就可以得到曲面的一般方程.在本节的学习中我们应掌握参数方程和一般方程的互化.

曲面中的每点都有一径向量与之对应,我们也可采用向量值函数来表示一张曲面.通常记作

$$\boldsymbol{r} = \boldsymbol{r}(u,v), \quad a \leqslant u \leqslant b, c \leqslant v \leqslant d \tag{2.1.3}$$

在直角标架$\{O;\boldsymbol{i},\boldsymbol{j},\boldsymbol{k}\}$下,有下面分解式子

$$\boldsymbol{r}(u,v) = x(u,v)\boldsymbol{i} + y(u,v)\boldsymbol{j} + z(u,v)\boldsymbol{k}, \tag{2.1.4}$$

其中 $a \leqslant u \leqslant b$, $c \leqslant v \leqslant d$.(2.1.4)通常也称为曲面的**向量式参数方程**.

例 2.1.1 通过点(x_0,y_0,z_0)且平行于坐标平面 xOy 的平面方程为 $z = z_0$,其向量式参数方程为

$$\boldsymbol{r}(u,v) = u\boldsymbol{i} + v\boldsymbol{j} + z_0\boldsymbol{k}, \quad u,v \in \mathbf{R}.$$

例 2.1.2 球面.假设球面的球心坐标为(x_0,y_0,z_0),半径为 R.则球面上任一点 $P(x,y,z)$,它与球心距离等于 R,P 的坐标满足方程

$$\sqrt{(x-x_0)^2+(y-y_0)^2+(z-z_0)^2} = R$$

即

$$(x-x_0)^2+(y-y_0)^2+(z-z_0)^2 = R^2. \tag{2.1.5}$$

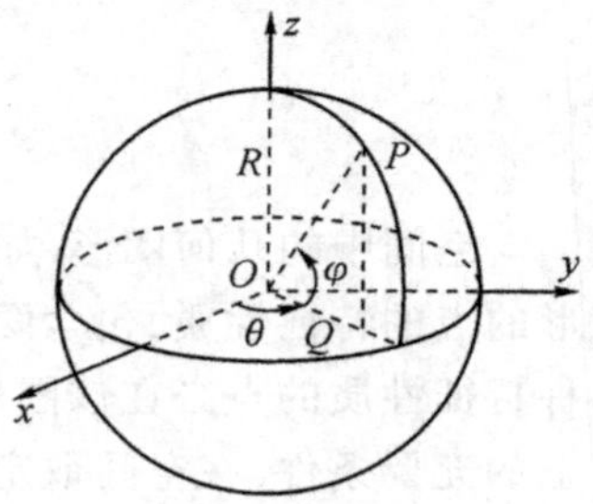

图 2-1

容易验证(2.1.5)即为所求球面的方程.特别地,当球心为坐标原点时,球面方程为

$$x^2+y^2+z^2 = R^2 \tag{2.1.6}$$

如图 2-1,假设球面球心为坐标原点.设 $P(x,y,z)$是球面上任一点,过 P 引 xOy 平面的垂线.垂足为 Q,θ 为 x 轴到$\overrightarrow{OQ}$的角(从 z 轴正向往下看逆时针旋转)$(0 \leqslant \theta < 2\pi)$,$\varphi$ 为由$\overrightarrow{OQ}$到$\overrightarrow{OP}$的角$\left(-\frac{\pi}{2} \leqslant \varphi \leqslant \frac{\pi}{2}\right)$,则点 P 的位置由角 θ 和 φ 完全确定,点 P 的坐标 x,y,z 和 θ,φ 的关系为

$$\begin{cases} x = R\cos\varphi\cos\theta \\ y = R\cos\varphi\sin\theta \quad 0 \leqslant \theta < 2\pi, -\frac{\pi}{2} \leqslant \varphi \leqslant \frac{\pi}{2}. \\ z = R\sin\varphi \end{cases} \tag{2.1.7}$$

于是,球面上的点 $P(x,y,z)$(除$(0,0,R)$和$(0,0,-R)$两点外)与(θ,φ)建立一一对应关系,这里 θ 相当于地球的经度,φ 相当于纬度.方程(2.1.7)就是这个球面的参数方程,θ 和 φ 是参数.

例 2.1.3 已知曲面的参数方程为

$$\begin{cases} x = a(u+v) \\ y = b(u-v) \\ z = uv \end{cases} \qquad \begin{pmatrix} -\infty < u < +\infty \\ -\infty < v < +\infty \end{pmatrix},$$

求该曲面的一般方程.

解 由前两式可写成 $u+v=\dfrac{x}{a}, u-v=\dfrac{y}{b}$

由此得

$$u=\frac{1}{2}\left(\frac{x}{a}+\frac{y}{b}\right), v=\frac{1}{2}\left(\frac{x}{a}-\frac{y}{b}\right).$$

代入参数方程中的第三式,得

$$z=\frac{1}{4}\left(\frac{x}{a}+\frac{y}{b}\right)\left(\frac{x}{a}-\frac{y}{b}\right),$$

即

$$\frac{x^2}{a^2}-\frac{y^2}{b^2}=4z.$$ ◇

2.1.2 曲线的方程

定义 2.1.2 空间的曲线可以看作两张曲面的交线. 设两曲面的方程分别为 $F(x,y,z)=0$ 和 $G(x,y,z)=0$,如果曲线 C 和方程组

$$\begin{cases} F(x,y,z)=0 \\ G(x,y,z)=0 \end{cases} \tag{2.1.8}$$

有如下关系,

(1) 曲线 C 上所有点的坐标都满足方程组;

(2) 坐标满足方程组的所有点都在曲线 C 上.

则方程组(2.1.8)称为曲线 C 的方程,也称为曲线 C 的**一般方程**.

另一方面,曲线又可表示为一动点的运动轨迹,动点的坐标 x,y,z 表示为一个变量 t 的函数,

$$\begin{cases} x = x(t) \\ y = y(t) \\ z = z(t) \end{cases} \quad (a \leqslant t \leqslant b). \tag{2.1.9}$$

如果对于 t 在所属范围内的一个值,这方程所确定的点都在曲线 C 上;并且曲线 C 上的每点的坐标都可以由 t 在所属范围内的某个值通过方程(2.1.9)来表示,则方程(2.1.9)称为曲线 C 的**参数方程**,t 称为参数. 从曲线的参数方程消去参数 t,就可以得到曲线的一般方程. 当然,我们也可写出曲线的**向量式参数方程**.

$$\boldsymbol{r}(t)=x(t)\boldsymbol{i}+y(t)\boldsymbol{j}+z(t)\boldsymbol{k}, \quad a \leqslant t \leqslant b. \tag{2.1.10}$$

例 2.1.4 写出以原点为球心,半径为5的球面和过(1,1,4)平行于 xOy 坐标面的平面的交线方程.

解 球面方程为 $x^2+y^2+z^2=25$,平面方程为 $z=4$. 它们的交线方程即为

$$\begin{cases} x^2+y^2+z^2=25 \\ z=4 \end{cases}.$$

等价于

$$\begin{cases} x^2 + y^2 = 9 \\ z = 4 \end{cases}.$$

故其参数方程为

$$\begin{cases} x = 3\cos\theta \\ y = 3\sin\theta \\ z = 4 \end{cases}, \quad 0 \leqslant \theta < 2\pi.$$ ◇

2.1.3 曲面、曲线方程举例

1. 圆柱面

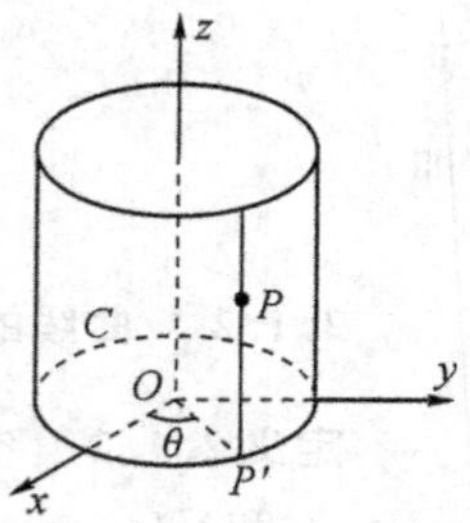

图 2-2

由例 2.1.4 知，xOy 平面上以原点为圆心，$R > 0$ 为半径的圆 C，可看成由以原点为球心，以 R 为半径的球面：$x^2 + y^2 + z^2 = R^2$ 和 xOy 平面：$z = 0$ 相交形成，因此它的方程可写成

$$C: \begin{cases} x^2 + y^2 = R^2, \\ z = 0. \end{cases} \tag{2.1.11}$$

z 轴与这个图形所在的平面，即 xOy 平面垂直，这时我们称 z 轴方向是 xOy 平面的法向(关于平面法向概念，参见本章第 2 节)．一直线保持平行于 z 轴方向且与圆 C 相交，经过移动所产生的曲面就是**圆柱面**(如图 2-2)．圆 C 是该圆柱面的一条"准线"．构成圆柱面的每一条直线叫做"母线"．对于更一般的定义，留待第三章．

设 $P(x,y,z)$ 是圆柱面上的任一点，则过 P 且与 z 轴平行的直线是圆柱面的一条母线．它必与准线 C 相交，交点 P' 的坐标为$(x,y,0)$．由于 P' 在准线 C 上，其坐标必满足准线方程．因此 P 的坐标满足

$$x^2 + y^2 = R^2. \tag{2.1.12}$$

反之，若一点 $P(x,y,z)$ 的坐标满足方程(2.1.12)．过 P 作 z 轴的平行线交 xOy 平面于一点 P'，则 P' 的坐标$(x,y,0)$，该点的坐标满足(2.1.11)．这表明 P' 在准线 C 上，所以直线 PP' 是所求圆柱面的母线，从而 P 点在所求圆柱面上．由此我们可知圆柱面方程为(2.1.12)式．

如图 2-2，设 OP' 是由 x 轴在 xOy 平面上绕 O 点逆时针(从 z 轴正向往下看)旋转 θ 角得到，则 P' 点的坐标为$(R\cos\theta, R\sin\theta, 0)$．从而 P 点的坐标就是$(R\cos\theta, R\sin\theta, z)$．由此我们得到圆柱面(2.1.12)的参数方程

$$\begin{cases} x = R\cos\theta, \\ y = R\sin\theta, \\ z = t, \end{cases} \quad \theta \in [0, 2\pi), \quad -\infty < t < \infty. \tag{2.1.13}$$

在第三章中我们将进一步讨论母线平行或不平行于坐标轴的一般的柱面．

2. 圆锥面

如图 2-3 所示，在平行于 xOy 平面的平面 $z = h(h \neq 0)$ 上取一个以点 $H(0,0,h)$ 为中心，半径为 $R > 0$ 的圆 C

$$\begin{cases} x^2 + y^2 = R^2, \\ z = h. \end{cases} \tag{2.1.14}$$

过原点 O 且与圆 C 相交的所有直线所构成的图形就是**圆锥面**，圆 C 称为该圆锥面的一条"准线"，原点是圆锥面的"顶点"，而过原点且与圆 C 相交的直线，都称为该圆锥面的"母线".

圆 C 的参数方程为 $\boldsymbol{r}(u) = (R\cos u, R\sin u, h)$，这里 $u \in [0, 2\pi)$. 对于圆锥面上任意一点 $P(x,y,z)$，设直线 OP 与圆 C 的交点为 $P'(R\cos u, R\sin u, h)$，则存在 $v \in (-\infty, \infty)$，满足 $\overrightarrow{OP} = v\overrightarrow{OP'}$，即

$$\begin{cases} x = vR\cos u, \\ y = vR\sin u, \quad v \in (-\infty, \infty), u \in [0, 2\pi). \\ z = hv, \end{cases} \tag{2.1.15}$$

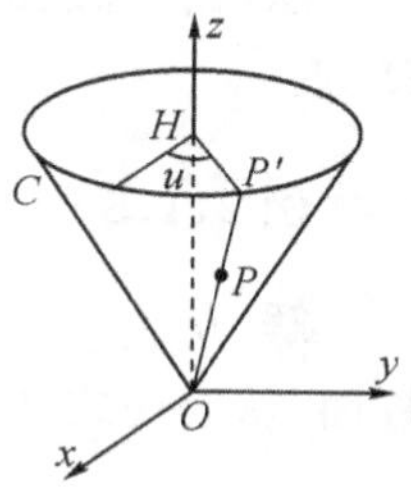

图 2-3

(2.1.15) 就是所求圆锥面的参数方程. 曲面也可表示为

$$\boldsymbol{X}(u,v) = (Rv\cos u, Rv\sin u, hv) = v\boldsymbol{r}(u). \tag{2.1.16}$$

这里 $u \in [0, 2\pi)$，$v \in (-\infty, +\infty)$. 从(2.1.15)式，消去参数，就得圆锥面的普通方程

$$x^2 + y^2 = \frac{R^2 z^2}{h^2}. \tag{2.1.17}$$

一般的锥面方程我们将在第三章中作进一步讨论.

3. 圆柱螺线

设一动点沿着半径为 R 的圆周做匀速转动，同时这个圆周所在的平面又沿着过圆心且垂直于这平面的直线的方向作匀速平移，则动点轨迹称为圆柱螺线.

选取坐标系，使当 $t = 0$ 时，圆周的中心在原点. 圆周所在的平面为 xOy 平面，那么过圆心且垂直于圆周所在平面的直线就是 z 轴(如图 2-4).

设动点 P 沿圆周转动的角速度为 ω，圆周所在平面沿 z 轴方向平移的速度为 v，并设 $t = 0$ 时，P 点的位置为 $P_0(R, 0, 0)$；在 t 时刻，P 点的坐标为 (x, y, z)，则有

$$z = vt.$$

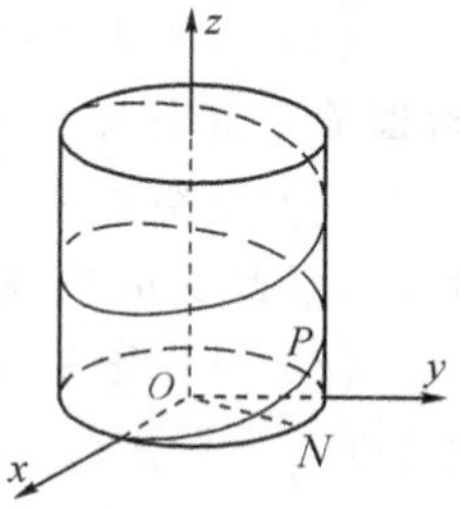

图 2-4

此时，P 沿着圆周的转角为 $\angle P_0ON = \omega t$. 所以，P 点的坐标 x，y，z 满足

$$\begin{cases} x = R\cos\omega t \\ y = R\sin\omega t \\ z = vt \end{cases} \quad (-\infty < t < +\infty). \tag{2.1.18}$$

这就是圆柱螺线的参数方程，其中 t 为参数.

若进行参数变换，令 $\theta = \omega t$，则有 $t = \dfrac{\theta}{\omega}$，代入(2.1.18)得圆柱螺线以 θ 为参数的参数方程

$$\begin{cases} x = R\cos\theta \\ y = R\sin\theta \\ z = b\theta \end{cases} \quad (-\infty < \theta < +\infty),$$

其中，$b = \dfrac{v}{\omega}$.

从圆柱螺线的参数方程可见，圆柱螺线在圆柱面 $x^2 + y^2 = R^2$ 上.

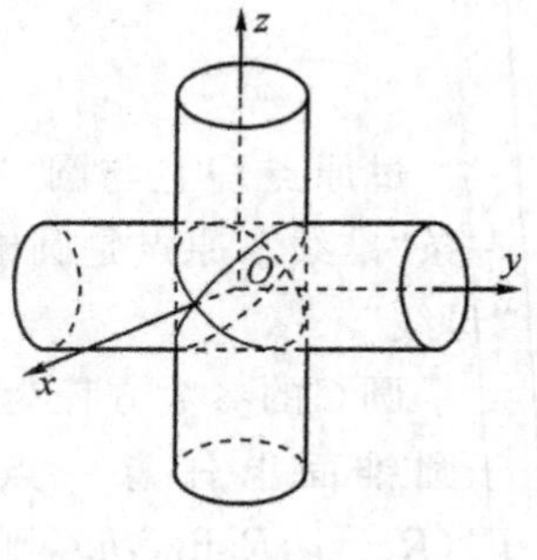

图 2-5

例 2.1.5 方程组 $\begin{cases} x^2 + y^2 = R^2 \\ x^2 + z^2 = R^2 \end{cases}$ 表示什么图形？

解 方程 $x^2 + y^2 = R^2$ 和 $x^2 + z^2 = R^2$ 分别表示以 z 轴和 y 轴为轴、半径为 R 的圆柱面. 从第一式减去第二式得 $y^2 - z^2 = 0$，即 $y = \pm z$，因此原方程组等价于方程组

$$\begin{cases} x^2 + y^2 = R^2, \\ y = \pm z. \end{cases}$$

从这个方程组我们可以看出，所求的图形是圆柱面 $x^2 + y^2 = R^2$ 和两个平面 $y = z$、$y = -z$ 的交线，因而是两个椭圆(图 2-5). ◇

2.1 习 题

1. 求平面中下列动点轨迹方程.

(1) Oxy 平面上已知两点 $A(-2,-2)$ 和 $B(2,2)$，求满足条件 $|\overrightarrow{MA}| - |\overrightarrow{MB}| = 2$ 的动点 M 的轨迹方程；

(2) 一个圆在一直线上无滑动地滚动，求圆周上的一点 P 的轨迹(旋轮线或摆线)；

(3) 已知大圆半径为 a，小圆半径为 b，设大圆不动，而小圆在大圆内无滑动地滚动，动圆周上某一定点 P 的轨迹叫做内旋轮线(或称内摆线)，求内旋轮线的方程；

(4) 把绕在一个固定圆周上，将线头拉紧后向反方向旋转，使放出来的部分成为圆的切线，求线头的轨迹(称为圆的渐伸线或切展线)；

(5) 当一圆沿着一个定圆的外部作无滑动地滚动时，动圆上一点的轨迹叫做外旋轮线，令 a 与 b 分别表示定圆与动圆的半径，试导出其方程(当 $a = b$ 时，曲线叫做心脏线).

2. 在空间直角坐标系 $Oxyz$ 下，求下列动点的轨迹方程：

(1) 到两点距离之比等于常数的点的轨迹；

(2) 到两定点距离之和(差)等于常数的点的轨迹；

(3) 到平面 $x + y = 1$ 和到 z 轴等距的点的轨迹的方程；

(4) 到点 $(4,0,1)$ 距离等于常数 1 的点的轨迹；

(5) 到三个坐标平面等距的点的轨迹方程；

(6) 到三个坐标轴等距的点的轨迹方程.

3. 试求球面 $x^2 + y^2 + z^2 + 2x - 4y - 4 = 0$ 的参数方程.

4. 指出下列曲面与三坐标面的交线分别是什么曲线：

(1) $x^2 + y^2 + z^2 = 4$；　(2) $x^2 + 2y^2 - 4z^2 = 6$；

(3) $x^2 - 2y^2 - 3z^2 = 4$；　(4) $x^2 + y^2 = z$；

(5) $x^2 - y^2 = z$;　　　　(6) $x^2 + y^2 - 4z^2 = 0$.

5. 通过空间曲线作柱面，使其母线平行于坐标轴 Ox，Oy 或 Oz，这样得到的三个柱面分别叫做曲线对 yOz，xOz 与 xOy 坐标面的**射影柱面**. 求下列空间曲线对三个坐标面的射影柱面方程：

(1) $\begin{cases} x^2 + y^2 - z = 0 \\ z = x + 2 \end{cases}$;　　(2) $\begin{cases} x + 2y + 3z = 5 \\ 3x - 2y + 4z = 6 \end{cases}$;

(3) $\begin{cases} x^2 + y^2 + z^2 = 1 \\ x^2 + (y+1)^2 + (z+1)^2 = 1 \end{cases}$.

6. 把下列曲线的参数方程化为一般方程

(1) $\begin{cases} x = 2t + 1 \\ y = (t+3)^2, (-\infty < t < \infty); \\ z = t \end{cases}$　　(2) $\begin{cases} x = \sin t \\ y = 2\sin t, (0 \leqslant t < 2\pi). \\ z = 3\cos t \end{cases}$

§2.2　平面的方程

本节我们主要讲述最简单的一类曲面，即平面. 给定一个平面 π，垂直于 π 的直线称为它的法线，平行于该法线的任一非零向量称为它的**法向量**.

如图 2-6，设平面 π 是过 P_0 点并以 $\boldsymbol{n}$ 为法向量的平面. 显然，点 P 在平面 π 上的充分必要条件是 $\overrightarrow{P_0P} \perp \boldsymbol{n}$，即 $\overrightarrow{P_0P} \cdot \boldsymbol{n} = 0$. 如果记 $\boldsymbol{r}_0 = \overrightarrow{OP_0}$，$\boldsymbol{r} = \overrightarrow{OP}$，则

$$(\boldsymbol{r} - \boldsymbol{r}_0) \cdot \boldsymbol{n} = 0, \tag{2.2.1}$$

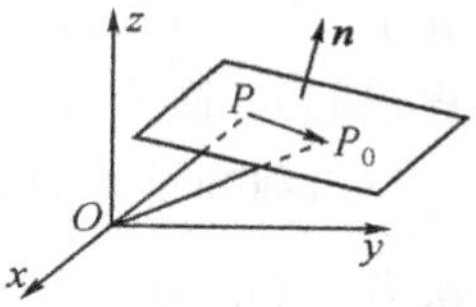

图 2-6

或

$$\boldsymbol{r} \cdot \boldsymbol{n} + D = 0,$$

其中 $D = -\boldsymbol{n} \cdot \boldsymbol{r}_0$. 因此，平面 π 上任一点 P 的径向量应满足(2.2.1)；反之，以满足(2.2.1) 的向量 $\boldsymbol{r}$ 为径向量的点必落在 π 上. (2.2.1) 式称为平面 π 的**点法式向量方程**.

例 2.2.1　试求经过定点 P_0，并且与两个不共线的向量 $\boldsymbol{u}$，$\boldsymbol{v}$ 都平行的平面方程.

解　因所求平面与 $\boldsymbol{u}$，$\boldsymbol{v}$ 平行，于是可取平面的法向量 $\boldsymbol{n} = \boldsymbol{u} \times \boldsymbol{v}$，因此由(2.2.1) 式可知所求平面方程为

$$(\boldsymbol{r} - \boldsymbol{r}_0) \cdot (\boldsymbol{u} \times \boldsymbol{v}) = 0,$$

其中，$\boldsymbol{r}_0 = \overrightarrow{OP_0}$，$\boldsymbol{r} = \overrightarrow{OP}$，$P$ 为平面上任一点. 上述方程也可写成

$$(\boldsymbol{r} - \boldsymbol{r}_0, \boldsymbol{u}, \boldsymbol{v}) = 0. \tag{2.2.2}$$

(2.2.2) 式也称为平面的**点位式方程**.

例 2.2.1 也可用如下方法解答. 因为点 P 在所求平面上的充分必要条件是 $\overrightarrow{P_0P}$ 与 $\boldsymbol{u}$，$\boldsymbol{v}$ 共面. 即

$$\overrightarrow{P_0P} = \lambda\boldsymbol{u} + \mu\boldsymbol{v} \quad (\lambda, \mu \text{ 是参数}).$$

所以

$$\boldsymbol{r} = \boldsymbol{r}_0 + \lambda\boldsymbol{u} + \mu\boldsymbol{v} \quad (\lambda, \mu \text{ 是参数}), \tag{2.2.3}$$

其中，$\boldsymbol{r}_0 = \overrightarrow{OP_0}$，$\boldsymbol{r} = \overrightarrow{OP}$，$\boldsymbol{u}$，$\boldsymbol{v}$ 称为平面的**方位向量**. (2.2.3) 称为平面的**向量式参数方程**.

在直角坐标系 $Oxyz$ 中,设 $\boldsymbol{r}_0=\{x_0,y_0,z_0\}$, $\boldsymbol{r}=\{x,y,z\}$, $\boldsymbol{u}=\{u_1,u_2,u_3\}$, $\boldsymbol{v}=\{v_1,v_2,v_3\}$,则由(2.2.2)可得平面的方程为

$$\begin{vmatrix} x-x_0 & y-y_0 & z-z_0 \\ u_1 & u_2 & u_3 \\ v_1 & v_2 & v_3 \end{vmatrix}=0 \tag{2.2.2'}$$

(2.2.2′)称为平面的**坐标式点位式方程**.

由(2.2.3)可得

$$\begin{cases} x=x_0+u_1\lambda+v_1\mu, \\ y=y_0+u_2\lambda+v_2\mu, \\ z=z_0+u_3\lambda+v_3\mu, \end{cases} \tag{2.2.3'}$$

(2.2.3')称为平面的**坐标式参数方程**.

还可以将平面的向量式方程(2.2.1)改写成坐标形式.设在坐标系 $Oxyz$ 中,

$$\boldsymbol{n}=(A,B,C),\boldsymbol{r}=(x,y,z),\boldsymbol{r}_0=(x_0,y_0,z_0),$$

则(2.2.1)式可写成

$$A(x-x_0)+B(y-y_0)+C(z-z_0)=0 \tag{2.2.4}$$

或

$$Ax+By+Cz+D=0, \tag{2.2.5}$$

其中,$D=-(Ax_0+By_0+Cz_0)$.(2.2.4)称为平面的**坐标式点法式方程**,**简称点法式方程**.三元一次方程(2.2.5)称为平面的**坐标式一般方程**,**简称一般方程**.

由前面可知,任一平面的方程都可表示成三元一次方程(2.2.5).反之任一个三元一次方程必表示一张平面.设有一个形如(2.2.5)的方程,不妨设 $A\neq0$,可知 $P_0(-\frac{D}{A},0,0)$ 满足(2.2.5).由 P_0 和 $\boldsymbol{n}=(A,B,C)$ 可以决定一个平面 π,π 的点法式方程就是(2.2.5),也即方程(2.2.5)的图形就是平面 π.由此我们得到下面定理.

定理 2.2.1 空间中任一平面的方程都可表示成一个关于坐标分量 x,y,z 的一次方程;反之,每一个关于坐标分量 x,y,z 的一次方程都表示一个平面.

注:这个定理在仿射坐标下也成立。

特别地,若平面 π 的一般方程(2.2.5)中 $D=0$,则平面 π 必过原点.如果 A,B,C 中有一个为零,则平面 π 必平行于某一坐标轴.如:$A=0$,则 $\pi//x$ 轴;$B=0$,则 $\pi//y$ 轴;$C=0$,则 $\pi//z$ 轴.如果 A,B,C 中有两个为零,则平面 π 必平行于某一坐标平面.如:$A=B=0$,则平面 π 平行于 Oxy 平面;$B=C=0$,则平面 π 平行于 Oyz 平面;$A=C=0$,则平面 π 平行于 Oxz 平面.

例 2.2.2 已知一平面过点$(-3,2,0)$,法向量 $\boldsymbol{n}=(5,4,-3)$,求它的方程.

解 根据(2.2.4),所求平面方程为

$$5(x+3)+4(y-2)-3(z-0)=0,$$

即

$$5x+4y-3z+7=0.$$ ◇

例 2.2.3 已知一平面过三点$(a,0,0)$,$(0,b,0)$,$(0,0,c)$,$abc\neq0$.求该平面方程.

解 设该平面方程为

$$Ax + By + Cz + D = 0.$$

将 $(a,0,0),(0,b,0),(0,0,c)$ 逐个代入,得

$$A = -\frac{D}{a}, B = -\frac{D}{b}, C = -\frac{D}{c},$$

于是平面方程是

$$\frac{x}{a} + \frac{y}{b} + \frac{z}{c} = 1. \tag{2.2.6}$$

(2.2.6) 式称为平面的**截距式方程**,其中 a,b,c 分别为平面在 x 轴,y 轴,z 轴上的截距.

例 2.2.4 已知 $P_1(x_1,y_1,z_1),P_2(x_2,y_2,z_2)$ 和 $P_3(x_3,y_3,z_3)$ 是不共线的三点,求过这三点的平面方程.

解 易知 $\boldsymbol{n} = \overrightarrow{P_1P_2} \times \overrightarrow{P_1P_3}$ 为所求平面的一个法向量,平面上任一点 P 应满足 $\boldsymbol{n} \cdot \overrightarrow{P_1P} = 0$,即

$$(\overrightarrow{P_1P_2}, \overrightarrow{P_1P_3}, \overrightarrow{P_1P}) = 0.$$

根据混合积公式,可得所求的平面方程为

$$\begin{vmatrix} x - x_1 & y - y_1 & z - z_1 \\ x_2 - x_1 & y_2 - y_1 & z_2 - z_1 \\ x_3 - x_1 & y_3 - y_1 & z_3 - z_1 \end{vmatrix} = 0. \tag{2.2.7}$$

(2.2.7) 式称为平面的**三点式方程**.

对于平面的点法式方程 $(\boldsymbol{r} - \boldsymbol{r}_0) \cdot \boldsymbol{n} = 0$,若平面的法向量取作单位法向量 $\boldsymbol{n}_0 = \frac{\boldsymbol{n}}{|\boldsymbol{n}|}$,则平面方程可表示为

$$\boldsymbol{r} \cdot \boldsymbol{n}_0 - p = 0, \tag{2.2.8}$$

其中 $p = \boldsymbol{r}_0 \cdot \boldsymbol{n}_0$,其绝对值为原点到平面的距离.(2.2.8) 是称为平面的**向量式法式方程**.

建立直角坐标系,设 $\boldsymbol{r} = \{x,y,z\}$,$\boldsymbol{n}_0 = \{\cos\alpha, \cos\beta, \cos\gamma\}$,这里 α,β,γ 即 $\boldsymbol{n}_0$ 的三个方向角,由(2.2.8) 式得

$$x\cos\alpha + y\cos\beta + z\cos\gamma - p = 0. \tag{2.2.9}$$

(2.2.9) 称为平面的**坐标式法式方程**,简称**法式方程**.

在空间直角坐标系 $Oxyz$ 中,设给定一点 $P_1(x_1,y_1,z_1)$ 与一个平面 π.从 P_1 点到平面 π 作垂线,其垂足为 Q,则点 P_1 到平面 π 的距离为 $d = |\overrightarrow{QP_1}|$.取定平面 π 的单位法向量 $\boldsymbol{n}_0$,则向量 $\overrightarrow{QP_1}$ 在平面 π 的单位法向量 $\boldsymbol{n}_0$ 上的射影叫做 P_1 点与平面 π 间的**离差**,记做

$$\delta = \text{射影}_{\boldsymbol{n}_0} \overrightarrow{QP_1} = \text{射影}_{\boldsymbol{n}_0} \overrightarrow{P_0P_1}, \tag{2.2.10}$$

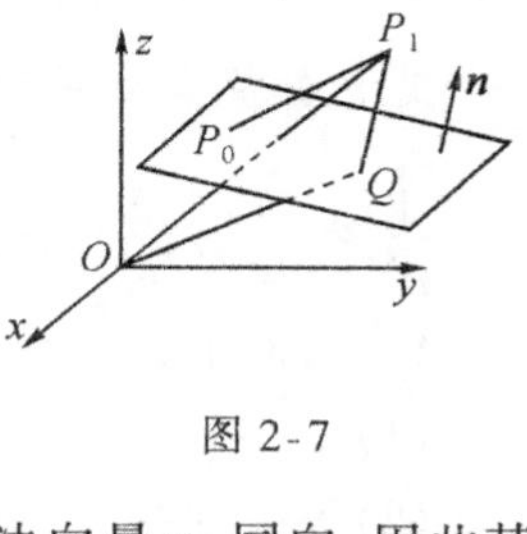

图 2-7

其中 P_0 可取平面上任一点.离差的绝对值就是该点与平面 π 的距离.当点 P_1 位于平面 π 的单位法向量 $\boldsymbol{n}_0$ 所指的一侧,$\overrightarrow{QP_1}$ 与单位法向量 $\boldsymbol{n}_0$ 同向,因此其离差为正;而当点 P_1 位于平面 π 的另一侧,则其离差为负.

设平面 π 的法式方程为 $\boldsymbol{r} \cdot \boldsymbol{n}_0 - p = 0$.由于 $Q \in \pi$,则有 $\overrightarrow{OQ} \cdot \boldsymbol{n}_0 = p$,因此

$$\delta = \overrightarrow{QP_1} \cdot \boldsymbol{n}_0 = (\overrightarrow{OP_1} - \overrightarrow{OQ}) \cdot \boldsymbol{n}_0 = \overrightarrow{OP_1} \cdot \boldsymbol{n}_0 - p. \tag{2.2.11}$$

在平面用坐标式法式方程表示时,P_1 点与平面(2.2.9) 间的离差是

$$\delta = x_1\cos\alpha + y_1\cos\beta + z_1\cos\gamma - p. \tag{2.2.12}$$

设平面 π 的一般式方程为 $Ax+By+Cz+D=0$，此时其单位法向量 $\boldsymbol{n}_0$ 的三个方向角余弦分别为

$$\cos\alpha = A(A^2+B^2+C^2)^{-\frac{1}{2}}, \cos\beta = B(A^2+B^2+C^2)^{-\frac{1}{2}}, \cos\gamma = C(A^2+B^2+C^2)^{-\frac{1}{2}},$$

而 $p=-D(A^2+B^2+C^2)^{-\frac{1}{2}}$. 根据(2.2.12)，则 $P_1(x_1,y_1,z_1)$ 点到平面 π 的距离是

$$d=|\delta|=\left|\frac{Ax_1+By_1+Cz_1+D}{\sqrt{A^2+B^2+C^2}}\right|. \tag{2.2.13}$$

2.2 习 题

1. 求下列各平面的坐标式参数方程与一般方程.

(1) 通过点 $P_1(3,1,0)$ 和 $P_2(1,1,1)$，且平行于向量 $\{1,0,2\}$ 的平面.

(2) 通过点 $P(1,1,1)$ 及 z 轴的平面.

(3) 通过点 $(-1,0,1)$ 与平面 $2x-y+3=0$ 平行的平面.

(4) 通过点 $P_1(3,-5,1)$ 和 $P_2(4,1,2)$ 且垂直于平面 $x-6y+3z-1=0$ 的平面.

2. 求平面一般方程 $2x+3y+z-6=0$ 的截距式方程和坐标式参数方程.

3. 设动平面在三个坐标轴上的截距的倒数之和是一个常数 $k(k\neq 0)$. 证明动平面必经过一定点.

4. 证明向量 $\boldsymbol{a}=\{a_1,a_2,a_3\}$ 平行于平面 $Ax+By+Cz+D=0$ 的充要条件为：$Aa_1+Ba_2+Ca_3=0$.

5. 已知三角形顶点为 $A(0,-4,0)$，$B(2,0,0)$，$C(2,2,2)$. 求平行于 $\triangle ABC$ 所在的平面且与它相距为 1 个单位的平面方程.

6. 平面 $\frac{x}{a}+\frac{y}{b}+\frac{z}{c}=1$ 分别与三个坐标轴交于点 A,B,C，求 $\triangle ABC$ 的面积.

7. 求与原点距离为 2 个单位，且在三坐标轴 Ox,Oy,Oz 上的截距之比为 $a:b:c=1:2:3$ 的平面.

8. (1) 求点 $(1,2,1)$ 到平面 $3x+4y+2z+1=0$ 的距离.

(2) 求点 $(0,0,0)$ 到平面 $x-y+1=0$ 的距离.

9. 已知原点到平面 $\frac{x}{a}+\frac{y}{b}+\frac{z}{c}=1$（这里 $abc\neq 0$）的距离为 P，求证

$$\frac{1}{p^2}=\frac{1}{a^2}+\frac{1}{b^2}+\frac{1}{c^2}.$$

10. 求与下列各对平面距离相等的点的轨迹.

(1) $x+2y-z-5=0$ 和 $2x-y-5=0$；

(2) $x+y+2z-6=0$ 和 $x+y+2z+5=0$.

11. 给定两点 $P_1(x_1,y_1,z_1)$，$P_2(x_2,y_2,z_2)$ 和平面 π：$Ax+By+Cz+D=0$. 设直线 P_1P_2 与 π 交于一点 P_0，求 P_0 分 $\overrightarrow{P_1P_2}$ 之比.

§2.3 直线的方程

一般地,空间直线的位置可由以下两种条件之一来确定:

(1) 经过一定点,且与一确定向量平行;

(2) 两相交平面的交线.

过点 $P_0(x_0,y_0,z_0)$ 可作唯一一条平行于非零向量 $\boldsymbol{v}(l,m,n)$ 的直线 l. 设 $P(x,y,z)$ 是直线 l 上任意一点,记:$\boldsymbol{r}_0=\overrightarrow{OP_0}$,$\boldsymbol{r}=\overrightarrow{OP}$,则

$$\boldsymbol{r}-\boldsymbol{r}_0=t\boldsymbol{v} \tag{2.3.1}$$

为直线 l 的方程,$\boldsymbol{v}$ 称为直线的**方向向量**. 将(2.3.1) 化成坐标形式,则

$$(x-x_0,y-y_0,z-z_0)=t(l,m,n),$$

或

$$\begin{cases} x=x_0+lt, \\ y=y_0+mt, \\ z=z_0+nt. \end{cases} \tag{2.3.2}$$

(2.3.1) 和(2.3.2) 分别称为直线 l 的**向量式和坐标式参数方程**. 其中参数 t 可取一切实数值. 当 $|\boldsymbol{v}|=1$ 时,$|t|$ 表示动点 P 到 P_0 的距离.

从(2.3.2) 消去参数 t,可得

$$\frac{x-x_0}{l}=\frac{y-y_0}{m}=\frac{z-z_0}{n}. \tag{2.3.3}$$

称之为直线 l 的**对称式方程**(**或标准方程**). 当 l, m 和 n 三个数中有一个或两个为零时,仍然可写出(2.3.3) 式. 我们约定:如 $l=0$,(2.3.3) 表示成

$$\begin{cases} \dfrac{y-y_0}{m}=\dfrac{z-z_0}{n}, \\ x-x_0=0. \end{cases}$$

如 $l=m=0$,则(2.3.3) 表示成

$$\begin{cases} x-x_0=0, \\ y-y_0=0. \end{cases}$$

(2.3.1),(2.3.2) 和(2.3.3) 都称为直线 l 的**点向式方程**.

另一方面,任意一条直线都可视为两个平面的交线. 设两个相交平面 π_1 和 π_2 的方程分别为

$$\boldsymbol{r}\cdot\boldsymbol{n}_1+d_1=0 \quad 和 \ \boldsymbol{r}\cdot\boldsymbol{n}_2+d_2=0\ (\boldsymbol{n}_1 与 \boldsymbol{n}_2 不平行).$$

则其相交直线 l 方程为

$$\begin{cases} \boldsymbol{r}\cdot\boldsymbol{n}_1+d_1=0, \\ \boldsymbol{r}\cdot\boldsymbol{n}_2+d_2=0. \end{cases} \tag{2.3.4}$$

(2.3.4) 式称为直线的**向量式一般方程**.

若平面 π_1 和 π_2 的方程分别为 $A_1x+B_1y+C_1z+D_1=0$ 与 $A_2x+B_2y+C_2z+D_2=0$,且 π_1 和 π_2 不平行,即 $A_1:B_1:C_1\neq A_2:B_2:C_2$,则其相交直线方程为

$$\begin{cases} A_1x + B_1y + C_1z + D_1 = 0, \\ A_2x + B_2y + C_2z + D_2 = 0. \end{cases} \tag{2.3.5}$$

(2.3.5) 式称为直线的**坐标式一般方程**.

例 2.3.1　已知一直线通过两个定点 P_1 和 P_2,试求此直线的向量式方程.又假定 P_1 和 P_2 的坐标分别为 (x_1,y_1,z_1) 和 (x_2,y_2,z_2),写出直线的坐标式参数方程和对称式方程.

解　设 $\boldsymbol{r}_1 = \overrightarrow{OP_1}, \boldsymbol{r}_2 = \overrightarrow{OP_2}$,则 $\boldsymbol{v} = \overrightarrow{P_1P_2} = \boldsymbol{r}_2 - \boldsymbol{r}_1$ 即为所求直线的一个方向向量.由(2.3.1),所求直线的向量方程为

$$\boldsymbol{r} = \boldsymbol{r}_1 + t(\boldsymbol{r}_2 - \boldsymbol{r}_1).$$

其坐标式参数方程为

$$\begin{cases} x = x_1 + t(x_2 - x_1), \\ y = y_1 + t(y_2 - y_1), \\ z = z_1 + t(z_2 - z_1). \end{cases} \tag{2.3.6}$$

对称式方程为

$$\frac{x - x_1}{x_2 - x_1} = \frac{y - y_1}{y_2 - y_1} = \frac{z - z_1}{z_2 - z_1}. \tag{2.3.7}$$

上面两式也称为直线的**两点式方程**.

例 2.3.2　已知直线的一般方程为

$$\begin{cases} x - 2y + 3z + 6 = 0, \\ 3x - y + 2z - 1 = 0. \end{cases}$$

求它的点向式方程.

解　这两个平面的法向量,分别为 $\boldsymbol{n}_1 = (1, -2, 3)$ 和 $\boldsymbol{n}_2 = (3, -1, 2)$,因此

$$\boldsymbol{v} = \boldsymbol{n}_1 \times \boldsymbol{n}_2 = \left(\begin{vmatrix} -2 & 3 \\ -1 & 2 \end{vmatrix}, \begin{vmatrix} 3 & 1 \\ 2 & 3 \end{vmatrix}, \begin{vmatrix} 1 & -2 \\ 3 & -1 \end{vmatrix} \right) = (-1, 7, 5)$$

是已知直线的一个方向向量.

为求直线上一点,可令 $x = 0$,解

$$\begin{cases} -2y + 3z + 6 = 0, \\ -y + 2z - 1 = 0, \end{cases}$$

得(0,15,8) 是直线上的点.则可得直线的点向式方程为

$$\frac{x}{-1} = \frac{y - 15}{7} = \frac{z - 8}{5}.$$

如图 2-8,设一条直线 l 经过点 P_0,方向向量为 $\boldsymbol{v}$,则点 P_1 到直线 l 的距离 $d(P_1, l)$ 是以 $\overrightarrow{P_0P_1}$ 和 $\boldsymbol{v}$ 为邻边的平行四边形的底边 $\boldsymbol{v}$ 上的高.因此

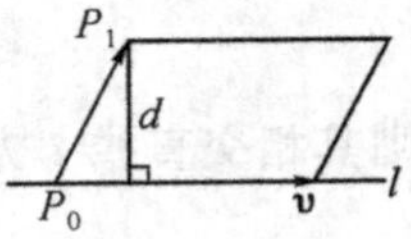

图 2-8

$$d(P_1, l) = \frac{|\overrightarrow{P_0P_1} \times \boldsymbol{v}|}{|\boldsymbol{v}|} = \frac{|(\boldsymbol{r}_1 - \boldsymbol{r}_0) \times \boldsymbol{v}|}{|\boldsymbol{v}|},$$

其中 $\boldsymbol{r}_0 = \overrightarrow{OP_0}, \boldsymbol{r}_1 = \overrightarrow{OP_1}$.

在空间直角坐标系下,设点 P_1 的坐标为 (x_1, y_1, z_1),直线 l 的对称式方程为

$$\frac{x-x_0}{l}=\frac{y-y_0}{m}=\frac{z-z_0}{n}.$$

这里 $P_0(x_0,y_0,z_0)$ 是直线 l 上的一点，$\boldsymbol{v}=\{l,m,n\}$ 为直线 l 的方向向量，则点 P_1 到直线 l 的距离为

$$d=\frac{|\overrightarrow{P_0P_1}\times\boldsymbol{v}|}{|\boldsymbol{v}|}$$

$$=\frac{\sqrt{\begin{vmatrix} y_1-y_0 & z_1-z_0 \\ m & n \end{vmatrix}^2+\begin{vmatrix} z_1-z_0 & x_1-x_0 \\ n & l \end{vmatrix}^2+\begin{vmatrix} x_1-x_0 & y_1-y_0 \\ l & m \end{vmatrix}^2}}{\sqrt{l^2+m^2+n^2}} \tag{2.3.8}$$

2.3 习　题

1. 求下列各直线的方程（参数方程和坐标式方程）.

(1) 经过点 $P_0(1,3,-1)$ 且平行于直线 $\boldsymbol{r}=\{1+3t,1,1-2t\}$.

(2) 经过点 $P_0(2,-2,1)$ 且平行于 y 轴.

(3) 经过点 $P_1(1,1,-1)$ 和 $P_2(1,0,3)$.

(4) 通过点 $P_0(1,0,1)$ 且与两直线 $\frac{x-1}{2}=\frac{y}{1}=\frac{z+1}{1}$ 和 $\frac{x}{1}=\frac{y+1}{-1}=\frac{z-1}{0}$ 垂直的直线.

(5) 通过点 $P_0(1,1,1)$ 且与 x,y,z 三轴分别成 $60°,45°,120°$ 的直线.

2. 将下面直线的一般方程化为对称式方程

(1) $\begin{cases} 2x-3y+4z-12=0 \\ x+y+z=0 \end{cases}$；　(2) $\begin{cases} 3x+2y-z-4=0 \\ x+2y-z-2=0 \end{cases}$；

(3) $\begin{cases} y=4 \\ z=3x+12 \end{cases}$

3. 求下列各平面的方程.

(1) 通过点 $P(1,0,-1)$，且又通过直线 $\frac{x-1}{1}=\frac{y+1}{2}=\frac{z+2}{3}$ 的平面；

(2) 通过直线 $\frac{x-1}{1}=\frac{y+1}{-5}=\frac{z}{-1}$ 且与直线 $\begin{cases} 2x-y+z-1=0 \\ x+2y-z-4=0 \end{cases}$ 平行的平面.

(3) 通过直线 $\begin{cases} 2x-y+3z-1=0 \\ x-4y+z+1=0 \end{cases}$ 与三坐标面所成的三个射影平面.

4. 设直线 l 在 yOz 平面上的投影直线为 $\begin{cases} 4y-3z=0 \\ x=0 \end{cases}$，在 zOx 平面上的投影为 $\begin{cases} x+2z=0 \\ y=0 \end{cases}$，求直线 l 在 xOy 平面上的投影直线方程.

5. 求以下各点的坐标

(1) 在直线 $\frac{x-1}{2}=\frac{y+1}{1}=\frac{z-4}{5}$ 上与原点相距 5 个单位的点；

(2) 关于直线 $\begin{cases} x-y-z+1=0 \\ x+y+z-1=0 \end{cases}$ 与点 $P(1,0,-1)$ 对称的点.

6. 求 (1) 点$(1,1,1)$到直线$\begin{cases}x+y-z+1=0\\2x+y-3z+1=0\end{cases}$的距离；

(2) 点$(3,4,2)$到直线$\dfrac{x-1}{1}=\dfrac{y-2}{1}=\dfrac{z-1}{2}$的距离.

§2.4 平面和直线的位置关系

2.4.1 两平面的相互位置关系

设两平面 π_1 和 π_2 的方程分别为

$$\pi_1:\boldsymbol{n}_1\cdot(\boldsymbol{r}-\boldsymbol{r}_1)=0,$$
$$\pi_2:\boldsymbol{n}_2\cdot(\boldsymbol{r}-\boldsymbol{r}_2)=0.$$

若$\boldsymbol{n}_1\times\boldsymbol{n}_2\neq 0$,则 π_1 与 π_2 相交,它们的联立方程即表示交线.

若$\boldsymbol{n}_1\times\boldsymbol{n}_2=0$,即$\boldsymbol{n}_2=\lambda\boldsymbol{n}_1(\lambda\neq 0)$.可见,$\pi_1/\!/\pi_2$ 或 π_1 与 π_2 重合.此时,π_2 的方程可写为

$$\boldsymbol{n}_1\cdot(\boldsymbol{r}-\boldsymbol{r}_2)=0.$$

若 π_1 与 π_2 重合,将以上方程与 π_1 的方程相减,得$\boldsymbol{n}_1\cdot(\boldsymbol{r}_1-\boldsymbol{r}_2)=0$.若 $\pi_1/\!/\pi_2$ 但不重合,则$\boldsymbol{n}_1\cdot(\boldsymbol{r}_1-\boldsymbol{r}_2)\neq 0$.

定义 2.4.1 两平面 π_1 和 π_2 的**夹角**就是它们的法向量的夹角或其补角(两平面的夹角通常取为锐角).

当两平面用坐标式一般方程表示时,则有下面定理.

定理 2.4.1 设两平面 π_1 和 π_2 的方程为

$$\pi_1:A_1x+B_1y+C_1z+D_1=0,$$
$$\pi_2:A_2x+B_2y+C_2z+D_2=0,$$

则它们相关位置关系的充要条件分别为:

1. 相交:$A_1:B_1:C_1\neq A_2:B_2:C_2$;
2. 平行:$\dfrac{A_1}{A_2}=\dfrac{B_1}{B_2}=\dfrac{C_1}{C_2}\neq\dfrac{D_1}{D_2}$;
3. 重合:$\dfrac{A_1}{A_2}=\dfrac{B_1}{B_2}=\dfrac{C_1}{C_2}=\dfrac{D_1}{D_2}$.

设两平面 π_1 和 π_2 的夹角为 $\angle(\pi_1,\pi_2)$,则其余弦为

$$\cos\angle(\pi_1,\pi_2)=\frac{|\boldsymbol{n}_1\cdot\boldsymbol{n}_2|}{|\boldsymbol{n}_1||\boldsymbol{n}_2|}=\frac{|A_1A_2+B_1B_2+C_1C_2|}{\sqrt{A_1^2+B_1^2+C_1^2}\sqrt{A_2^2+B_2^2+C_2^2}}.\qquad(2.4.1)$$

证明 在直角坐标系下,平面 π_1 和 π_2 法向量分别为

$$\boldsymbol{n}_1=\{A_1,B_1,C_1\}\text{和}\boldsymbol{n}_2=\{A_2,B_2,C_2\}.$$

π_1 和 π_2 相交当且仅当$\boldsymbol{n}_1$不平行于$\boldsymbol{n}_2$,即 $A_1:B_1:C_1\neq A_2:B_2:C_2$. 而平面 π_1 和 π_2 平行或重合的充要条件为$\boldsymbol{n}_2=\lambda\boldsymbol{n}_1(\lambda\neq 0)$,即$\dfrac{A_1}{A_2}=\dfrac{B_1}{B_2}=\dfrac{C_1}{C_2}=\dfrac{1}{\lambda}$.进一步,如果$\dfrac{D_1}{D_2}=\dfrac{1}{\lambda}$,

则平面 π_1 和 π_2 重合；如果$\dfrac{D_1}{D_2}\neq\dfrac{1}{\lambda}$，则平面 π_1 和 π_2 仅是平行. □

2.4.2 直线与平面的位置关系

直线与平面的位置关系有三种，即相交，平行和直线在平面上.

设直线 l 和平面 π 的方程分别为

$$l:\boldsymbol{r}=\boldsymbol{r}_0+t\boldsymbol{v},$$

$$\pi:\boldsymbol{n}\cdot(\boldsymbol{r}-\boldsymbol{r}_1)=0.$$

为求它们的交点，把 l 的方程代入 π 的方程，得

$$\boldsymbol{n}\cdot(\boldsymbol{r}_0-\boldsymbol{r}_1)+t\boldsymbol{n}\cdot\boldsymbol{v}=0.$$

若 $\boldsymbol{n}\cdot\boldsymbol{v}\neq 0$，即$\boldsymbol{n}$ 与$\boldsymbol{v}$ 不垂直，则可得

$$t=-\frac{\boldsymbol{n}\cdot(\boldsymbol{r}_0-\boldsymbol{r}_1)}{\boldsymbol{n}\cdot\boldsymbol{v}},\tag{2.4.2}$$

所以 l 与 π 有唯一一个交点. 若 $\boldsymbol{n}\cdot\boldsymbol{v}=0$，且 $\boldsymbol{n}\cdot(\boldsymbol{r}_0-\boldsymbol{r}_1)\neq 0$，则 l 和 π 没有交点，即它们平行. 若 $\boldsymbol{n}\cdot\boldsymbol{v}=0$，且 $\boldsymbol{n}\cdot(\boldsymbol{r}_0-\boldsymbol{r}_1)=0$，则 l 与 π 有无穷多个交点，即 l 落在 π 上.

当直线与平面用坐标式方程表示时，则我们可得下面定理.

定理 2.4.2 设直线 l 与平面 π 的方程分别为

$$l:\quad \frac{x-x_0}{X}=\frac{y-y_0}{Y}=\frac{z-z_0}{Z},$$

$$\pi:\quad Ax+By+Cz+D=0,$$

则直线 l 与平面 π 的相关位置关系的充要条件分别为：

1. 相交：$AX+BY+CZ\neq 0$；
2. 平行：$\begin{cases}AX+BY+CZ=0\\Ax_0+By_0+Cz_0+D\neq 0\end{cases}$；
3. 直线在平面上：$\begin{cases}AX+BY+CZ=0\\Ax_0+By_0+Cz_0+D=0\end{cases}$.

证明 直线 l 的方向向量 $\boldsymbol{v}=\{X,Y,Z\}$，平面 π 的法向量 $\boldsymbol{n}=\{A,B,C\}$. 直线 l 与平面 π 相交当且仅当 $\boldsymbol{n}\cdot\boldsymbol{v}\neq 0$，即 $AX+BY+CZ\neq 0$；交点坐标 (x,y,z) 满足

$$\frac{x-x_0}{X}=\frac{y-y_0}{Y}=\frac{z-z_0}{Z}=t=-\frac{Ax_0+By_0+Cz_0+D}{AX+BY+CZ},\tag{2.4.3}$$

即 $x=x_0-\dfrac{Ax_0+By_0+Cz_0+D}{AX+BY+CZ}X,\ y=y_0-\dfrac{Ax_0+By_0+Cz_0+D}{AX+BY+CZ}Y,$

$$z=z_0-\frac{Ax_0+By_0+Cz_0+D}{AX+BY+CZ}Z.$$

另一方面 $\boldsymbol{n}\cdot\boldsymbol{v}=0$，即 $AX+BY+CZ=0$，则当且仅当直线 l 与平面 π 平行或直线 l 在平面 π 上，此时若直线 l 在平面 π 上则当且仅当点 (x_0,y_0,z_0) 在平面 π 中，即 $Ax_0+By_0+Cz_0+D=0$；反之 $Ax_0+By_0+Cz_0+D\neq 0$，则直线 l 仅与平面 π 平行. □

例 2.4.1 试求 B 和 C 使得直线

$$l:\begin{cases}x+2y-z+C=0,\\3x+By-z+2=0\end{cases}$$

在 Oxy 平面上.

解 在直线 l 的方程中,令 $y=0$,则由

$$\begin{cases}x-z+C=0,\\3x-z+2=0\end{cases}$$

得 $x=\frac{C}{2}-1, z=\frac{3C}{2}-1$.所以$\left(\frac{C}{2}-1,0,\frac{3C}{2}-1\right)$是直线 l 上的点.由于直线 l 的方向向量为 $\boldsymbol{v}=(-2+B,-2,B-6)$,$Oxy$ 平面的方程为 $z=0$,所以

$$B-6=0,\frac{3C}{2}-1=0.$$

即

$$B=6,C=\frac{2}{3}.$$

◇

定义 2.4.2 直线与平面的夹角是指直线与它在平面上的垂直投影所交成的最小正角,当直线与平面垂直时,它们的夹角规定为 90°.

设直线 l 的方向向量 $\boldsymbol{v}=(X,Y,Z)$,平面 π 的法向量 $\boldsymbol{n}=(A,B,C)$,则 l 与 π 的夹角 θ 为

$$\theta=\frac{\pi}{2}-\angle(\boldsymbol{v},\boldsymbol{n})\ \text{或}\ \theta=\angle(\boldsymbol{v},\boldsymbol{n})-\frac{\pi}{2}.$$

因此

$$\sin\theta=\frac{|\boldsymbol{v}\cdot\boldsymbol{n}|}{|\boldsymbol{v}||\boldsymbol{n}|}=\frac{|AX+BY+CZ|}{\sqrt{X^2+Y^2+Z^2}\sqrt{A^2+B^2+C^2}}.$$

2.4.3 两直线的相互位置关系

两条直线的关系有以下四种:平行,重合,相交或异面.设

$$l_1:\boldsymbol{r}=\boldsymbol{r}_1+t\boldsymbol{v}_1,$$

$$l_2:\boldsymbol{r}=\boldsymbol{r}_2+t\boldsymbol{v}_2.$$

易知$(\boldsymbol{r}_2-\boldsymbol{r}_1,\boldsymbol{v}_1,\boldsymbol{v}_2)=0$,则 l_1 与 l_2 在同一平面上,l_1 与 l_2 平行的充要条件为$\boldsymbol{v}_1\times\boldsymbol{v}_2=\boldsymbol{0}$但$\boldsymbol{r}_2-\boldsymbol{r}_1$不平行于$\boldsymbol{v}_1$;$l_1$ 与 l_2 重合的充要条件为$\boldsymbol{r}_2-\boldsymbol{r}_1,\boldsymbol{v}_1,\boldsymbol{v}_2$三向量平行;$l_1$ 与 l_2 相交的充要条件是$(\boldsymbol{r}_2-\boldsymbol{r}_1,\boldsymbol{v}_1,\boldsymbol{v}_2)=0$和$\boldsymbol{v}_1\times\boldsymbol{v}_2\neq\boldsymbol{0}$;它们异面的充要条件是$(\boldsymbol{r}_2-\boldsymbol{r}_1,\boldsymbol{v}_1,\boldsymbol{v}_2)\neq 0$.

现在来求两异面直线 l_1,l_2 的公垂线方程.如图 2-9 所示,公垂线 l_0 的方向向量可以取为$\boldsymbol{v}_1\times\boldsymbol{v}_2$,而公垂线 l_0 可以看做由过 l_1 上的点 M_1,以$\boldsymbol{v}_1,\boldsymbol{v}_1\times\boldsymbol{v}_2$为方向向量的平面与过 l_2 上的点 M_2,以$\boldsymbol{v}_2,\boldsymbol{v}_1\times\boldsymbol{v}_2$为方向向量的平面的交线,因此由(2.2.2)可得公垂线 l_0 的方程为

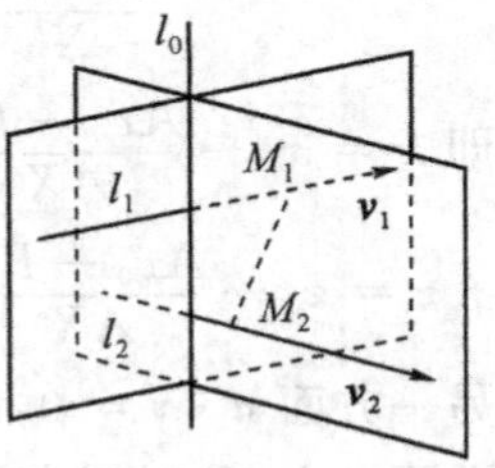

图 2-9

$$\begin{cases}(\boldsymbol{r}-\boldsymbol{r}_1,\boldsymbol{v}_1,\boldsymbol{v}_1\times\boldsymbol{v}_2)=0,\\(\boldsymbol{r}-\boldsymbol{r}_2,\boldsymbol{v}_2,\boldsymbol{v}_1\times\boldsymbol{v}_2)=0.\end{cases}\tag{2.4.4}$$

记 d 为其公垂线段长度,则 d 恰为$\overrightarrow{M_1M_2}=\boldsymbol{r}_2-\boldsymbol{r}_1$在公垂线方向$\boldsymbol{v}_1\times\boldsymbol{v}_2$上投影的绝对值,因此

$$d=\frac{|(\boldsymbol{r}_2-\boldsymbol{r}_1,\boldsymbol{v}_1,\boldsymbol{v}_2)|}{|\boldsymbol{v}_1\times\boldsymbol{v}_2|}.\tag{2.4.5}$$

当 l_1 与 l_2 平行时,则它们之间的距离等于一条直线上的一点到另一条直线的距离.

当直线用对称式方程表示时,则由上面分析,仅需将具体向量的坐标代入,我们可得下面定理.

定理 2.4.3 设两直线 l_1 与 l_2 的对称式方程为

$$l_1:\quad \frac{x-x_1}{X_1}=\frac{y-y_1}{Y_1}=\frac{z-z_1}{Z_1},\tag{2.4.6}$$

$$l_2:\quad \frac{x-x_2}{X_2}=\frac{y-y_2}{Y_2}=\frac{z-z_2}{Z_2},\tag{2.4.7}$$

则两直线的相关位置的充要条件分别为

1. 异面:$D=\begin{vmatrix} x_2-x_1 & y_2-y_1 & z_2-z_1\\ X_1 & Y_1 & Z_1\\ X_2 & Y_2 & Z_2\end{vmatrix}\neq 0$;

2. 相交:$D=0$, $X_1:Y_1:Z_1\neq X_2:Y_2:Z_2$;

3. 平行:$X_1:Y_1:Z_1=X_2:Y_2:Z_2\neq(x_2-x_1):(y_2-y_1):(z_2-z_1)$;

4. 重合:$X_1:Y_1:Z_1=X_2:Y_2:Z_2=(x_2-x_1):(y_2-y_1):(z_2-z_1)$.

两异面直线的 l_1 与 l_2 的距离为

$$d=\frac{\left\|\begin{matrix} x_2-x_1 & y_2-y_1 & z_2-z_1\\ X_1 & Y_1 & Z_1\\ X_2 & Y_2 & Z_2\end{matrix}\right\|}{\sqrt{\begin{vmatrix} Y_1 & Z_1\\ Y_2 & Z_2\end{vmatrix}^2+\begin{vmatrix} Z_1 & X_1\\ Z_2 & X_2\end{vmatrix}^2+\begin{vmatrix} X_1 & Y_1\\ X_2 & Y_2\end{vmatrix}^2}},\tag{2.4.8}$$

其中(2.4.8) 中的分子表示行列式的绝对值. 公垂线 l_0 的方程为

$$\begin{cases}\begin{vmatrix} x-x_1 & y-y_1 & z-z_1\\ X_1 & Y_1 & Z_1\\ X & Y & Z\end{vmatrix}=0,\\ \begin{vmatrix} x-x_2 & y-y_2 & z-z_2\\ X_2 & Y_2 & Z_2\\ X & Y & Z\end{vmatrix}=0.\end{cases}\tag{2.4.9}$$

其中 $X=\begin{vmatrix} Y_1 & Z_1\\ Y_2 & Z_2\end{vmatrix}$, $Y=\begin{vmatrix} Z_1 & X_1\\ Z_2 & X_2\end{vmatrix}$, $Z=\begin{vmatrix} X_1 & Y_1\\ X_2 & Y_2\end{vmatrix}$是向量 $\boldsymbol{v}_1\times\boldsymbol{v}_2$ 的分量.

定义 2.4.3 两条直线的夹角是指它们的方向向量的夹角或其补角.

设直线 l_1 和 l_2 的方向向量分别是 $\boldsymbol{v}_1$ 和 $\boldsymbol{v}_2$,则 l_1 与 l_2 的夹角

$$\theta=\angle(\boldsymbol{v}_1,\boldsymbol{v}_2)\text{或 }\theta=\pi-\angle(\boldsymbol{v}_1,\boldsymbol{v}_2).$$

例 2.4.2 求直线 $l_1: x-2=\frac{y+1}{-2}=\frac{z-3}{-1}$ 与直线 $l_2:\frac{x}{2}=\frac{y-1}{-1}=\frac{z+1}{-2}$ 之间

的距离与它们的公垂线方程.

解 可见 $\boldsymbol{v}_1=(1,-2,-1)$ 与 $\boldsymbol{v}_2=(2,-1,-2)$ 不平行,则直线 l_1 与 l_2 不平行,且

$$\boldsymbol{v}_1\times\boldsymbol{v}_2=(3,0,3).$$

点 $P_1=(2,-1,3)$ 和 $P_2=(0,1,-1)$ 分别在直线 l_1 和 l_2 上,$\overrightarrow{P_1P_2}=(-2,2,-4)$. 因为

$$(\overrightarrow{P_1P_2},\boldsymbol{v}_1,\boldsymbol{v}_2)=-18\neq 0,$$

所以,直线 l_1 和 l_2 是异面直线. 所求距离为

$$d=\frac{|(\overrightarrow{P_1P_2},\boldsymbol{v}_1,\boldsymbol{v}_2)|}{|\boldsymbol{v}_1\times\boldsymbol{v}_2|}=3\sqrt{2}.$$

根据(2.4.9)得公垂线方程为

$$\begin{cases}\begin{vmatrix}x-2 & y+1 & z-3\\ 1 & -2 & -1\\ 3 & 0 & 3\end{vmatrix}=0,\\ \begin{vmatrix}x & y-1 & z+1\\ 2 & -1 & -2\\ 3 & 0 & 3\end{vmatrix}=0,\end{cases}$$

即

$$\begin{cases}x+y-z+12=0,\\ x+4y-z-5=0.\end{cases}$$

◇

2.4 习 题

1. 求过点 $P(1,1,1)$ 且与两直线

$l_1:\dfrac{x}{1}=\dfrac{y}{2}=\dfrac{z}{3}$, $l_2:\dfrac{x-1}{2}=\dfrac{y-2}{1}=\dfrac{z-3}{4}$

都相交的直线的方程.

2. 在直线方程 $\begin{cases}Ax+By+Cz+D=0\\ A_1x+B_1y+C_1z+D_1=0\end{cases}$ 中,各系数应满足什么条件,才会使直线具有以下各性质:

(1) 经过坐标原点;(2) 与 x 轴平行;(3) 与 y 轴相交;(4) 与 z 轴重合.

3. 判别下列各对直线的相互位置. 如果是异面直线,求出它们之间的距离.

(1) $\begin{cases}x-2y+2z=0\\ 3x+2y-6=0\end{cases}$ 与 $\begin{cases}x+2y-z-11=0\\ 2x+z-14=0\end{cases}$;

(2) $\dfrac{x-3}{3}=\dfrac{y-8}{-1}=\dfrac{z-3}{1}$ 与 $\dfrac{x+3}{-3}=\dfrac{y+7}{2}=\dfrac{z-6}{4}$;

(3) $\begin{cases}x=t\\ y=2t+1\\ z=-t-2\end{cases}$, 与 $\dfrac{x-1}{4}=\dfrac{y-4}{7}=\dfrac{z+2}{-5}$.

4. 求下列各对直线间的最短距离,并求它们的公垂线:

(1) $\dfrac{x-3}{1}=\dfrac{y-1}{1}=\dfrac{z-2}{2}$, $\dfrac{x}{-1}=\dfrac{y-2}{3}=\dfrac{z}{3}$;

(2) $\begin{cases}3x-2y+z=0\\x-3y+5=0\end{cases}$, $\begin{cases}x-3z+2=0\\x+y+z+1=0\end{cases}$;

(3) $\begin{cases}x=3z-1\\y=2z-3\end{cases}$, $\begin{cases}y=2x-5\\z=7x+2\end{cases}$.

5. 设二直线 $\begin{cases}\dfrac{y}{b}+\dfrac{z}{c}=1\\x=0\end{cases}$ 和 $\begin{cases}\dfrac{x}{a}-\dfrac{z}{c}=1\\y=0\end{cases}$ 间的最短距离为 $2d$. 证明:

$$\frac{1}{d^2}=\frac{1}{a^2}+\frac{1}{b^2}+\frac{1}{c^2}.$$

6. 求下列直线间的夹角.

(1) $\dfrac{x}{3}=\dfrac{y+1}{6}=\dfrac{z-5}{2}$ 和 $\dfrac{x}{2}=\dfrac{y}{9}=\dfrac{z+1}{6}$;

(2) $\begin{cases}3x-2y-z=0\\2x+y+z=0\end{cases}$ 和 $\begin{cases}4x+2y-6z-2=0\\y-5z+2=0\end{cases}$

7. 判别下列直线与平面的相关位置.

(1) $\dfrac{x-3}{-2}=\dfrac{y+4}{-7}=\dfrac{z}{3}$ 与 $4x-2y-3z=3$;

(2) $\begin{cases}x=t\\y=-2t+9\\z=9t-4\end{cases}$ 与 $3x-4y+7z-10=0$;

(3) $\begin{cases}x=3z-1\\y=2z-3\end{cases}$ 与平面 $x+y+z=0$.

8. 设一直线与三坐标平面的交角为 α,β,γ. 试证:

$\cos^2\alpha+\cos^2\beta+\cos^2\gamma=2$.

9. 判别下列各对平面的相关位置.

(1) $2x-4y+5z-21=0$ 与 $x-3z+18=0$;

(2) $3x-y+2z+1=0$ 与 $15x+8y-z-2=0$;

(3) $6x+2y-4z+3=0$ 与 $9x+3y-6z-\dfrac{9}{2}=0$;

10. 求下列各组平面所成的角.

(1) $x+y-11=0, 3x+8=0$;

(2) $7x+2y+z=0, 15x+8y-z-2=0$.

11. 设三平行平面 $\pi_i: Ax+By+Cz+D_i=0\ (i=1,2,3)$, L,M,N 是分别属于平面 π_1,π_2,π_3 的任三点, 求 ΔLMN 的重心的轨迹.

§2.5 平面束及其应用

空间中所有平行于同一平面的一族平面称为**平行平面束**. 易见, 在空间直角坐标系 $Oxyz$ 中, 由平面 $\pi: Ax+By+Cz+D=0$ 决定的平行平面束的方程为

$$Ax+By+Cz+\lambda=0. \qquad (2.5.1)$$

其中 λ 是任意实数.

空间中所有通过同一直线的一族平面称为**有轴平面束**，其中直线称为平面束的轴.

定理 2.5.1 设直线 l 的方程为

$$\begin{cases}A_1x+B_1y+C_1z+D_1=0,\\ A_2x+B_2y+C_2z+D_2=0.\end{cases}\tag{2.5.2}$$

则通过直线 l 的有轴平面束的方程是:

$$\lambda_1(A_1x+B_1y+C_1z+D_1)+\lambda_2(A_2x+B_2y+C_2z+D_2)=0,\tag{2.5.3}$$

其中 λ_1,λ_2 是不全为零的任意实数.

证明 首先，对于任意一对不全为零的实数 λ_1,λ_2，方程(2.5.3)必表示一张平面.此时，方程(2.5.3)可写为

$$(\lambda_1A_1+\lambda_2A_2)x+(\lambda_1B_1+\lambda_2B_2)y+(\lambda_1C_1+\lambda_2C_2)z+(\lambda_1D_1+\lambda_2D_2)=0,\tag{2.5.3′}$$

这里三个系数 $\lambda_1A_1+\lambda_2A_2,\lambda_1B_1+\lambda_2B_2,\lambda_1C_1+\lambda_2C_2$ 不能全为零，否则

$$\lambda_1A_1+\lambda_2A_2=0,\lambda_1B_1+\lambda_2B_2=0,\lambda_1C_1+\lambda_2C_2=0,$$

那么得

$$\frac{A_1}{A_2}=\frac{B_1}{B_2}=\frac{C_1}{C_2},$$

这与直线方程(2.5.2)中系数 $\{A_1,B_1,C_1\}$ 和 $\{A_2,B_2,C_2\}$ 不成比例相矛盾，因此(2.5.3')是一个关于 x,y,z 的一次方程，则(2.5.3')或(2.5.3)必表示一张平面.另一方面，直线 l 上的点的坐标满足方程组(2.5.2)，从而必满足方程(2.5.3)，所以对于不全为零的任意实数 λ_1,λ_2，方程(2.5.3)必表示一张通过直线 l 的平面，也即：对于不全为零的任意实数 λ_1,λ_2，方程(2.5.3)必表示以直线 l 为轴的平面束中的平面.

反之，对于任一张通过直线 l 的平面 π，取其不在直线 l 上的一点 $P(x_0,y_0,z_0)$，则 $A_1x_0+B_1y_0+C_1z_0+D_1$ 与 $A_2x_0+B_2y_0+C_2z_0+D_2$ 不能同时为零，否则点 P 的坐标满足方程组(2.5.2)，这与 P 不在直线 l 上相矛盾.容易验证下面方程

$$(A_2x_0+B_2y_0+C_2z_0+D_2)(A_1x+B_1y+C_1z+D_1)+(-A_1x_0-B_1y_0-C_1z_0-D_1)(A_2x+B_2y+C_2z+D_2)=0,\tag{2.5.3″}$$

表示一张过直线 l 和 P 点的平面，即为平面 π 的方程.只要取 $\lambda_1=A_2x_0+B_2y_0+C_2z_0+D_2,\lambda_2=-A_1x_0-B_1y_0-C_1z_0-D_1$，从而平面 π 可写成方程(2.5.3)的形式.因此以直线 l 为轴的平面束中的任一张平面都可写成方程(2.5.3)的形式. □

例 2.5.1 试求经过直线 $l:\begin{cases}x+2y-z=0\\ x+z+2=0\end{cases}$ 并且与平面 $\pi:-x-2y+z-1=0$ 的夹角是 45° 的平面的方程.

解 设经过直线 l 的平面束方程为

$$\lambda_1(x+2y-z)+\lambda_2(x+z+2)=0,$$

即 $(\lambda_1+\lambda_2)x+2\lambda_1y+(\lambda_2-\lambda_1)z+2\lambda_2=0$.由题设条件，可知

$$\cos 45^\circ=\frac{|-\lambda_1-\lambda_2-4\lambda_1+\lambda_2-\lambda_1|}{\sqrt{6[(\lambda_1+\lambda_2)^2+4\lambda_1^2+(\lambda_2-\lambda_1)^2]}},$$

即

$$\frac{|-6\lambda_1|}{\sqrt{6(6\lambda_1^2+2\lambda_2^2)}}=\frac{\sqrt{2}}{2}.$$

将上式两边平方后化简，可得

$$\lambda_1:\lambda_2=1:\sqrt{3}\text{ 或 }\lambda_1:\lambda_2=1:(-\sqrt{3}).$$

因此，所求平面的方程为

$$(1+\sqrt{3})x+2y+(\sqrt{3}-1)z+2\sqrt{3}=0$$

或
$$(1-\sqrt{3})x-2y-(\sqrt{3}+1)z-2\sqrt{3}=0.$$
◇

例 2.5.2 试证两直线

$$l_1:\begin{cases}A_1x+B_1y+C_1z+D_1=0,\\A_2x+B_2y+C_2z+D_2=0,\end{cases}\text{与 }l_2:\begin{cases}A_3x+B_3y+C_3z+D_3=0,\\A_4x+B_4y+C_4z+D_4=0,\end{cases}$$

在同一平面上的充要条件是

$$\begin{vmatrix}A_1&B_1&C_1&D_1\\A_2&B_2&C_2&D_2\\A_3&B_3&C_3&D_3\\A_4&B_4&C_4&D_4\end{vmatrix}=0 \tag{2.5.4}$$

证明 通过直线 l_1 的有轴平面束的方程是

$$\lambda_1(A_1x+B_1y+C_1z+D_1)+\lambda_2(A_2x+B_2y+C_2z+D_2)=0, \tag{2.5.5}$$

其中 λ_1,λ_2 是不全为零的任意实数；通过直线 l_2 的有轴平面束的方程是：

$$\lambda_3(A_3x+B_3y+C_3z+D_3)+\lambda_4(A_4x+B_4y+C_4z+D_4)=0, \tag{2.5.6}$$

其中 λ_3,λ_4 是不全为零的任意实数. l_1 和 l_2 在同一平面上的充要条件是存在不全为零的实数对 λ_1,λ_2 和 λ_3,λ_4 使得方程(2.5.5)和(2.5.6)表示同一张平面，也即存在非零实数 t 使得下式成立

$$\begin{aligned}&\lambda_1(A_1x+B_1y+C_1z+D_1)+\lambda_2(A_2x+B_2y+C_2z+D_2)\\&\quad\equiv t[\lambda_3(A_3x+B_3y+C_3z+D_3)+\lambda_4(A_4x+B_4y+C_4z+D_4)],\end{aligned} \tag{2.5.7}$$

化简整理后得

$$\begin{aligned}&(\lambda_1A_1+\lambda_2A_2-t\lambda_3A_3-t\lambda_4A_4)x\\&\quad+(\lambda_1B_1+\lambda_2B_2-t\lambda_3B_3-t\lambda_4B_4)y\\&\quad+(\lambda_1C_1+\lambda_2C_2-t\lambda_3C_3-t\lambda_4C_4)z\\&\quad+(\lambda_1D_1+\lambda_2D_2-t\lambda_3D_3-t\lambda_4D_4)\equiv0,\end{aligned}$$

所以

$$\begin{cases}\lambda_1A_1+\lambda_2A_2-t\lambda_3A_3-t\lambda_4A_4=0,\\\lambda_1B_1+\lambda_2B_2-t\lambda_3B_3-t\lambda_4B_4=0,\\\lambda_1C_1+\lambda_2C_2-t\lambda_3C_3-t\lambda_4C_4=0,\\\lambda_1D_1+\lambda_2D_2-t\lambda_3D_3-t\lambda_4D_4=0;\end{cases} \tag{2.5.8}$$

由于 $\lambda_1,\lambda_2,\lambda_3,\lambda_4$ 不全为零，所以

$$\begin{vmatrix} A_1 & A_2 & -tA_3 & -tA_4 \\ B_1 & B_2 & -tB_3 & -tB_4 \\ C_1 & C_2 & -tC_3 & -tC_4 \\ D_1 & D_2 & -tD_3 & -tD_4 \end{vmatrix} = 0,$$

由于 $t \neq 0$,两直线 l_1 和 l_2,则

$$D = \begin{vmatrix} A_1 & B_1 & C_1 & D_1 \\ A_2 & B_2 & C_2 & D_2 \\ A_3 & B_3 & C_3 & D_3 \\ A_4 & B_4 & C_4 & D_4 \end{vmatrix} = 0.$$

□

反之,若行列式 $D=0$,则关于 $\lambda_1,\lambda_2,t\lambda_3,t\lambda_4$ 的齐次线性方程组(2.5.8)有非零解.不妨设 $\lambda_1 \neq 0$,可以证明,$t\lambda_3$ 与 $t\lambda_4$ 不全为零.否则,由(2.5.8)知 $A_1:A_2=B_1:B_2=C_1:C_2=D_1:D_2=\lambda_2:(-\lambda_1)$,从而线 l_1 中两平面平行,与题设矛盾.因此(2.5.7)成立,从而线 l_1 与线 l_2 共面.

2.5 习 题

1. 证明三平面 $2x-y+1=0$,$x+2y+z+2=0$,$3x+y+z+3=0$ 属于同一平面束,并求束中通过点 (1)$P_1(1,0,1)$;(2)$P_2(-1,2,1)$;(3)$O(0,0,0)$ 的平面方程.

2. 求满足下列条件的平面方程.

(1) 通过直线 $\begin{cases} x+y+z=0 \\ 2x-y+3z=0 \end{cases}$ 且平行于直线 $x-1=2y=3z$;

(2) 通过直线 $\begin{cases} 4x-y+3z-1=0 \\ x+5y=0 \end{cases}$ 与平面 $2x-y+5z-3=0$ 垂直;

(3) 通过直线 $\begin{cases} x+3y-5=0 \\ x-y-2z+4=0 \end{cases}$ 且在 x 轴和 y 轴上的截距相等;

(4) 通过直线 $\dfrac{x-1}{0}=\dfrac{y-2}{2}=\dfrac{z+2}{-3}$ 且与点 $P(2,2,2)$ 的距离等于 2 的平面.

3. 一平面与 xOy 平面的交线为 $\begin{cases} 2x+y-2=0 \\ z=0 \end{cases}$,且与三坐标平面构成一个体积为 2 的四面体.求这平面的方程.

第3章　二次曲面

本章要介绍一些常见的曲面，如柱面、锥面、旋转面及其他二次曲面. 在这些曲面中，有的表现出明显的几何特征，有的曲面方程表现出极其简单的形式，前者从几何特征出发，建立曲面的方程，而后者从方程出发，确定其图像及其几何性质. 最后我们给出一般的二次曲面的分类. 与上一章情况类似，对于不涉及有关距离与夹角等的度量性质时，我们可以采用仿射坐标系进行讨论. 否则，用直角坐标系更简洁. 为了方便，我们在下面叙述时，往往更多采用直角坐标系.

§3.1　柱面、锥面和旋转面

3.1.1　柱面

定义 3.1.1　由平行于定方向且与一条定曲线相交的一族平行直线所构成的曲面称为柱面，其中定曲线称为**柱面的准线**，平行直线族中的每条直线称为**柱面的直母线**，定方向称为**直母线方向或柱面方向**.

显然，平面为柱面. 一般来说，柱面的准线是不唯一的，但柱面方向是唯一的(平面除外). 由定义 3.1.1 可知，柱面被其准线及柱面方向所唯一确定. 它既是准线沿柱面方向平行移动的轨迹，也是直母线沿准线平行移动的轨迹.

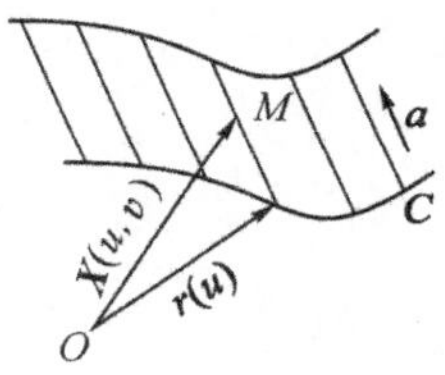

图 3-1

如图 3-1，设准线 C 的向量式参数方程为 $\boldsymbol{r}(u)=(f(u),g(u),h(u))$，$u\in[a,b]$，柱面方向为 $\boldsymbol{a}=(l,m,n)$，则柱面的向量式参数方程为

$$\boldsymbol{X}(u,v)=\boldsymbol{r}(u)+v\,\boldsymbol{a},\tag{3.1.1}$$

其中 $u\in[a,b]$，$\infty<v<+\infty$.

若准线 C 一般方程为

$$\begin{cases}F(x,y,z)=0,\\G(x,y,z)=0.\end{cases}\tag{3.1.2}$$

柱面方向为 $\boldsymbol{a}=(l,m,n)$，我们可建立柱面一般形式方程.

事实上，设 $M(x,y,z)$ 为柱面上任一点，过 M 点的直母线与准线 C 的交点为 $P(x_1,y_1,z_1)$，则点 M 的坐标满足方程

$$\frac{x-x_1}{l}=\frac{y-y_1}{m}=\frac{z-z_1}{n},\tag{3.1.3}$$

又

$$F(x_1,y_1,z_1)=0,\ G(x_1,y_1,z_1)=0. \tag{3.1.4}$$

联立(3.1.3)与(3.1.4),消去参数 x_1,y_1,z_1 得柱面的一般形式方程.

特例:

1) 以 $C:\begin{cases}F(x,y)=0\\ z=0\end{cases}$ 为柱面的准线,以 z 轴方向为柱面方向的柱面方程为 $F(x,y)=0$. 类似地,$G(x,z)=0$,$H(y,z)=0$ 分别表示母线平行于 y 轴,x 轴的柱面方程. 如 $\frac{x^2}{a^2}+\frac{y^2}{b^2}=1$,$\frac{x^2}{a^2}-\frac{y^2}{b^2}=1$,$x^2=2pz$ 分别表示母线平行于 z 轴,z 轴和 y 轴的柱面,它们依次称为**椭圆柱面、双曲柱面和抛物柱面**.

2) 当准线为某平面 π 上的圆,母线方向为 π 的法向量 $\boldsymbol{n}$ 时,这样得到的柱面正是圆柱面,该圆的半径为圆柱面的半径,过该圆的圆心,方向向量为 $\boldsymbol{n}$ 的直线 l 为该圆柱面的轴. 圆柱面可看成到轴的距离等于半径的点的轨迹. 关于圆柱面的介绍,参见第二章第一节的内容.

例 3.1.1 设柱面的准线方程为

$$\begin{cases}x^2+y^2+z^2=1\\ x+y+z=0\end{cases}$$

柱面方向为 $\boldsymbol{a}=(1,1,1)$,求该柱面的方程.

解 设 $M(x,y,z)$ 为柱面上任一点, 过 M 点的直母线与准线 C 的交点为 $P(x_1,y_1,z_1)$,则点 M 的坐标满足方程 $\frac{x-x_1}{1}=\frac{y-y_1}{1}=\frac{z-z_1}{1}$,设其值为 t,即

$$\begin{cases}x_1=x-t,\\ y_1=y-t,\\ z_1=z-t.\end{cases}$$

又

$$\begin{cases}x_1^2+y_1^2+z_1^2=1,\\ x_1+y_1+z_1=0.\end{cases}$$

从上述两组方程消去参数 x_1,y_1,z_1,t,得柱面方程

$$2(x^2+y^2+z^2-xy-yz-xz)=3.$$

◇

例 3.1.2 设圆柱面上过点 $P(2,0,1)$,轴为 $\frac{x-1}{1}=\frac{y}{1}=\frac{z+1}{-1}$,求该圆柱面的方程.

解法一 因圆柱面的母线方向为 $\boldsymbol{a}=(1,1,-1)$,若能求出准线方程,则可按例 3.1.1 的方法求圆柱面方程.

在轴上取一点 $Q(1,0,-1)$,则 $|PQ|=\sqrt{5}$. 圆柱面的准线可看成以 Q 点为球心,以 $|PQ|=\sqrt{5}$ 为半径的球面与过 P 点垂直于轴的平面的交线. 于是准线方程为

$$\begin{cases}(x-1)^2+y^2+(z+1)^2=5,\\ (x-2)+y+(z-1)=0.\end{cases}$$

由例 3.1.1 的方法求得圆柱面方程为

$$x^2+y^2+z^2-xy+xz+yz-x+2y+z=6.$$

解法二 由于圆柱面的半径为点 P 到轴的距离

$$d=\frac{|\overrightarrow{PQ}\times \boldsymbol{a}|}{|\boldsymbol{a}|}=\frac{1}{3}\sqrt{42}.$$

又圆柱面是到轴的距离等于半径的点的轨迹，于是有

$$\frac{|\overrightarrow{PM}\times \boldsymbol{a}|}{|\boldsymbol{a}|}=\frac{1}{3}\sqrt{42}.$$

其中 $M(x,y,z)$ 为圆柱面上任一点. 这等价于

$$(y+z+1)^2+(x+z)^2+(1-x+y)^2=14,$$

即

$$x^2+y^2+z^2-xy+xz+yz-x+2y+z=6.$$ ◇

3.1.2 锥面

定义 3.1.2 过一定点 M_0 且与不过 M_0 的定曲线相交的一族直线构成的曲面称为**锥面**，其中这族直线中每一条直线称为锥面的母线，定曲线称为**锥面的准线**，定点称为**锥面的顶点**，简称**锥顶**，如图 3-2 所示.

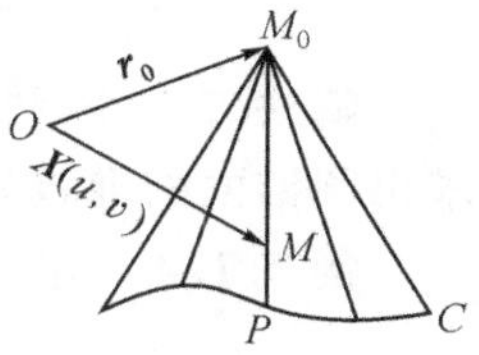

图 3-2

平面是一种特殊的锥面，它上面的每一点都可作为锥顶，一般来说，锥面的准线是不唯一的，但锥顶是确定的(平面除外). 锥面被其准线和锥顶所唯一确定.

设 $\boldsymbol{r}(u)=(f(u),g(u),h(u))$，$u\in[a,b]$ 是 R^3 中的一条曲线. $\boldsymbol{r}_0=(x_0,y_0,z_0)$ 是点 M_0 的向径，以 C 为准线，M_0 为顶点的锥面的向量式参数方程为

$$\boldsymbol{X}(u,v)=\boldsymbol{r}_0+v(\boldsymbol{r}(u)-\boldsymbol{r}_0), \tag{3.1.5}$$

其中 $u\in[a,b]$，$-\infty<v<+\infty$.

若准线 C 的一般方程

$$\begin{cases}F(x,y,z)=0\\ G(x,y,z)=0.\end{cases} \tag{3.1.6}$$

锥顶为 $M_0(x_0,y_0,z_0)$. 设 $M(x,y,z)$ 为锥面上任一点，过 M 点的直母线 M_0M 与准线 C 的交点为 $P(x_1,y_1,z_1)$，则

$$\begin{cases}x=x_0+t(x_1-x_0),\\ y=y_0+t(y_1-y_0),\\ z=z_0+t(z_1-z_0).\end{cases} \tag{3.1.7}$$

又

$$\begin{cases}F(x_1,y_1,z_1)=0,\\ G(x_1,y_1,z_1)=0\end{cases} \tag{3.1.8}$$

联立(3.1.7) 与(3.1.8)，消去参数 x_1,y_1,z_1,t 得锥面的一般形式方程.

特别地，当准线是某平面 π 上的圆，且锥顶与该圆的圆心连线垂直于平面 π 时，这样的锥面称为**圆锥面**，其中锥顶与圆心的连线称为**圆锥的轴**，圆锥面的轴与其母线的夹角称为**圆锥面的半顶角**. 圆锥面被其顶点，轴与半顶角所唯一确定. 关于圆锥面的详细介绍，参见第二章第一节.

例 3.1.3 求顶点是 $M_0(1,0,0)$，轴与平面 $x+y-z+1=0$ 垂直，母线与轴夹角是 $\frac{\pi}{6}$ 的圆锥面方程.

解法一 设 $M(x,y,z)$ 为圆锥面上任一点，则过 M 点的直母线的方向向量为 $\boldsymbol{a}=\overrightarrow{M_0M}=(x-1,y,z)$，轴的方向为 $\boldsymbol{n}=(1,1,-1)$，依题意得

$$\frac{\boldsymbol{a}\cdot\boldsymbol{n}}{|\boldsymbol{a}|\cdot|\boldsymbol{n}|}=\pm\cos\frac{\pi}{6},$$

即

$$\frac{(x-1)+y-z}{\sqrt{(x-1)^2+y^2-z^2}\cdot\sqrt{3}}=\pm\frac{\sqrt{3}}{2},$$

化简得圆锥面方程为

$$5x^2+5y^2+5z^2-8xy+8xz+8yz-10x+8y-8z+5=0.$$

解法二 可利用求锥面的一般方法来求圆锥面方程. 类似于例 3.1.2 中解法一，先求出圆锥面的准线方程，然后求锥面方程. 这里从略，请读者自己考虑. ◇

例 3.1.4 求以原点为锥顶，准线为

$$\begin{cases}f(x,y)=0\\ z=h\end{cases}$$

的锥面方程. 这里 h 是不为零的常数.

解 设 $M(x,y,z)$ 为锥面上任一点，过 M 点的直母线与准线的交点为 $P(x_1,y_1,z_1)$，则由(3.1.7)与(3.1.8)得

$$\begin{cases}x=x_1t,\\ y=y_1t\\ z=z_1t=ht,\\ f(x_1,y_1)=0\end{cases}$$

消去参数 x_1,y_1,t，得 $f\left(\frac{hx}{z},\frac{hy}{z}\right)=0$ 即为锥面方程. ◇

特别地，当 $f(x,y)$ 是二元二次多项式时，$f\left(\frac{hx}{z},\frac{hy}{z}\right)=0$ 的两边同乘以 z^2，可得到一个二次齐次的方程，这时的锥面称为**二次锥面**. 如 $\frac{x^2}{a^2}+\frac{y^2}{b^2}-\frac{z^2}{c^2}=0$ 表示顶点在原点，以平面 $z=c$ 上椭圆 $\frac{x^2}{a^2}+\frac{y^2}{b^2}=1$ 为准线的二次锥面.

更一般地，有

定义 3.1.3 设 n 是实数，函数 $F(x,y,z)$ 满足 $F(tx,ty,tz)=t^nF(x,y,z)$，则称 $F(x,y,z)$ 为关于 x,y,z 的 **n 次齐次函数**，$F(x,y,z)=0$ 称为关于 x,y,z 的 **n 次齐次方程**.

定理 3.1.1 关于 x,y,z 的 n 次齐次方程表示以坐标原点为顶点的锥面.

证明 设 $F(x,y,z)=0$ 是关于 x,y,z 的 n 次齐次方程，则由齐次方程定义得 $F(0,0,0)=0$，即原点 $O(0,0,0)$ 在 $F(x,y,z)=0$ 所表示的曲面上. 设 $P(x_1,y_1,z_1)$ 为曲

面上任一点，于是直线 OP 上的点可表示为 (tx_1, ty_1, tz_1)，由齐次方程定义可知直线 OP 上所有点都在此曲面上，从而曲面由过原点的直线所构成，因此曲面为锥面. □

利用坐标轴的平移(见 § 3.4)，可得

推论 关于 $x-x_0, y-y_0, z-z_0$ 的齐次方程表示顶点在 (x_0, y_0, z_0) 的锥面.

3.1.3 旋转面

定义 3.1.3 一条曲线 C 绕一条定直线 l 旋转所产生的曲面称为**旋转面**，其中曲线 C 称为**旋转面的母线**，定直线 l 称为**旋转轴**，简称为**轴**(图 3-3).

由旋转面定义可知，过旋转面上任一点作垂直于旋转轴的平面，它与旋转面的交线是一个圆，该圆称为旋转面的**纬圆**或**纬线**，过旋转轴并以旋转轴为界的半平面与旋转面的交线为旋转面的**母线**，也称为旋转面的**经线**.

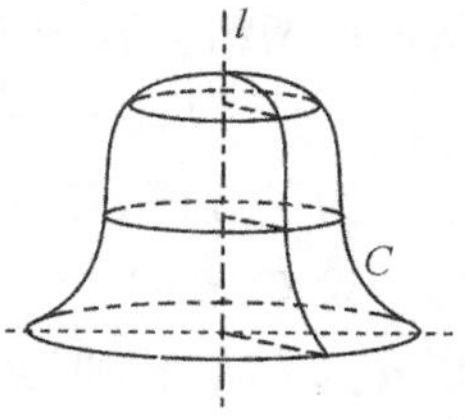

图 3-3

旋转面是很常见的一类曲面，如圆柱面和圆锥面都可看成由直母线绕其轴旋转而成的曲面. 平面与球面也是旋转面，平面可看成一直线绕与之垂直的直线旋转而成的曲面，而球面可看成一个大圆绕着它的一条直径旋转而成的曲面.

下面我们来建立旋转面的方程.

设旋转面的母线为

$$C:\begin{cases}F(x,y,z)=0,\\ G(x,y,z)=0.\end{cases} \tag{3.1.9}$$

旋转轴 l 的方程为

$$\frac{x-x_0}{l}=\frac{y-y_0}{m}=\frac{z-z_0}{n}. \tag{3.1.10}$$

设 $M(x,y,z)$ 为旋转面上任一点，过 M 点的纬圆与母线 C 交于点 $P(x_1,y_1,z_1)$，因过 P 的纬圆可看成过 P 点且与轴正交的平面和以 $Q(x_0,y_0,z_0)\in l$ 为球心，以 $|QP|$ 为半径的球面的交线，则过 P 的纬圆方程可写成

$$\begin{cases}l(x-x_1)+m(y-y_1)+n(z-z_1)=0,\\ (x-x_0)^2+(y-y_0)^2+(z-z_0)^2=(x_1-x_0)^2+(y_1-y_0)^2+(z_1-z_0)^2\end{cases} \tag{3.1.11}$$

由于 M 在纬圆上，所以点 M 的坐标满足(3.1.11). 又点 $P(x_1, y_1, z_1)$ 在母线 C 上，则

$$\begin{cases}F(x_1,y_1,z_1)=0,\\ G(x_1,y_1,z_1)=0.\end{cases} \tag{3.1.12}$$

于是只要在(3.1.11)，(3.1.12) 中消去参数 x_1, y_1, z_1 得旋转面的方程，如图 3-4 所示.

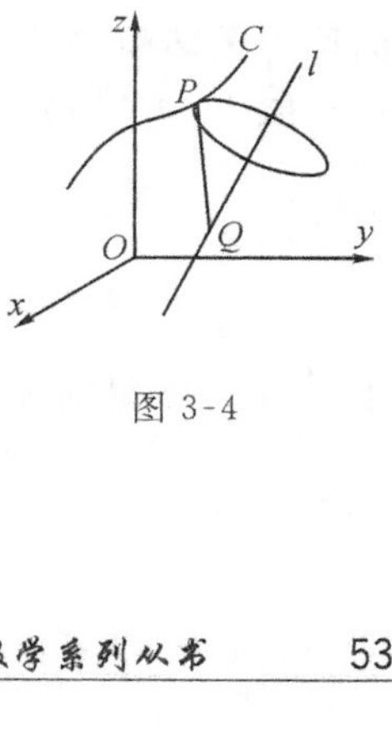

图 3-4

例 3.1.5 求直线 $l_1: x-1=\frac{y}{-3}=\frac{z}{3}$ 绕直线 $l_2: \frac{x}{2}=\frac{y}{1}=\frac{z}{-2}$

旋转所得的旋转面方程.

解 设 $M(x,y,z)$ 为旋转面上任一点，过 M 点的纬圆与直线 l_1 交于点 $P(x_1,y_1,z_1)$,因过 P 的纬圆方程可写成为

$$\begin{cases}2(x-x_1)+(y-y_1)-2(z-z_1)=0\\ x^2+y^2+z^2=x_1^2+y_1^2+z_1^2.\end{cases}$$

显然 M 的坐标满足上述方程，又 $P(x_1,y_1,z_1)\in l_1$,则

$$\begin{cases}y_1=-3(x_1-1),\\ z_1=3(x_1-1).\end{cases}$$

从上面两组方程中消去参数 x_1,y_1,z_1 得所求旋转面方程为

$$49(x^2+y^2+z^2)=(2z-2x-y+9)^2+18(2z-2x-y+2)^2.$$

为了方便,若取旋转轴为坐标轴,我们还可得到旋转面的参数方程.

设 $C:\boldsymbol{r}(u)=(f(u),g(u),h(u))$, $u\in[a,b]$ 为旋转面的母线,$a\leqslant u\leqslant b$,旋转轴为 z 轴. 如图 3-5 所示.

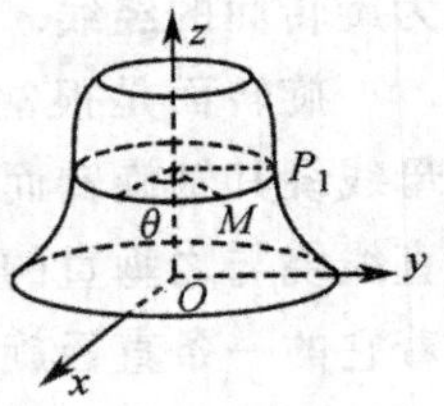

图 3-5

设 $M(x,y,z)$ 为旋转面上任一点，它是由母线 C 上的一点 $P_1(f(u),g(u),h(u))$ 绕 z 轴旋转所得，则过 M 的纬圆半径为 $\sqrt{f^2(u)+g^2(u)}$,于是旋转曲面的参数方程为

$$\begin{cases}x=\sqrt{f^2(u)+g^2(u)}\cos\theta,\\ y=\sqrt{f^2(u)+g^2(u)}\sin\theta,\\ z=h(u),\end{cases}$$

其中 $a\leqslant u\leqslant b$,θ 表示点 M 与纬圆圆心的连线与 x 轴的夹角,$0\leqslant\theta\leqslant 2\pi$. 旋转曲面的参数方程也可写为

$$\boldsymbol{X}(u,\theta)=(\sqrt{f^2(u)+g^2(u)}\cos\theta,\sqrt{f^2(u)+g^2(u)}\sin\theta,h(u)).\qquad(3.1.13)$$

类似地可得到曲线 C 绕 x 轴,y 轴旋转所得旋转面的参数方程分别为

$$\boldsymbol{X}(u,\theta)=(f(u),\sqrt{g^2(u)+h^2(u)}\cos\theta,\sqrt{g^2(u)+h^2(u)}\sin\theta),$$

$$\boldsymbol{X}(u,\theta)=(\sqrt{f^2(u)+h^2(u)}\cos\theta,g(u),\sqrt{f^2(u)+h^2(u)}\sin\theta),$$

其中 $a\leqslant u\leqslant b$, $0\leqslant\theta\leqslant 2\pi$.

例 3.1.6 坐标面 Oyz 上的圆 $\begin{cases}(y-b)^2+z^2=a^2\\ x=0\end{cases}$ $(b>a>0)$ 绕 z 轴旋转而成的曲面称为**圆环面**(如图 3-6-1), 求圆环面的方程.

解 由于 Oyz 平面上圆的参数方程为

$$\begin{cases}x=0,\\ y=b+a\cos u,\\ z=a\sin u.\end{cases}\qquad\begin{pmatrix}0\leqslant u\leqslant 2\pi\\ 0<a<b\end{pmatrix}.$$

由(3.1.13) 得圆环面参数方程为

$$\begin{cases} x = (b + a\cos u)\cos\theta, \\ y = (b + a\cos u)\sin\theta, \\ z = a\sin u. \end{cases} \quad \begin{pmatrix} 0 \leqslant u \leqslant 2\pi \\ 0 < a < b \end{pmatrix}.$$

它的一般形式方程为

$$(\sqrt{x^2 + y^2} - b)^2 + z^2 = a^2$$

即

$$(x^2 + y^2 + z^2 + b^2 - a^2)^2 = 4b^2(x^2 + y^2)$$

圆环面的母线是半径为 a 的圆，圆心轨迹是 Oxy 面上以原点为中心，半径等于 b 的圆(如图 3-6-2).

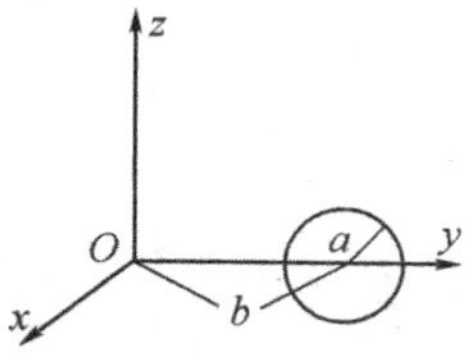

图 3-6-1

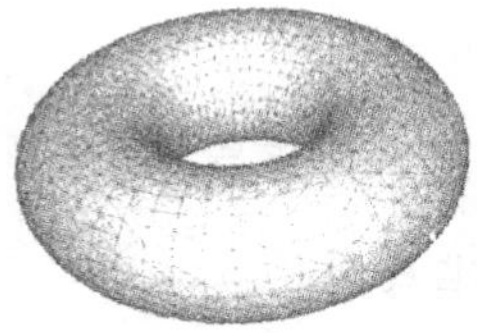

图 3-6-2

一般来说，当旋转面的母线是坐标面上的曲线，旋转轴为某坐标轴时，旋转曲面方程有其特殊的形式.

设 Oyz 面上的曲线 C：$\begin{cases} f(x,z) = 0, \\ y = 0 \end{cases}$ 为旋转面上的母线，旋转轴为 z 轴，利用例 3.1.5 上方建立旋转面方程的方法可得该旋转面的方程为 $f(\pm\sqrt{x^2 + y^2}, z) = 0$．同样，曲线 C 绕 x 轴所得旋转面的方程为 $f(x, \pm\sqrt{y^2 + z^2}) = 0$. 对于其他坐标面上的曲线，绕坐标轴所得的旋转面，其方程可类似地给出.

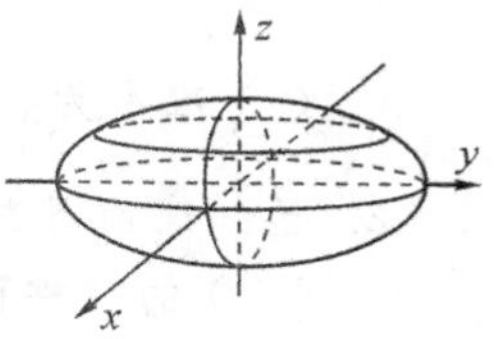

图 3-7

例如，例 3.1.6 中的圆环面方程可由上述规律直接写出. 除此之外，还有椭圆 $\begin{cases} \dfrac{y^2}{b^2} + \dfrac{z^2}{c^2} = 1 \\ x = 0 \end{cases}$ 绕 z 轴旋转所得的旋转面方程为 $\dfrac{x^2 + y^2}{b^2} + \dfrac{z^2}{c^2} = 1$，该旋转面称为**旋转椭球面**，如图 3-7 所示.

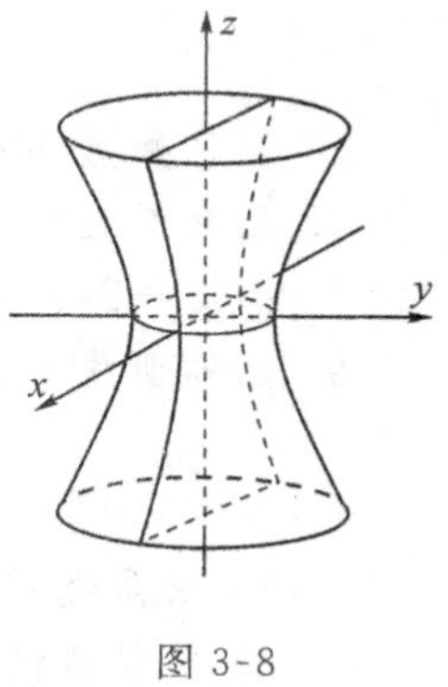

图 3-8

双曲线 $\begin{cases} \dfrac{y^2}{b^2} - \dfrac{z^2}{c^2} = 1 \\ x = 0 \end{cases}$ 绕虚轴 z 轴旋转所得的旋转面方程为 $\dfrac{x^2 + y^2}{b^2} - \dfrac{z^2}{c^2} = 1$，该曲面称为**旋转单叶双曲面**，如图 3-8 所示.

双曲线 $\begin{cases} \dfrac{y^2}{b^2} - \dfrac{z^2}{c^2} = 1 \\ x = 0 \end{cases}$ 绕实轴 y 轴旋转所得的旋转面方程为 $\dfrac{y^2}{b^2} - \dfrac{x^2 + z^2}{c^2} = 1$，该曲面称为**旋转双叶双曲面**，如图 3-9 所示.

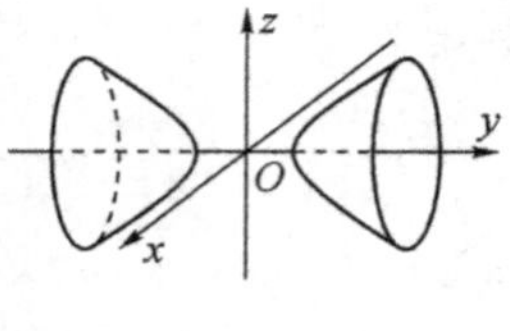

图 3-9

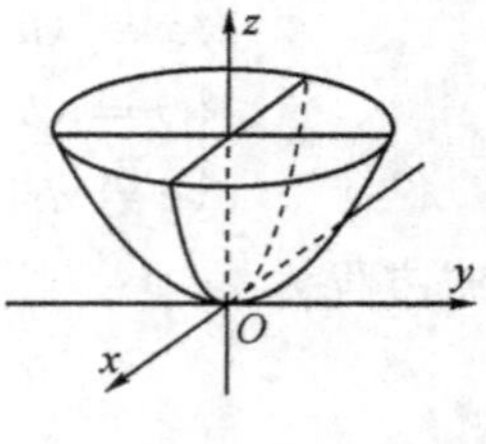

图 3-10

抛物线$\begin{cases} y^2 = 2pz \\ x = 0 \end{cases}$（$p > 0$）绕 z 轴旋转所得的旋转面方程为 $x^2 + y^2 = 2pz$，该曲面称为旋转抛物面，如图 3-10.

3.1 习 题

1. 求下列柱面方程

(1) 准线为$\begin{cases} x^2 = 2z, \\ y = 0, \end{cases}$ 母线平行于 y 轴；

(2) 准线为$\begin{cases} x^2 + y^2 = 25, \\ z = 0, \end{cases}$ 母线方向为 $\boldsymbol{a} = (1, -1, 1)$

(3) 准线为$\begin{cases} x + y - z - 1 = 0, \\ x - y + z = 0, \end{cases}$ 母线平行于直线 $x = y = z$；

(4) 准线为$\begin{cases} x = y^2 + z^2, \\ x = 2z, \end{cases}$ 母线垂直于准线所在的平面.

2. 已知球面 S 的半径为 2，球心坐标为 $(0, 1, -1)$，求球面 S 的平行于向量 $\boldsymbol{a} = (1, 1, 1)$ 的切柱面方程.

3. 设圆柱面的轴为

$$\begin{cases} x = t \\ y = 1 + 2t, \\ z = -3 - 2t, \end{cases}$$

且已知点 $M(1, -2, 1)$ 在这个圆柱面上，求这个圆柱面的方程.

4. 已知圆柱面的三条直母线分别为 $x = y = z$，$x + 1 = y = z - 1$，$x - 1 = y + 1 = z - 2$，求这个圆柱面的方程.

5. 已知曲线 C 的方程为

$$\begin{cases} x^2 + y^2 + z^2 = a^2, \\ x^2 + y^2 - ax = 0, \end{cases}$$

1）求曲线 C 关于坐标面的射影柱面方程；

2）求以曲线 C 为准线，母线平行于方向为 (l, m, n) 的柱面的参数方程.

6. 求下列锥面方程.

1）顶点为 $(0, 1, 1)$，准线为$\begin{cases} x^2 - 2y^2 = 1, \\ z = 2; \end{cases}$

2）顶点为原点，准线为$\begin{cases} x^2 + y^2 + z^2 = 4, \\ x + y + z = 1; \end{cases}$

3) 顶点为(0,0,2),准线为$\begin{cases}x^2+y^2+z^2=4y,\\ z=1.\end{cases}$

7. 求下列圆锥面方程.

1) 顶点为(1,0,2),轴与平面$2x+2y-z+1=0$垂直,半顶角为$\frac{\pi}{6}$;

2) 顶点为(1,−1,0),轴平行于直线$\frac{x-1}{2}=\frac{y-1}{2}=\frac{z-1}{1}$,经过(1,2,−1);

3) 球面$(x+1)^2+(y-2)^2+(z+2)^2=4$的以原点为顶点的外切锥面.

8. 求以原点为顶点,包含三条坐标轴的圆锥面方程.

9. 求下列旋转曲面的方程.

1) 直线$\frac{x}{2}=\frac{y}{2}=\frac{z-1}{-1}$绕直线$\frac{x}{1}=\frac{y}{-1}=\frac{z-1}{2}$旋转;

2) 抛物线$\begin{cases}y^2=2x\\ z=0\end{cases}$绕其准线旋转;

3) $\begin{cases}xy=a^2\\ z=0\end{cases}$绕该曲线的渐近线旋转;

4) 曲线$\begin{cases}z=x^2-y^2,\\ x^2+y^2-z^2=1\end{cases}$绕$z$轴旋转.

10. 设直线l_1:$\frac{x-a}{1}=\frac{y}{-1}=\frac{z}{1}$与直线$l_2$:$\begin{cases}x-z=0\\ y=1\end{cases}$相交,求$a$及$l_2$绕$l_1$旋转所得的曲面方程.

11. 证明$y^4=4p^2(x^2+z^2)$是旋转曲面,并指出它的母线与轴.

§3.2 其他二次曲面

本节主要从曲面的方程出发,考虑其几何特征及图像,对空间曲面一般用平面截线法来讨论其图像.

3.2.1 椭球面

在空间直角坐标系下,由方程

$$\frac{x^2}{a^2}+\frac{y^2}{b^2}+\frac{z^2}{c^2}=1\ (\text{其中 } a,b,c \text{ 为正常数}) \tag{3.2.1}$$

所确定的曲面称为**椭球面**.特别地,当a,b,c有两个相等时,(3.2.1)表示**旋转椭球面**,当$a=b=c$时,(3.2.1)表示球面.

下面来讨论椭球面的几何特征及其图像.

1) 范围

由方程(3.2.1)可知,$|x|\leqslant a$,$|y|\leqslant b$,$|z|\leqslant c$.故曲面包含在由六个平面$x=\pm a$,$y=\pm b$,$z=\pm c$所围成的长方体中.

2) 对称性

x用$-x$,y用$-y$,z用$-z$来代替,方程(3.2.1)不变,这表明椭球面关于三个坐标面,三个坐标轴及原点都是对称的,此时原点称为椭球面的中心.

3) 与三个坐标轴的交点及与平行于坐标面的平面的交线

椭球面与三个坐标轴交点分别为$(\pm a,0,0)$,$(0,\pm b,0)$,$(0,0,\pm c)$,这六个点称为椭球面的**顶点**,若$a>b>c$,则a,b,c分别称为椭球面的**长半轴**、**中半轴**和**短半轴**.

用平行于Oxy面的平面$z=h$来截椭球面,交线方程为

$$\begin{cases}\dfrac{x^2}{a^2}+\dfrac{y^2}{b^2}=1-\dfrac{z^2}{c^2},\\ z=h.\end{cases} \tag{3.2.2}$$

当$h=0$时,(3.2.2)表示Oxy面上的椭圆.

当$0\neq h<c$时,(3.2.2)表示平面$z=h$上的一个椭圆,它的两个半轴分别为$a\sqrt{1-\dfrac{h^2}{c^2}}$,$b\sqrt{1-\dfrac{h^2}{c^2}}$,它们随$|h|$的增大而减小.

当$|h|=c\neq 0$时,(3.2.2)表示交线退化成z轴上的一点$(0,0,c)$或$(0,0,-c)$.

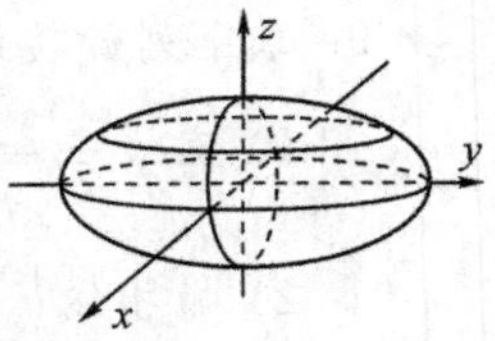

图 3-11

当$|h|>c>0$时,平面$z=h$与曲面无交线.

类似地,用平面$y=h$,$x=h$分别截椭球面,所得交线也是椭圆,讨论方法同上.由上面的讨论可知,椭球面的形状如图3-11.

3.2.2 双曲面

1. 单叶双曲面

在空间直角坐标系下,由方程

$$\frac{x^2}{a^2}+\frac{y^2}{b^2}-\frac{z^2}{c^2}=1 \quad (a,b,c\text{为正常数}) \tag{3.2.3}$$

所确定的曲面称为**单叶双曲面**.

下面来讨论单叶双曲面的形状.

1) 对称性 曲面关于三个坐标面、三个坐标轴及坐标原点均对称.

2) 与坐标轴的交点及与平行于坐标面的平面的交线.

曲面与x轴,y轴分别交于点$(\pm a,0,0)$,$(0,\pm b,0)$,与z轴不相交.若用平面$z=h$截单叶双曲面,则截线方程为

$$\begin{cases}\dfrac{x^2}{a^2}+\dfrac{y^2}{b^2}=1+\dfrac{h^2}{c^2},\\ z=h.\end{cases} \tag{3.2.4}$$

当$h=0$时,交线(3.2.4)表示Oxy面上的椭圆,该椭圆称为单叶双曲面的**腰椭圆**.

当$h\neq 0$时,(3.2.4)表示椭圆,它的两半轴长分别为$a\sqrt{1+\dfrac{h^2}{c^2}}$,$b\sqrt{1+\dfrac{h^2}{c^2}}$,它们随$|h|$的增大而增大.

若用平面$y=h$去截单叶双曲面,所得截线方程为

$$\begin{cases}\dfrac{x^2}{a^2}-\dfrac{z^2}{c^2}=1-\dfrac{h^2}{b^2},\\ y=h.\end{cases}\tag{3.2.5}$$

当 $|h|=b$ 时，(3.2.5) 变成两条直线．即

$$\begin{cases}\dfrac{x}{a}\pm\dfrac{z}{c}=0,\\ y=b,\end{cases}\quad 或 \quad \begin{cases}\dfrac{x}{a}\pm\dfrac{z}{c}=0,\\ y=-b.\end{cases}$$

当 $|h|<b$ 时，(3.2.5) 表示实轴平行于 x 轴，虚轴平行于 z 轴的双曲线，实半轴长为 $a\sqrt{1-\dfrac{h^2}{b^2}}$，虚半轴长为 $c\sqrt{1-\dfrac{h^2}{b^2}}$，其顶点 $(\pm a\sqrt{1-\dfrac{h^2}{b^2}},h,0)$ 在腰椭圆上．

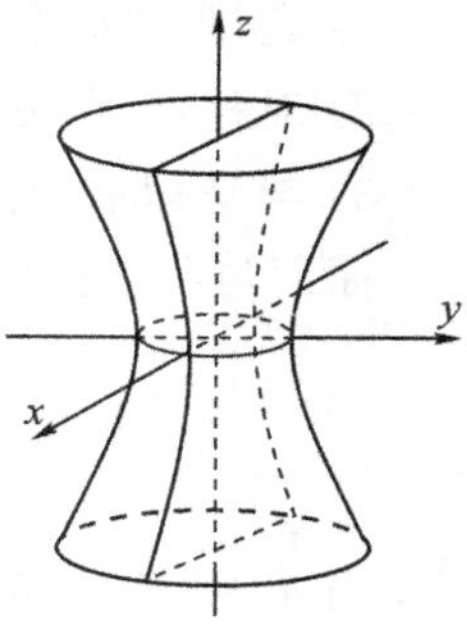

图 3-12

当 $|h|>b$ 时，(3.2.5) 表示实轴平行于 z 轴，虚轴平行于 x 轴的双曲线．实半轴长为 $c\sqrt{\dfrac{h^2}{b^2}-1}$，虚半轴长为 $a\sqrt{\dfrac{h^2}{b^2}-1}$，其顶点 $(0,h,\pm c\sqrt{\dfrac{h^2}{b^2}-1})$ 在 Oyz 面上的双曲线 $\dfrac{y^2}{b^2}-\dfrac{z^2}{c^2}=1$ 上．

类似地可讨论平面 $x=h$ 与单叶双曲面的交线的情况，单叶双曲面的形状如图 3-12 所示．

2. 双叶双曲面

在空间直角坐标系下，由方程

$$\frac{x^2}{a^2}+\frac{y^2}{b^2}-\frac{z^2}{c^2}=-1 \quad (a,b,c\text{ 为正常数})\tag{3.2.6}$$

所确定的曲面称为**双叶双曲面**．

1) 对称性　　它关于三个坐标面、三个坐标轴及坐标原点均对称．

2) 与三个坐标轴的交点及与平行于坐标面的平面的交线

双叶双曲面与 z 轴相交于点 $(0,0,\pm c)$，与 x 轴，y 轴无交点．用平面 $z=h$ 去截双叶双曲面，所得截线方程

$$\begin{cases}\dfrac{x^2}{a^2}+\dfrac{y^2}{b^2}=\dfrac{h^2}{c^2}-1,\\ z=h.\end{cases}\tag{3.2.7}$$

当 $|h|<c$ 时，平面 $z=h$ 与曲面无交线．

当 $|h|=c$ 时，截线退化为一点 $(0,0,c)$ 或 $(0,0,-c)$．

当 $|h|>c$ 时，截线 (3.2.7) 表示椭圆，它的两个半轴长分别为 $a\sqrt{\dfrac{h^2}{c^2}-1}$ 和 $b\sqrt{\dfrac{h^2}{c^2}-1}$，它们随 $|h|$ 增大而增大．

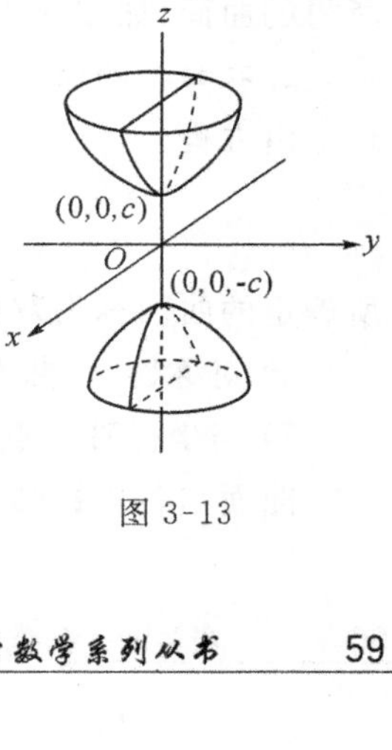

图 3-13

类似可讨论双叶双曲面与平面 $x=h$ 和 $y=h$ 的交线分别为双曲线．双叶双曲面的形状如图 3-13 所示．

3.2.3 抛物面

1. 椭圆抛物面

由方程

$$\frac{x^2}{a^2}+\frac{y^2}{b^2}=2z \quad (a,b\text{ 为正常数}) \tag{3.2.8}$$

所确定的曲面称为**椭圆抛物面**.

1) 范围 曲面在 Oxy 平面的上方.

2) 对称性 它关于 Oxz 平面,Oyz 平面对称，且关于 z 轴对称.

3) 与坐标轴的交点与平行于坐标面的平面的交线

曲面与各坐标轴交于原点,与平面 $z=h$ 的交线为

$$\begin{cases}\dfrac{x^2}{a^2}+\dfrac{y^2}{b^2}=2h,\\ z=h\geqslant 0.\end{cases} \tag{3.2.9}$$

当 $h=0$ 时,(3.2.9) 退化为一点,即原点.

当 $h>0$ 时,(3.2.9) 表示椭圆,它的两个半轴长分别为 $a\sqrt{2h}$ 和 $b\sqrt{2h}$,它们随 h 的增大而增大.

曲面与平面 $x=h$ 的交线为抛物线

$$\begin{cases}\dfrac{y^2}{b^2}=2\left(z-\dfrac{h^2}{2a^2}\right),\\ x=h.\end{cases} \tag{3.2.10}$$

它的顶点 $\left(h,0,\dfrac{h^2}{2a^2}\right)$ 在 Oxz 平面上的抛物线 $x^2=2a^2z$ 上,因此椭圆抛物面可看成由抛物线(3.2.10) 沿抛物线 $\begin{cases}x^2=2a^2z,\\ y=0\end{cases}$ 平行移动所得的曲面.

类似地,我们也可讨论曲面与平面 $y=h$ 的交线. 椭圆抛物面也可看成由抛物线 $\begin{cases}\dfrac{x^2}{a^2}=2\left(z-\dfrac{h^2}{2b^2}\right),\\ y=h\end{cases}$ 沿抛物线 $\begin{cases}y^2=2a^2z\\ x=0\end{cases}$ 平行移动所得的曲面(如图 3-14).

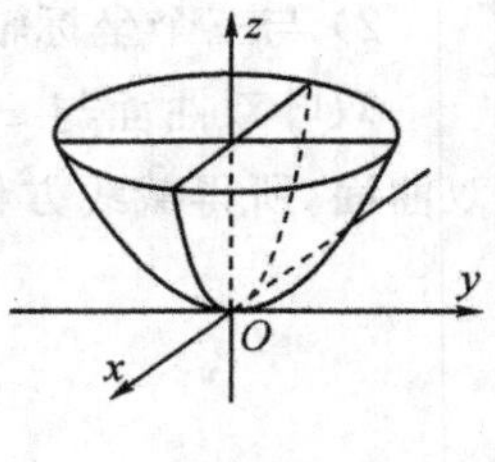

图 3-14

2. 双曲抛物面

由方程

$$\frac{x^2}{a^2}-\frac{y^2}{b^2}=2z \quad (a,b\text{ 为正常数}) \tag{3.2.11}$$

所确定的曲面称为**双曲抛物面**.

1) 对称性　曲面关于 Oyz 平面与 Oxz 平面对称,关于 z 轴对称.

2) 与坐标轴交点及与平行于坐标面的平面的交线

曲面与各坐标轴交于原点,它与平面 $z=h$ 的交线为

$$\begin{cases}\dfrac{x^2}{a^2}-\dfrac{y^2}{b^2}=2h\\ z=h\end{cases}\tag{3.2.12}$$

当 $h=0$ 时,(3.2.12) 表示两条过原点的直线.

当 $h>0$ 时,(3.2.12) 表示实轴平行于 x 轴,虚轴平行于 y 轴的双曲线,顶点 $(\pm a\sqrt{2h},0,h)$ 在 Oxz 平面上的抛物线 $x^2=2a^2z$ 上.

当 $h<0$ 时,(3.2.12) 表示实轴平行 y 轴,虚轴平行于 x 轴的双曲线,顶点 $(0,\pm b\sqrt{-2h},h)$ 在 Oyz 面上的抛物线 $y^2=-2b^2z$ 上.

双曲抛物面与平面 $y=h$ 的交线为抛物线

$$\begin{cases}x^2=2a^2(z+\dfrac{h^2}{2b^2}),\\ y=h.\end{cases}$$

它的顶点 $(0,h,-\dfrac{h^2}{2b^2})$ 在 Oyz 平面上的抛物线 $y^2=-2b^2z$ 上,曲面与平面 $x=h$ 的交线也有类似的结果.因而整个曲面可看成抛物线 $\begin{cases}x^2=2a^2z,\\ y=0\end{cases}$ 沿抛物线 $\begin{cases}y^2=-2b^2z,\\ x=0\end{cases}$ 平行移动的轨迹,也可看成抛物线 $\begin{cases}y^2=-2b^2z,\\ x=0\end{cases}$ 沿抛物线 $\begin{cases}x^2=2a^2z,\\ y=0\end{cases}$ 平行移动的轨迹.它经过原点,且在原点附近的一小块形状像马鞍,因此双曲抛物面称为**马鞍面**(如图 3-15).

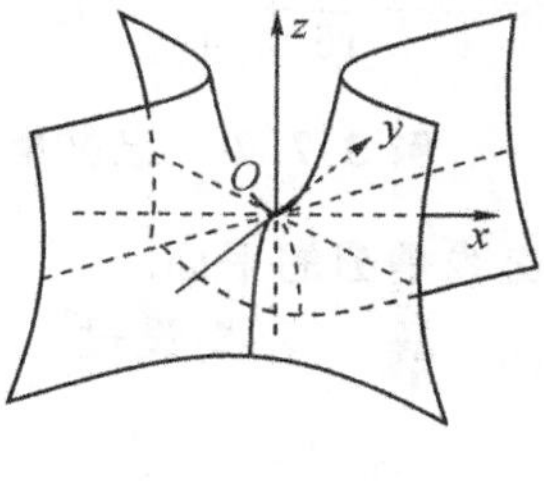

图 3-15

例 3.2.1 设二次曲面的方程为

$$a_{11}x^2+a_{22}y^2+a_{33}z^2+a_{12}xy+a_{13}xz+a_{23}yz+a_{14}x+a_{24}y+a_{34}z+a_{44}=0.$$

若此曲面关于坐标平面对称,且它上面有两条曲线

$$\begin{cases}x^2+\dfrac{y^2}{4}=1,\\ z=\sqrt{3},\end{cases}\qquad \begin{cases}\dfrac{x^2}{2}+\dfrac{y^2}{8}=1,\\ z=-\sqrt{2}.\end{cases}$$

求该二次曲面的方程.

解 由于曲面关于坐标面对称,则 $a_{12}=a_{13}=a_{23}=a_{14}=a_{24}=a_{34}=0$,此时二次曲面的方程为 $a_{11}x^2+a_{22}y^2+a_{33}z^2=-a_{44}$,因它与 $z=\sqrt{3}$ 的交线为

$$\begin{cases}a_{11}x^2+a_{22}y^2=-a_{44}-3a_{33},\\ z=\sqrt{3}.\end{cases}$$

由题意得

$$\frac{a_{11}}{1}=\frac{a_{22}}{1/4}=\frac{-a_{44}-3a_{33}}{1},$$

即

$$a_{22}=\frac{1}{4}a_{11},a_{11}=-a_{44}-3a_{33},\tag{3.2.13}$$

又曲面与 $z=-\sqrt{2}$ 的交线为

$$\begin{cases}a_{11}x^2+a_{22}y^2=-a_{44}-2a_{33},\\ z=\sqrt{2}.\end{cases}$$

由题意得

$$\frac{a_{11}}{\frac{1}{2}}=\frac{a_{22}}{\frac{1}{8}}=\frac{-a_{44}-2a_{33}}{1},$$

即

$$a_{11}=\frac{1}{2}(-a_{44}-2a_{33}),a_{22}=\frac{1}{8}(-a_{44}-2a_{33}).\tag{3.2.14}$$

联立(3.2.13)与(3.2.14),解得 $a_{11}=a_{33},a_{22}=\frac{1}{4}a_{33},a_{44}=-4a_{33}$,所以二次曲面的方程为 $\frac{x^2}{4}+\frac{y^2}{16}+\frac{z^2}{4}=1$.

例 3.2.2 已知椭球面方程 $\frac{x^2}{a^2}+\frac{y^2}{b^2}+\frac{z^2}{c^2}=1(c<a<b)$,试求过 x 轴且与椭球面的交线是圆的平面.

解 不妨设过 x 轴的平面为 $z=ky$,它与椭球面的交线为

$$\begin{cases}\frac{x^2}{a^2}+\frac{c^2+b^2k^2}{b^2c^2}y^2=1,\\ z=ky.\end{cases}\tag{3.2.15}$$

如果该交线是圆,则圆心为原点,又因交线关于 x 轴对称并且 $(\pm a,0,0)$ 在这条交线上,故该圆可看成以原点为球心,以 a 为半径的球与平面 $z=ky$ 的交线,即

$$\begin{cases}\frac{x^2}{a^2}+\frac{(1+k^2)}{a^2}y^2=1,\\ z=ky.\end{cases}\tag{3.2.16}$$

比较(3.2.15)与(3.2.16)得 $k^2=\frac{c^2(b^2-a^2)}{b^2(a^2-c^2)}$,故所得平面的方程为

$$\frac{y}{b}\sqrt{b^2-a^2}+\frac{z}{c}\sqrt{a^2-c^2}=0 \quad 及 \quad \frac{y}{b}\sqrt{b^2-a^2}-\frac{z}{c}\sqrt{a^2-c^2}=0.$$

注 读者自行可考虑如下问题:

1) 是否还存在其他经过原点的平面与椭球面的交线是圆?

2) 是否存在一张平面,使得它与其他的二次曲面,如单(双)叶双曲面、椭圆抛物面的截线是圆(见习题)?

3.2 习 题

1. 已知椭球面的轴与坐标轴重合,且通过椭圆 $\begin{cases}\frac{x^2}{9}+\frac{y^2}{16}=1,\\ z=0\end{cases}$ 及点 $M(1,2,\sqrt{23})$,求椭球面的方程.

2. 已知椭圆抛物面的顶点为原点,它关于 Oxz 平面与 Oyz 平面对称,且经过点(1,

2,5) 和 $(\frac{1}{3},-1,1)$，求该椭圆抛物面的方程.

3. 将抛物线 $C:\begin{cases}x^2=4y,\\ z=0\end{cases}$ 作平行移动，使得移动后所得抛物线的顶点分别在下列曲线上，求抛物线 C 的运动轨迹.

(1) 抛物线 $\begin{cases}z^2=2y,\\ x=0.\end{cases}$ (2) 抛物线 $\begin{cases}z^2=-2y,\\ x=0.\end{cases}$

4. 由椭球面 $\frac{x^2}{a^2}+\frac{y^2}{b^2}+\frac{z^2}{c^2}=1$ 的中心引三条相互垂直的射线与曲面分别交于点 P_1，P_2，P_3，设 $|\overrightarrow{OP_i}|=r_i(i=1,2,3)$，证明

$$\frac{1}{r_1^2}+\frac{1}{r_2^2}+\frac{1}{r_3^2}=\frac{1}{a^2}+\frac{1}{b^2}+\frac{1}{c^2}.$$

5. 试求过 x 轴，且与单叶双曲面 $\frac{x^2}{a^2}+\frac{y^2}{b^2}-\frac{z^2}{c^2}=1(a>b)$ 的交线是圆的平面.

6. 已知椭圆抛物面 $\frac{x^2}{2}+\frac{z^2}{3}=y$，用平面 $x+my-2=0$ 去截此曲面，当 m 为何值时，截线为椭圆或抛物线？

7. 证明：

(1) 二次锥面 $\frac{x^2}{a^2}+\frac{y^2}{b^2}-\frac{z^2}{c^2}=0$ 介于单叶双曲面 $\frac{x^2}{a^2}+\frac{y^2}{b^2}-\frac{z^2}{c^2}=1$ 与双叶双曲面 $\frac{x^2}{a^2}+\frac{y^2}{b^2}-\frac{z^2}{c^2}=-1$ 之间；

(2) 这三个曲面的距离随 $|z|$ 趋于无限大而趋于零，此时称二次锥面为单叶双曲面和双叶双曲面的渐近锥面.

§3.3 二次直纹面

定义 3.3.1 由一族直线构成的曲面称为直纹面，构成曲面的每一条直线称为直纹面的直母线.

定义 3.3.1 表明一张曲面是直纹面当且仅当下面两个条件同时成立

1) 曲面上存在一族直线；

2) 对曲面上每一点必有族中的一条直线通过它.

在前面两节介绍过的二次曲面中，柱面(如椭圆柱面，双曲柱面，抛物柱面等) 和锥面(如二次锥面) 都是直纹面，那么椭球面、双曲面和抛物面是否是直纹面？

首先注意到椭球面是有界曲面，而直线可无限延伸，因此椭球面上不可能存在直线，因而不可能是直纹面. 双叶双曲面位于 Oxy 面的上方，如果该曲面上存在直线的话，它必平行于 Oxy 平面，但平行于 Oxy 面的平面与双叶双曲面的交线是椭圆，从而双叶双曲面上不存在直线，当然不可能是直纹面，类似地可说明椭圆抛物面也不是直纹面，单叶双曲面与双曲抛物面上都存在直线. 下面来考虑它们的直纹性.

3.3.1 单叶双曲面的直纹性

设单叶双曲面 S 的方程为

$$\frac{x^2}{a^2}+\frac{y^2}{b^2}-\frac{z^2}{c^2}=1. \tag{3.3.1}$$

方程(3.3.1)可改写成

$$\left(\frac{x}{a}+\frac{z}{c}\right)\left(\frac{x}{a}-\frac{z}{c}\right)=\left(1+\frac{y}{b}\right)\left(1-\frac{y}{b}\right).$$

不难验证对任一组不全为零的实数 λ,μ 及 λ',μ',直线族

$$l_{\lambda:\mu}:\begin{cases}\lambda\left(\dfrac{x}{a}+\dfrac{z}{c}\right)=\mu\left(1-\dfrac{y}{b}\right),\\ \mu\left(\dfrac{x}{a}-\dfrac{z}{c}\right)=\lambda\left(1+\dfrac{y}{b}\right),\end{cases} \tag{3.3.2}$$

及

$$l'_{\lambda':\mu'}:\begin{cases}\lambda'\left(\dfrac{x}{a}+\dfrac{z}{c}\right)=\mu'\left(1+\dfrac{y}{b}\right),\\ \mu'\left(\dfrac{x}{a}-\dfrac{z}{c}\right)=\lambda'\left(1-\dfrac{y}{b}\right).\end{cases} \tag{3.3.3}$$

均在曲面 S 上.由于它们依赖于比值 $\lambda:\mu$ 或 $\lambda':\mu'$,从而可将它们看成单参数直线族,从而单叶双曲面 S 上存在两族单参数直线族 $L_1=\{l_{\lambda:\mu}\mid\lambda,\mu$ 不全为零$\}$,$L_2=\{l'_{\lambda':\mu'}\mid\lambda',\mu'$ 不全为零$\}$.

定理 3.3.1 1)单叶双曲面是直纹面;

2)对单叶双曲面上任一点,有且仅有两条不同直母线通过它.

证明 1)由前面的讨论知,单叶双曲面 S 上存在一族单参数直线$\{l_{\lambda:\mu}\}$,下面只要说明对任一点 $P_0(x_0,y_0,z_0)\in S$,必存在族中一条直线通过它,从而曲面 S 是直纹面.因 $P_0\in S$,则

$$\frac{x_0^2}{a^2}+\frac{y_0^2}{b^2}-\frac{z_0^2}{c^2}=1,$$

即

$$\left(\frac{x_0}{a}+\frac{z_0}{c}\right)\left(\frac{x_0}{a}-\frac{z_0}{c}\right)=\left(1+\frac{y_0}{b}\right)\left(1-\frac{y_0}{b}\right).$$

若 $1-\dfrac{y_0}{b}\neq0$,令 $\lambda_0=1-\dfrac{y_0}{b}\neq0$,$\mu_0=\dfrac{x_0}{a}+\dfrac{z_0}{c}$,则直线 $l_{\lambda_0:\mu_0}\in L_1$,且过点 P_0.

若 $1-\dfrac{y_0}{b}=0$,则 $1+\dfrac{y_0}{b}\neq0$,此时令 $\lambda_0=\dfrac{x_0}{a}-\dfrac{z_0}{c}$,$\mu_0=1+\dfrac{y_0}{b}\neq0$,则直线 $l_{\lambda_0:\mu_0}\in L_1$,且过点 P_0,从而1)得证.

2)先证明:对 $\forall$ 点 $P_0\in S$,有且仅有两条不同直线通过它.事实上,设过 $P_0(x_0,y_0,z_0)$ 的直线 l 方程为:$x=x_0+lt$,$y=y_0+mt$,$z=z_0+nt$.其中(l,m,n)为直线 l 的方向向量,l,m,n 不全为零.直线 l 在曲面 S 上当且仅当

$$\frac{(x_0+lt)^2}{a^2}+\frac{(y_0+mt)^2}{b^2}-\frac{(z_0+nt)^2}{c^2}=1.$$

整理得

$$\left(\frac{l^2}{a^2}+\frac{m^2}{b^2}-\frac{n^2}{c^2}\right)t^2+2\left(\frac{lx_0}{a^2}+\frac{my_0}{b^2}-\frac{nz_0}{c^2}\right)t=0.$$

由于 t 是任意的，则

$$\begin{cases}\dfrac{l^2}{a^2}+\dfrac{m^2}{b^2}-\dfrac{n^2}{c^2}=0,\\[2mm] \dfrac{lx_0}{a^2}+\dfrac{my_0}{b^2}-\dfrac{nz_0}{c^2}=0.\end{cases}\tag{3.3.4}$$

即(3.3.4)为过 P_0 的直线 l 在单叶双曲面 S 上的充要条件.

由于 l,m,n 不全为零，由(3.3.4)第一式得 $n\neq 0$. 不妨设 $n=c$，则(3.3.4)变为

$$\begin{cases}\dfrac{l^2}{a^2}+\dfrac{m^2}{b^2}=1,\\[2mm] \dfrac{lx_0}{a^2}+\dfrac{my_0}{b^2}=\dfrac{z_0}{c},\\[2mm] n=c.\end{cases}\tag{3.3.5}$$

直接验证，关于两个变量 l,m 的方程组(3.3.5)有两个不同的解，从而过 P_0 点的直线仅有两个不同方向 (l,m,c)，于是过 P_0 点恰有两条不同直线经过它.

另一方面，从 1) 的证明中知道，对任意点 P_0，存在直线族 $\{l_{\lambda:\mu}\}$ 中的一条直母线通过它，同理可说明也存在另一直线族 $\{l'_{\lambda':\mu'}\}$ 中的一条直母线通过 P_0 点，从而对任意点 $P_0\in S$，有两条直母线通过它. 由下面定理 3.3.2 知这两条直母线不会重合，从而完成定理 3.3.1 的证明. □

定理 3.3.2 单叶双曲面的任意两条同族直母线必异面；两条异族直母线必共面，并且对曲面上一条直母线，有且仅有一条异族直母线与之平行，其他异族直母线均与之相交.

证明 我们仅证明定理的前半部分，后半部分可类似地证明.

设两条同族直母线为

$$l_{\lambda_1:\mu_1}:\begin{cases}\lambda_1\left(\dfrac{x}{a}+\dfrac{z}{c}\right)=\mu_1\left(1-\dfrac{y}{b}\right),\\[2mm] \mu_1\left(\dfrac{x}{a}-\dfrac{z}{c}\right)=\lambda_1\left(1+\dfrac{y}{b}\right),\end{cases}\qquad l_{\lambda_2:\mu_2}:\begin{cases}\lambda_2\left(\dfrac{x}{a}+\dfrac{z}{c}\right)=\mu_2\left(1-\dfrac{y}{b}\right),\\[2mm] \mu_2\left(\dfrac{x}{a}-\dfrac{z}{c}\right)=\lambda_2\left(1+\dfrac{y}{b}\right),\end{cases}$$

其中 $\dfrac{\lambda_1}{\mu_1}\neq\dfrac{\lambda_2}{\mu_2}$. 由于

$$\begin{vmatrix}\dfrac{\lambda_1}{a} & \dfrac{\mu_1}{b} & \dfrac{\lambda_1}{c} & -\mu_1\\[2mm] \dfrac{\mu_1}{a} & -\dfrac{\lambda_1}{b} & -\dfrac{\mu_1}{c} & -\lambda_1\\[2mm] \dfrac{\lambda_2}{a} & \dfrac{\mu_2}{b} & \dfrac{\lambda_2}{c} & -\mu_2\\[2mm] \dfrac{\mu_2}{a} & -\dfrac{\lambda_2}{b} & -\dfrac{\mu_2}{c} & -\lambda_2\end{vmatrix}=\frac{1}{abc}\begin{vmatrix}\lambda_1 & \mu_1 & \lambda_1 & -\mu_1\\ \mu_1 & -\lambda_1 & -\mu_1 & -\lambda_1\\ \lambda_2 & \mu_2 & \lambda_2 & -\mu_2\\ \mu_2 & -\lambda_2 & -\mu_2 & -\lambda_2\end{vmatrix}$$

$$=\frac{4}{abc}(\lambda_1\mu_2-\mu_1\lambda_2)^2\neq 0.$$

由第二章的例 2.5.2 得 $l_{\lambda_1:\mu_1}$ 与 $l_{\lambda_2:\mu_2}$ 异面. □

单叶双曲面的两族直母线如图 3-16.

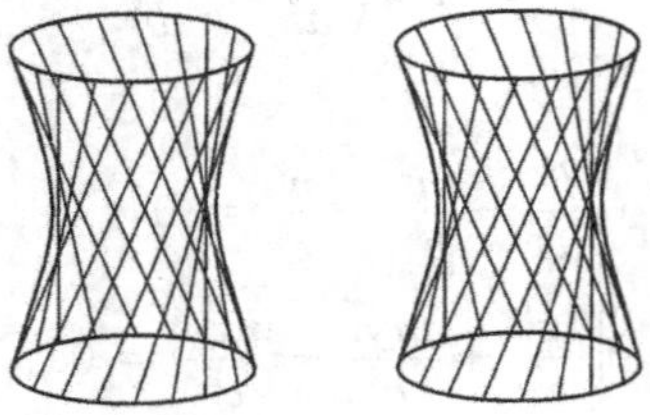

图 3-16

3.3.2 双曲抛物面的直纹性

设双曲抛物面的方程为$\frac{x^2}{a^2}-\frac{y^2}{b^2}=2z$,此方程可以写为$\left(\frac{x}{a}+\frac{y}{b}\right)\left(\frac{x}{a}-\frac{y}{b}\right)=2z$,类似于单叶双曲面,可得双曲抛物面上的两族直母线为

$$l_\lambda:\begin{cases}\frac{x}{a}+\frac{y}{b}=2\lambda,\\ \lambda\left(\frac{x}{a}-\frac{y}{b}\right)=z.\end{cases}\quad 与\ l_{\lambda'}:\begin{cases}\frac{x}{a}-\frac{y}{b}=2\lambda',\\ \lambda'\left(\frac{x}{a}+\frac{y}{b}\right)=z,\end{cases}\tag{3.3.7}$$

其中 λ,λ' 为参数. 从而双曲抛物面上存在两族单参数直线族$\{l_\lambda\}$与$\{l_{\lambda'}\}$.

类似定理 3.3.1 的证明并结合定理 3.3.4,我们可得到下面的定理 3.3.3.

定理 3.3.3 1) 双曲抛物面是直纹面.

2) 对双曲抛物面上的任意一点,有且仅有两条不同的直母线通过它.

定理 3.3.4 双曲抛物面上的任两条同族直母线必异面,同族直母线都平行于同一平面;任两条异族直母线必相交.

证明 设 $l_{\lambda_1},l_{\lambda_2}(\lambda_1\neq\lambda_2)$ 为一族单参数直线族$\{l_\lambda\}$中的两条不同直母线. 由于 l_{λ_1} 在平面 $\pi_1:\frac{x}{a}+\frac{y}{b}=2\lambda_1$ 上,l_{λ_2} 在平面 $\pi_2:\frac{x}{a}+\frac{y}{b}=2\lambda_2$ 上,又 π_1 与 π_2 平行但不重合,从而 l_{λ_1} 与 l_{λ_2} 不会相交,又从(3.3.7)知直线 l_{λ_1} 的方向向量为 $\boldsymbol{a}_1=(a,b,2\lambda_1)$,直线 l_{λ_2} 的方向向量为 $\boldsymbol{a}_2=(a,-b,2\lambda_2)$,因 $\lambda_1\neq\lambda_2$,则 l_{λ_1} 与 l_{λ_2} 不会平行,这样 l_{λ_1} 与 l_{λ_2} 是异面直线,显然同族直母线都平行于平面$\frac{x}{a}+\frac{y}{b}=0$.

若在双曲抛物面上的不同族直母线$\{l_\lambda\}$,$\{l_{\lambda'}\}$中分别取一条直母线,解方程组

$$\begin{cases}\frac{x}{a}+\frac{y}{b}=2\lambda,\\ \lambda(\frac{x}{a}-\frac{y}{b})=z,\\ \frac{x}{a}-\frac{y}{b}=2\lambda',\\ \lambda'(\frac{x}{a}+\frac{y}{b})=z.\end{cases}$$

从以上方程组中解得唯一解 $x = a(\lambda + \lambda')$, $y = b(\lambda - \lambda')$, $z = 2\lambda\lambda'$,这表明不同族中的两条直母线必相交于一点. 这就完成了定理 3.3.4 的证明. □

从定理 3.3.4 的证明过程中可知,双曲抛物面的参数方程可表示为

$$\begin{cases} x = a(u+v), \\ y = b(u-v), \\ z = 2uv, \end{cases}$$

或

$$\boldsymbol{X}(u,v) = (a(u+v), b(u-v), 2uv),$$

其中 $u, v \in \mathbf{R}$ 是参数,当 u 或 v 为常数时,$\boldsymbol{X}(u,v)$ 分别表示双曲抛物面上的两族直母线. 定理 3.3.4 也可像定理 3.3.2 的证明一样用双曲抛物面的参数方程来证明,请读者自己考虑. 双曲抛物面的两族直母线如图 3-17 所示.

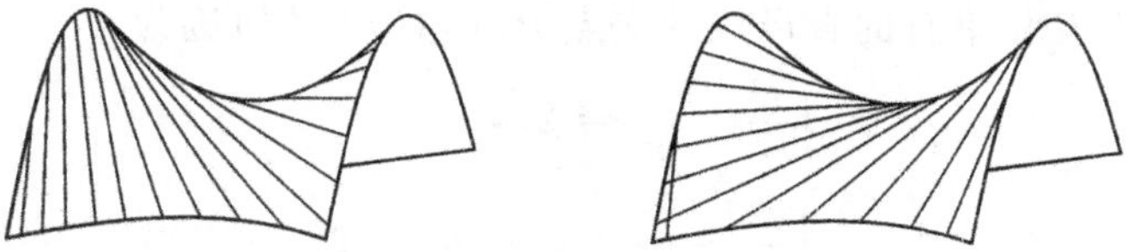

图 3-17

由单叶双曲面与双曲抛物面的直纹性的讨论可知,这两种曲面的几何特征有相同之处,也有不同之处,但须特别注意它们几何性质上的差别:

1) 单叶双曲面上存在平行的直母线,而双曲抛物面上任何两条直母线都不平行,即相交或异面.

2) 双曲抛物面的同族直母线平行于同一张平面,而单叶双曲面的任何三条同族直母线都不平行于同一张平面(即它们的方向向量不共面). 后一断言请读者自己证明.

例 3.3.1 求单叶双曲面 $\frac{x^2}{4} + \frac{y^2}{9} - \frac{z^2}{16} = 1$ 上过点 $(2,3,-4)$ 的直母线.

解 设直母线方程为

$$\begin{cases} \lambda\left(\frac{x}{2} + \frac{z}{4}\right) = \mu\left(1 - \frac{y}{3}\right), \\ \mu\left(\frac{x}{2} - \frac{z}{4}\right) = \lambda\left(1 + \frac{y}{3}\right), \end{cases} \quad 或 \quad \begin{cases} \lambda'\left(\frac{x}{2} + \frac{z}{4}\right) = \mu'\left(1 + \frac{y}{3}\right), \\ \mu'\left(\frac{x}{2} - \frac{z}{4}\right) = \lambda'\left(1 - \frac{y}{3}\right). \end{cases}$$

由于直母线过点 $(2,3,-4)$,从而解得 $\lambda = \mu$ 及 $\mu' = 0$. 于是过点 $(2,3,-4)$ 的直母线方程为

$$\begin{cases} \frac{x}{2} + \frac{z}{4} = 1 - \frac{y}{3}, \\ \frac{x}{2} - \frac{z}{4} = 1 + \frac{y}{3} \end{cases} \quad 与 \quad \begin{cases} \frac{x}{2} + \frac{z}{4} = 0, \\ 1 - \frac{y}{3} = 0. \end{cases}$$

即

$$\begin{cases} x - 2 = 0, \\ 4y + 3z = 0 \end{cases} \quad 与 \quad \begin{cases} 2x + z = 0, \\ y - 3 = 0. \end{cases}$$ ◇

例 3.3.2 求双曲抛物面 $\frac{x^2}{a^2} - \frac{y^2}{b^2} = 2z$ 上互相垂直的直母线的交点轨迹,并指出它是什么图形.

解 因过双曲抛物面上任意一点，有且仅有两条不同直母线通过它．不妨设这两条直母线方程分别为

$$\begin{cases}\dfrac{x}{a}+\dfrac{y}{b}=2\lambda,\\ \lambda(\dfrac{x}{a}-\dfrac{y}{b})=z\end{cases} \quad 与 \quad \begin{cases}\dfrac{x}{a}-\dfrac{y}{b}=2\lambda',\\ \lambda'(\dfrac{x}{a}+\dfrac{y}{b})=z.\end{cases}$$

设这两直母线相交于点 $P(\tilde{x},\tilde{y},\tilde{z})$，则 $\lambda=\dfrac{1}{2}\left(\dfrac{\tilde{x}}{a}+\dfrac{\tilde{y}}{b}\right)$，$\lambda'=\dfrac{1}{2}\left(\dfrac{\tilde{x}}{a}-\dfrac{\tilde{y}}{b}\right)$．由于这两条直母线的方向向量为 $\boldsymbol{v}_1=\left(a,-b,\dfrac{\tilde{x}}{a}+\dfrac{\tilde{y}}{b}\right)$ 及 $\boldsymbol{v}_2=\left(a,b,\dfrac{\tilde{x}}{a}-\dfrac{\tilde{y}}{b}\right)$，由 $\boldsymbol{v}_1\perp\boldsymbol{v}_2$ 得

$$a^2-b^2+\frac{\tilde{x}^2}{a^2}-\frac{\tilde{y}^2}{b^2}=0.$$

因此双曲抛物面上互相垂直的直母线的交点 $P(\tilde{x},\tilde{y},\tilde{z})$ 的轨迹为

$$\begin{cases}\dfrac{\tilde{x}^2}{a^2}-\dfrac{\tilde{y}^2}{b^2}=2\tilde{z},\\ \dfrac{\tilde{x}^2}{a^2}-\dfrac{\tilde{y}^2}{b^2}+a^2-b^2=0,\end{cases}$$

即

$$\begin{cases}\dfrac{\tilde{x}^2}{a^2}-\dfrac{\tilde{y}^2}{b^2}=b^2-a^2,\\ 2\tilde{z}=b^2-a^2.\end{cases}$$

当 $a\neq b$ 时，它表示一条双曲线；当 $a=b$ 时，它表示两条相交直线

$$\begin{cases}\dfrac{x}{a}+\dfrac{y}{b}=0,\\ z=0\end{cases} \quad 和 \quad \begin{cases}\dfrac{x}{a}-\dfrac{y}{b}=0,\\ z=0.\end{cases}$$

◇

例 3.3.3 求与下列三条直线同时共面的直线所产生的曲面．

$$l_1:\begin{cases}x=1,\\ y=z;\end{cases}\qquad l_2:\begin{cases}x=-1,\\ y=-z;\end{cases}\qquad l_3:\frac{x-2}{-3}=\frac{y+1}{4}=\frac{z+2}{5}.$$

解 先将直线 l_1,l_2 方程改写成标准式方程，即

$$\frac{x-1}{0}=\frac{y}{1}=\frac{z}{1},\qquad \frac{x+1}{0}=\frac{y}{1}=\frac{z}{-1}.$$

设 $P(x,y,z)$ 为所求曲面上任一点，则必存在一直线 l 过 P 点，设直线 l 的方向向量为 $\boldsymbol{a}=(l,m,n)$，其中 l,m,n 不全为零．由于 l 与 l_1 共面，则

$$\begin{vmatrix}x-1 & y & z\\ 0 & 1 & 1\\ l & m & n\end{vmatrix}=0,$$

即

$$(y-z)l-(x-1)m+(x-1)n=0. \tag{3.3.8}$$

同理由 l 与 l_2,l_3 共面条件可得方程：

$$-(y+z)l+(x+1)m+(x+1)n=0. \tag{3.3.9}$$

$$(5y-4z-3)l-(5x+3z-4)m+(4x+3y-5)n=0. \tag{3.3.10}$$

由(3.3.8)，(3.3.9)，(3.3.10) 并注意到 l,m,n 不全为零，则有

$$\begin{vmatrix} y-z & -(x-1) & x-1 \\ -(y+z) & x+1 & x+1 \\ 5y-4z-3 & -(5x+3z-4) & 4x+3y-5 \end{vmatrix}=0.$$

化简得 $x^2+y^2-z^2=1.$ ◇

3.3 习　题

1. 求单叶双曲面 $x^2+\frac{y^2}{4}-\frac{z^2}{9}=1$ 上过点 $A(1,2,3)$ 的直母线方程.

2. 求双曲抛物面 $4x^2-z^2=y$ 上过点 $(1,0,2)$ 的直母线方程.

3. 求双曲抛物面 $\frac{x^2}{9}-\frac{y^2}{4}=z$ 上平行平面 $3x-2y-4z=1$ 的直母线方程.

4. 证明:单叶双曲面的任何三条同族直母线都不平行于同一张平面.

5. 求单叶双曲面上 $\frac{x^2}{a^2}+\frac{y^2}{b^2}-\frac{z^2}{c^2}=1$ 互相垂直的直母线交点的轨迹.

6. 求直线 $l_1:\begin{cases}x=\frac{3}{2}+3t,\\ y=-1+2t,\\ z=-t\end{cases}$ 与直线 $l_2:\begin{cases}x=3t,\\ y=2t,\\ z=0\end{cases}$ 上有相同参数 t 的点的连线所构成的曲面方程.

7. 求所有与直线 $l_1:\frac{x-6}{3}=\frac{y}{2}=\frac{z-1}{1}$ 和 $l_2:\frac{x}{3}=\frac{y-8}{2}=\frac{z+4}{-2}$ 都共面,且与平面 $\pi:2x+3y-5=0$ 平行的直线所构成的曲面方程.

8. 过 x 轴与 y 轴分别作动平面 π_1,π_2,π_1 与 π_2 的交角为 $\theta(0<\theta<\frac{\pi}{2})$,当 π_1(过 x 轴)在转动时,π_2(始终过 y 轴)也跟着转动,使得交角 θ 保持不变,求对应平面 π_1 与 π_2 的交线的轨迹,并证明它是以顶点为原点的锥面.

9. 设两抛物线 $C_1:\begin{cases}y^2=2x,\\ z=0\end{cases}$ 与 $C_2:\begin{cases}z^2=-2x,\\ y=0\end{cases}$,求与 C_1,C_2 均相交,且与平面 $\pi:y-z=0$ 平行的动直线 l 的轨迹,并指出它是什么曲面?

10. 设两异面直线 l_1,l_2 间的距离是 $2a$,夹角是 2θ,

(1) 求与直线 l_1,l_2 等距离的点的轨迹;

(2) 求分别过直线 l_1,l_2 的两个垂直平面交线的轨迹,并指出它是什么曲面.

§3.4　坐标变换

3.4.1　空间直角坐标变换

在空间中,可建立空间直角坐标系 $I=\{O,e_1,e_2,e_3\}$(或写为直角坐标系 $Oxyz$),其中 e_1 是 Ox 轴的单位正向量,e_2 是 Oy 轴的单位正向量,e_3 是 Oz 轴的单位正向量.若存在另一空间直角坐标系 $I^*=\{O^*,\ e_1^*,e_2^*,e_3^*\}$(或写成直角坐标系 $O^*x^*y^*z^*$),则

$$\begin{cases}\overrightarrow{OO^*}=x_0e_1+y_0e_2+z_0e_3,\\ e_1{}^*=c_{11}e_1+c_{21}e_2+c_{31}e_3,\\ e_2{}^*=c_{12}e_1+c_{22}e_2+c_{32}e_3,\\ e_3{}^*=c_{13}e_1+c_{23}e_2+c_{33}e_3.\end{cases}\tag{3.4.1}$$

在第一章里,平面或空间中向量的坐标通常记为 (x,y) 或 (x,y,z) 形式.该形式可看成 1×2 阶或 1×3 阶矩阵,但习惯上,向量的坐标用列向量 $\begin{bmatrix}x\\y\end{bmatrix}$ 或 $\begin{bmatrix}x\\y\\z\end{bmatrix}$ 形式来表示.因此从本节开始,向量坐标均用列向量形式来表示,这样(3.4.1)可改写成矩阵形式,即

$$\begin{cases}\overrightarrow{OO^*}=[e_1,e_2,e_3]\begin{bmatrix}x_0\\y_0\\z_0\end{bmatrix},\\ [e_1{}^*,e_2{}^*,e_3{}^*]=[e_1,e_2,e_3]C,\end{cases}\tag{3.4.1$'$}$$

其中 $C=\begin{bmatrix}c_{11}&c_{12}&c_{13}\\c_{21}&c_{22}&c_{23}\\c_{31}&c_{32}&c_{33}\end{bmatrix}$ 称为从直角坐标系 I 到直角坐标系 I^* 的过渡矩阵,它是由 $e_1{}^*,e_2{}^*,e_3{}^*$ 在直角坐标系 I 中的坐标向量构成的三阶矩阵.

记 $\delta_{ij}=\begin{cases}1,i=j,\\0,i\neq j.\end{cases}$ $C^{\mathrm T}=\begin{bmatrix}c_{11}&c_{21}&c_{31}\\c_{12}&c_{22}&c_{32}\\c_{13}&c_{23}&c_{33}\end{bmatrix}$($C^{\mathrm T}$ 称为 C 的转置).利用 $e_i\cdot e_j=\delta_{ij}$,$e_i{}^*\cdot e_j{}^*=\delta_{ij}$ 可得

$$c_{11}^2+c_{21}^2+c_{31}^2=c_{12}^2+c_{22}^2+c_{32}^2=c_{13}^2+c_{23}^2+c_{33}^2=1,$$

$$c_{11}c_{12}+c_{21}c_{22}+c_{31}c_{32}=c_{11}c_{13}+c_{21}c_{23}+c_{31}c_{33}=c_{12}c_{13}+c_{22}c_{23}+c_{32}c_{33}=0,$$

这等价于 $C^{\mathrm T}C=E$(E 为三阶单位阵),满足 $C^{\mathrm T}C=E$(C 和 E 可为任意阶矩阵)的矩阵 C 称为正交矩阵.因为 $e_i{}^*\cdot e_j=c_{ij}(1\leqslant i,j\leqslant3)$,所以 c_{ij} 为 $e_i{}^*$ 与 e_j 间的夹角余弦,这样 c_{1j},c_{2j},c_{3j} 正是 $e_j{}^*$ 在坐标系 $I=\{O,e_1,e_2,e_3\}$ 中的方向余弦,其中 $1\leqslant j\leqslant3$.

设 M 为空间内任一点,它在原坐标系 $I=\{O,e_1,e_2,e_3\}$ 中的坐标为 (x,y,z),在新坐标系 $I^*=\{O^*,e_1{}^*,e_2{}^*,e_3{}^*\}$ 中的坐标为 (x^*,y^*,z^*),则

$$\overrightarrow{OM} = x\boldsymbol{e}_1 + y\boldsymbol{e}_2 + z\boldsymbol{e}_3 = [\boldsymbol{e}_1,\boldsymbol{e}_2,\boldsymbol{e}_3]\begin{bmatrix} x \\ y \\ z \end{bmatrix},$$

$$\overrightarrow{O^*M} = x^*\boldsymbol{e}_1^* + y^*\boldsymbol{e}_2^* + z^*\boldsymbol{e}_3^* = [\boldsymbol{e}_1^*,\boldsymbol{e}_2^*,\boldsymbol{e}_3^*]\begin{bmatrix} x^* \\ y^* \\ z^* \end{bmatrix},$$

故

$$\overrightarrow{OM} = \overrightarrow{OO^*} + \overrightarrow{O^*M} = [\boldsymbol{e}_1,\boldsymbol{e}_2,\boldsymbol{e}_3]\begin{bmatrix} x_0 \\ y_0 \\ z_0 \end{bmatrix} + [\boldsymbol{e}_1^*,\boldsymbol{e}_2^*,\boldsymbol{e}_3^*]\begin{bmatrix} x^* \\ y^* \\ z^* \end{bmatrix},$$

由(3.4.1)′式得

$$\overrightarrow{OM} = [\boldsymbol{e}_1,\boldsymbol{e}_2,\boldsymbol{e}_3]\begin{bmatrix} c_{11}x^* + c_{12}y^* + c_{13}z^* + x_0 \\ c_{21}x^* + c_{22}y^* + c_{23}z^* + y_0 \\ c_{31}x^* + c_{32}y^* + c_{33}z^* + z_0 \end{bmatrix},$$

利用点 M 在同一坐标系$\{O,\boldsymbol{e}_1,\boldsymbol{e}_2,\boldsymbol{e}_3\}$下的坐标的唯一性得

$$\begin{cases} x = c_{11}x^* + c_{12}y^* + c_{13}z^* + x_0, \\ y = c_{21}x^* + c_{22}y^* + c_{23}y^* + y_0, \\ z = c_{31}x^* + c_{32}y^* + c_{33}y^* + z_0. \end{cases} \tag{3.4.2}$$

将(3.4.2)改写成矩阵形式,则有

$$\begin{bmatrix} x \\ y \\ z \end{bmatrix} = \boldsymbol{C}\begin{bmatrix} x^* \\ y^* \\ z^* \end{bmatrix} + \begin{bmatrix} x_0 \\ y_0 \\ z_0 \end{bmatrix}. \tag{3.4.2′}$$

其中 $\boldsymbol{C} = \begin{bmatrix} c_{11} & c_{12} & c_{13} \\ c_{21} & c_{22} & c_{23} \\ c_{31} & c_{32} & c_{33} \end{bmatrix}$. 公式(3.4.2)或(3.4.2)′称为从空间直角坐标系 I 到直角坐标系 I^* 的点坐标变换公式,其中过渡矩阵 $\boldsymbol{C} = [c_{ij}]_{3\times3}$ 为正交矩阵. 特别地,

1) 当 $\boldsymbol{C} = \boldsymbol{E}$(三阶单位矩阵)时,即$\boldsymbol{e}_i^* = \boldsymbol{e}_i(i = 1,2,3)$,则(3.4.2)式为

$$\begin{cases} x = x^* + x_0, \\ y = y^* + y_0, \\ z = z^* + z_0. \end{cases} \tag{3.4.3}$$

此公式称为空间坐标轴平移的点坐标变换公式,对应的直角坐标系变换称为**空间坐标轴的平移**.

2) 当点 O^* 与点 O 重合时,则(3.4.2)式变为

$$\begin{cases} x = c_{11}x^* + c_{12}y^* + c_{13}z^* \\ y = c_{21}x^* + c_{22}y^* + c_{23}y^*, \\ z = c_{31}x^* + c_{32}y^* + c_{33}y^*. \end{cases} \tag{3.4.4}$$

此变换公式表面上依赖于 9 个数 $c_{ij}(1 \leqslant i,j \leqslant 3)$，由于 $\boldsymbol{C}$ 为正交阵，所有 $c_{ij}(1 \leqslant i, j \leqslant 3)$ 实际上只有三个是独立的. 公式(3.4.4) 称为**空间坐标轴旋转的点变换公式**，对应的直角坐标系变换称为**空间坐标轴的旋转**.

如果坐标系 $I^* = \{O^*, \boldsymbol{e}_1{}^*, \boldsymbol{e}_2{}^*, \boldsymbol{e}_3{}^*,\}$ 的原点 $\boldsymbol{O}^*$ 在坐标系 $\boldsymbol{I} = \{\boldsymbol{O}, \boldsymbol{e}_1, \boldsymbol{e}_2, \boldsymbol{e}_3\}$ 所决定的 Oxy 平面上，且 $\boldsymbol{e}_3{}^* = \boldsymbol{e}_3$，则 $\boldsymbol{e}_1^*, \boldsymbol{e}_2^*, \boldsymbol{e}_1, \boldsymbol{e}_2$ 共面. 可令

$$\begin{cases} \overrightarrow{OO^*} = x_0\,\boldsymbol{e}_1 + y_0\,\boldsymbol{e}_2, \\ \boldsymbol{e}_1^* = c_{11}\,\boldsymbol{e}_1 + c_{21}\,\boldsymbol{e}_2, \\ \boldsymbol{e}_2^* = c_{12}\,\boldsymbol{e}_1 + c_{22}\,\boldsymbol{e}_2 \\ \boldsymbol{e}_3^* = \boldsymbol{e}_3 \end{cases} \tag{3.4.5}$$

由于空间中向量在 $\boldsymbol{e}_3$(或 $\boldsymbol{e}_3^*$) 方向上的坐标始终保持不变，因此我们可忽略 $\boldsymbol{e}_3$ 方向所决定的坐标轴 Oz，这等价于建立了平面上直角坐标系 $I = \{O, \boldsymbol{e}_1, \boldsymbol{e}_2\}$(也可记成直角坐标系 Oxy) 与直角坐标系 $I^* = \{O^*, \boldsymbol{e}_1^*, \boldsymbol{e}_2^*\}$(也可记成直角坐标系 $O^*x^*y^*$) 之间的变换，如图 3-18，这样若将 (3.4.5) 改写成矩阵形式，则其等同于

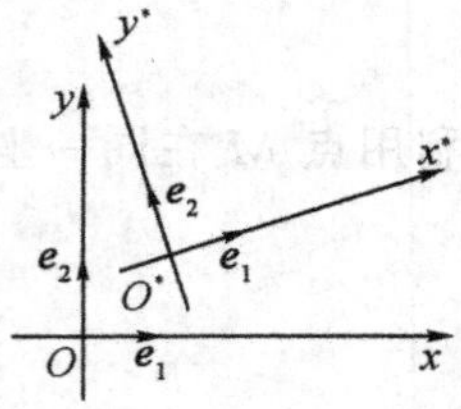

图 3-18

$$\begin{cases} \overrightarrow{OO^*} = [\boldsymbol{e}_1, \boldsymbol{e}_2]\begin{bmatrix} x_0 \\ y_0 \end{bmatrix}, \\ [\boldsymbol{e}_1^*, \boldsymbol{e}_2^*] = [\boldsymbol{e}_1, \boldsymbol{e}_2]\begin{bmatrix} c_{11} & c_{12} \\ c_{21} & c_{22} \end{bmatrix}, \end{cases} \tag{3.4.6}$$

其中 $\boldsymbol{C} = \begin{bmatrix} c_{11} & c_{12} \\ c_{21} & c_{22} \end{bmatrix}$，称为从坐标系 I 到坐标系 I^* 的过渡矩阵，它是由 $\boldsymbol{e}_1^*, \boldsymbol{e}_2^*$ 在坐标系 I 中坐标向量构成的二阶矩阵. 对平面上任一点 M，它在原坐标系 I 中的坐标记为 (x, y)，在坐标系 I^* 中的坐标记为 (x^*, y^*)，则由(3.4.2) 得

$$\begin{cases} x = c_{11}x^* + c_{12}y^* + x_0, \\ y = c_{21}x^* + c_{22}y^* + y_0. \end{cases} \tag{3.4.7}$$

(3.4.7) 改写成矩阵形式，则有

$$\begin{bmatrix} x \\ y \end{bmatrix} = \boldsymbol{C}\begin{bmatrix} x^* \\ y^* \end{bmatrix} + \begin{bmatrix} x_0 \\ y_0 \end{bmatrix}. \tag{3.4.7)$'$}$$

其中 $$\boldsymbol{C} = \begin{bmatrix} c_{11} & c_{12} \\ c_{21} & c_{22} \end{bmatrix}.$$

记 $\delta_{ij} = \begin{cases} 1, i = j, \\ 0, i \neq j. \end{cases}$ $\boldsymbol{C}^{\mathrm{T}} = \begin{bmatrix} c_{11} & c_{21} \\ c_{12} & c_{22} \end{bmatrix}$($\boldsymbol{C}^{\mathrm{T}}$ 称为 $\boldsymbol{C}$ 的转置). 利用 $\boldsymbol{e}_i \cdot \boldsymbol{e}_j = \delta_{ij}, \boldsymbol{e}_i^* \cdot \boldsymbol{e}_j^* = \delta_{ij}$ 可得

$$\begin{cases} c_{11}^2 + c_{21}^2 = c_{12}^2 + c_{22}^2 = 1, \\ c_{11}c_{12} + c_{21}c_{22} = 0. \end{cases} \tag{3.4.8}$$

(3.4.8) 等价于 $\boldsymbol{C}^{\mathrm{T}}\boldsymbol{C} = \boldsymbol{E}$($\boldsymbol{E}$ 为二阶单位阵),这样的矩阵 $\boldsymbol{C}$ 即为二阶正交矩阵.此时称(3.4.7) 或(3.4.7)′ 为平面上从直角坐标系 I 到 I^* 点坐标变换公式.特别地

1) 当 $\boldsymbol{C} = \boldsymbol{E}$(二阶单位阵)时,即$\boldsymbol{e}_i^* = \boldsymbol{e}_i(i = 1,2)$,这样的直角坐标系的变换称为平面上坐标轴的平移.此时(3.4.7) 式变为

$$\begin{cases} x = x^* + x_0, \\ y = y^* + y_0. \end{cases} \tag{3.4.9}$$

公式(3.4.6) 称为平面上坐标轴平移的点变换公式.

2) 当点 O^* 与点 O 重合时,则(3.4.7) 式变为

$$\begin{cases} x = c_{11}x^* + c_{12}y^*, \\ y = c_{21}x^* + c_{22}y^*. \end{cases} \tag{3.4.10}$$

由于 $\boldsymbol{C} = \begin{bmatrix} c_{11} & c_{12} \\ c_{21} & c_{22} \end{bmatrix}$为正交阵,则

$$\begin{cases} c_{11}^2 + c_{21}^2 = c_{12}^2 + c_{22}^2 = c_{11}^2 + c_{12}^2 = c_{21}^2 + c_{22}^2 = 1, \\ c_{11}c_{21} + c_{12}c_{22} = 0. \end{cases}$$

因而

$$|c_{11}| = |c_{22}|, \ |c_{12}| = |c_{21}|.$$

由 $c_{11}^2 + c_{21}^2 = 1$,可假设 $c_{11} = \cos\theta, c_{21} = \sin\theta$,则 $c_{12} = \pm\sin\theta$. 若 $c_{12} = \sin\theta$, 则 $c_{22} = -\cos\theta$;若 $c_{12} = -\sin\theta$,则 $c_{22} = \cos\theta$. 从而二阶正交矩阵 C 又可表示为

$$\begin{bmatrix} \cos\theta & -\sin\theta \\ \sin\theta & \cos\theta \end{bmatrix} \quad 或 \quad \begin{bmatrix} \cos\theta & \sin\theta \\ \sin\theta & -\cos\theta \end{bmatrix}.$$

若 $\boldsymbol{C} = \begin{bmatrix} \cos\theta & -\sin\theta \\ \sin\theta & \cos\theta \end{bmatrix}$,此时坐标系$\{O,\boldsymbol{e}_1^*,\boldsymbol{e}_2^*\}$是由原坐标系$\{O,\boldsymbol{e}_1,\boldsymbol{e}_2\}$绕原点逆时针旋转 θ 角所得到的直角坐标系,它也是右手系(如图 3-19).这样的直角坐标变换称为平面上坐标轴的旋转,对应点的坐标变换公式

$$\begin{cases} x = x^*\cos\theta - y^*\sin\theta, \\ y = x^*\sin\theta + y^*\cos\theta \end{cases} \tag{3.4.11}$$

称为平面上坐标轴旋转的点变换公式.

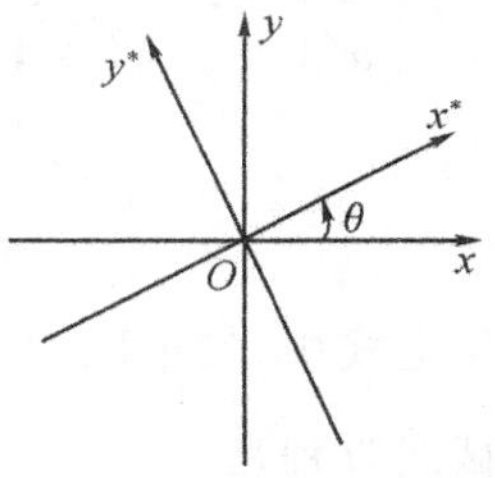

图 3-19

若 $\boldsymbol{C} = \begin{bmatrix} \cos\theta & \sin\theta \\ \sin\theta & -\cos\theta \end{bmatrix}$,此时坐标系$\{O,\boldsymbol{e}_1^*,\boldsymbol{e}_2^*\}$是由原坐标系$\{O,\boldsymbol{e}_1,\boldsymbol{e}_2\}$中的$\boldsymbol{e}_1$绕原点逆时针旋转 θ 角,$\boldsymbol{e}_2$绕原点逆时针旋转 $\pi+\theta$ 角所得到的直角坐标系,它为左手系(如图 3-20),此时也可以写出相应的坐标轴旋转的点变换公式.

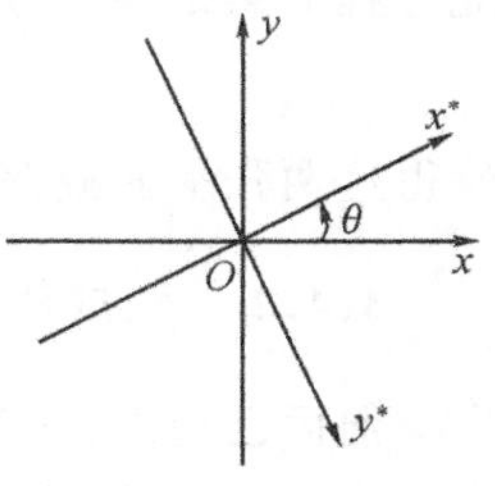

图 3-20

例 3.4.1 当 $a < b$ 时,是否存在过原点的平面 π 截椭圆抛物面$\dfrac{x^2}{a^2} + \dfrac{y^2}{b^2} = 2z$,截线是圆?

解 设平面方程是

$$Ax+By+z=0,$$

其中 A,B 是待定常数,则截线方程为

$$\begin{cases}Ax+By+z=0,\\ \dfrac{x^2}{a^2}+\dfrac{y^2}{b^2}=2z.\end{cases}$$

令

$$e_3^*=\frac{1}{\sqrt{A^2+B^2+1}}(A,B,1),$$

$$e_1^*=\frac{1}{\sqrt{A^2+1}}(-1,0,A),$$

$$e_2^*=e_3^*\times e_1^*=\frac{1}{\sqrt{(A^2+1)(A^2+B^2+1)}}(AB,-(A^2+1),B)$$

取平面 π 上原点 O 作为新坐标系的原点,建立新直角坐标系 $\{O^*,e_1^*,e_2^*,e_3^*\}$,两个直角坐标系之间的点坐标变换公式为

$$\begin{cases}x=-\dfrac{1}{\sqrt{A^2+1}}x^*+\dfrac{AB}{\sqrt{(A^2+1)(A^2+B^2+1)}}y^*+\dfrac{A}{\sqrt{A^2+B^2+1}}z^*,\\ y=-\dfrac{A^2+1}{\sqrt{(A^2+1)(A^2+B^2+1)}}y^*+\dfrac{B}{\sqrt{A^2+B^2+1}}z^*,\\ z=\dfrac{A}{\sqrt{A^2+1}}x^*+\dfrac{B}{\sqrt{(A^2+1)(A^2+B^2+1)}}y^*+\dfrac{1}{\sqrt{A^2+B^2+1}}z^*.\end{cases}$$

在新的直角坐标系下,平面 π 的方程是 $z^*=0$. 平面 π 上的截线方程是

$$\frac{1}{a^2}\left[-\frac{1}{\sqrt{A^2+1}}x^*+\frac{AB}{\sqrt{(A^2+1)(A^2+B^2+1)}}y^*\right]^2+\frac{A^2+1}{b^2(A^2+B^2+1)}y^{*2}$$
$$-2\left[\frac{A}{\sqrt{A^2+1}}x^*+\frac{B}{\sqrt{(A^2+1)(A^2+B^2+1)}}y^*\right]=0.$$

从上式中,如果取 $B=0,a^2(A^2+1)=b^2$,即取 $B=0,A=\pm\sqrt{\dfrac{b^2}{a^2}-1}$,则平面 π 上的截线方程是

$$x^{*2}+y^{*2}\pm 2b\sqrt{b^2-a^2}\,x^*=0,$$

此方程显然是圆的方程. 因而存在平面 π:

$$\sqrt{b^2-a^2}\,x+az=0,\text{或}\sqrt{b^2-a^2}\,x-az=0,$$

使得这两张平面截椭圆抛物面的截线是圆. ◇

3.4.2 欧拉角

前面已指出,在空间旋转点变换公式(3.4.4)中,所有 $c_{ij}(1\leqslant i,j\leqslant 3)$ 中实际上只有三个是独立的,为了更直接地指出这三个独立参数,欧拉(Euler)曾指明了以下事实:任何一个旋转都可由连续施行的三次绕轴旋转来实现. 这三次绕轴旋转的旋转角就是三个

独立参数，这三个角称为**欧拉角**，下面用欧拉角来表示点坐标变换公式.

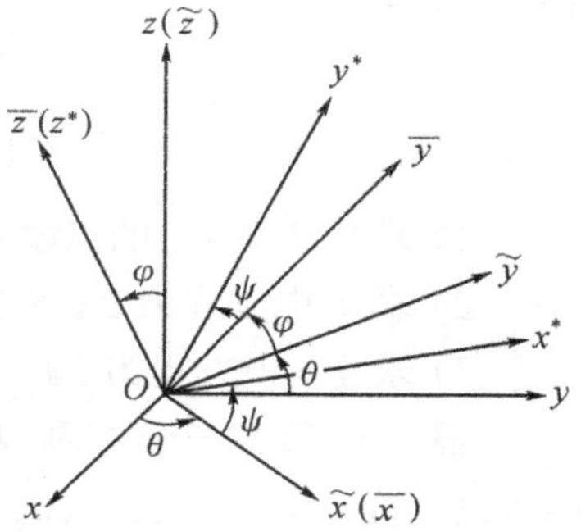

图 3-21

设 $I=\{O,e_1,e_2,e_3\}$，$I^*=\{O,e_1^*,e_2^*,e_3^*\}$ 为两个空间直角坐标系.空间中任一点 M，在坐标系 I 与 I^* 中的坐标分别为 (x,y,z) 与 (x^*,y^*,z^*)，并假设 Oz 轴与 Oz^* 轴不重合，则 Oxy 面与 Ox^*y^* 面有交线 l，选择直线 l 的一个方向为正向，使它与 Oz 轴和 Oz^* 轴构成右手系，并设选定正方向的直线为 $O\tilde{x}$ 轴.

第一步：保持 Oz 轴不动，从 Ox 轴绕 Oz 轴逆时针旋转 θ 角到 $O\tilde{x}$ 轴，Oy 轴同样绕 Oz 轴逆时针旋转 θ 角到 $O\tilde{y}$ 轴，这样建立了一个新坐标系 $O\tilde{x}\tilde{y}\tilde{z}$，其中 $O\tilde{z}$ 轴就是 Oz 轴.这时对应的点坐标变换公式为

$$\begin{cases}x=\tilde{x}\cos\theta-\tilde{y}\sin\theta,\\ y=\tilde{x}\sin\theta+\tilde{y}\cos\theta,\\ z=\tilde{z}.\end{cases}\tag{3.4.12}$$

第二步：由第一步的旋转可知，$O\tilde{y}$ 轴、$O\tilde{z}$ 轴、Oz^* 轴在垂直于 $O\tilde{x}$ 轴的平面上.于是保持 $O\tilde{x}$ 轴不动，将 $O\tilde{z}$ 轴逆时针旋转 φ 角到 Oz^* 轴，$O\tilde{y}$ 轴逆时针旋转 φ 角到 $O\bar{y}$ 轴，这样得到坐标系 $O\bar{x}\bar{y}\bar{z}$，其中 $O\bar{x}$ 轴即为 $O\tilde{x}$ 轴，此时对应的坐标变换公式为

$$\begin{cases}\tilde{x}=\bar{x},\\ \tilde{y}=\bar{y}\cos\varphi-\bar{z}\sin\varphi,\\ \tilde{z}=\bar{y}\sin\varphi+\bar{z}\cos\varphi.\end{cases}\tag{3.4.13}$$

第三步：由第二步的旋转可知，$O\bar{x}$，$O\bar{y}$，Ox^*，Oy^* 轴均在垂直于 Oz^* 轴的平面上.于是保持 Oz^* 轴不动，将 $O\bar{x}$ 轴逆时针旋转 ψ 角到 Ox^* 轴，则 $O\bar{y}$ 轴逆时针旋转同样的角度 ψ 必与 Oy^* 轴重合，这样得到坐标系 $Ox^*y^*z^*$.此时对应的点坐标变换公式为

$$\begin{cases}\bar{x}=x^*\cos\psi-y^*\sin\psi,\\ \bar{y}=x^*\sin\psi+y^*\cos\psi,\\ \bar{z}=z^*.\end{cases}\tag{3.4.14}$$

这样由(3.4.12)～(3.4.14)可得从坐标系 $Oxyz$ 到坐标系 $Ox^*y^*z^*$ 的坐标变换公式为

$$\begin{cases}x=(\cos\psi\ \cos\theta-\sin\psi\ \cos\varphi\ \sin\theta)x^*-(\sin\psi\ \cos\theta+\cos\psi\ \cos\varphi\ \sin\theta)y^*\\ \qquad+\sin\varphi\ \sin\theta z^*,\\ y=(\cos\psi\ \sin\theta+\sin\psi\ \cos\varphi\ \cos\theta)x^*+(-\sin\psi\ \sin\theta+\cos\psi\ \cos\varphi\ \cos\theta)y^*\\ \qquad-\sin\varphi\ \cos\theta z^*,\\ z=\sin\psi\ \sin\varphi x^*+\cos\psi\ \sin\varphi y^*+\cos\varphi z^*,\end{cases}$$

其中 θ,φ,ψ 为欧拉角.

例 3.4.2 设 $I=\{O,e_1,e_2,e_3\}$，$I^*=\{O^*,e_1^*,e_2^*,e_3^*\}$ 为空间中两个右手直角坐标系，已知 I^* 的三张坐标平面在坐标系 I 中的方程为

$$O^*y^*z^*: x-y+z+1=0,$$
$$O^*x^*z^*: x+2y+z-5=0,$$
$$O^*x^*y^*: x-z-1=0.$$

1) 求从 I 到 I^* 的点坐标变换公式;

2) 求 I 中方程为 $2x+3y+z+5=0$ 的平面在 I^* 中的方程;

3) 求 I^* 中方程为 $2x^*+\sqrt{2}y^*=0$ 的平面在 I 中的方程.

解　1) 因为三个平面 $O^*y^*z^*$, $O^*x^*z^*$, $O^*x^*y^*$ 在 I 中的法向量分别为 $\boldsymbol{n}_1=[1,-1,1]^{\mathrm{T}}$, $\boldsymbol{n}_2=[1,2,1]^{\mathrm{T}}$, $\boldsymbol{n}_3=[1,0,-1]^{\mathrm{T}}$, 由于 $\boldsymbol{n}_1,\boldsymbol{n}_2,\boldsymbol{n}_3$ 两两垂直, 可令

$$\boldsymbol{e}_1^*=\frac{1}{\sqrt{3}}[1,-1,1]^{\mathrm{T}},\boldsymbol{e}_2^*=\frac{1}{\sqrt{6}}[1,2,1]^{\mathrm{T}},\boldsymbol{e}_3^*=\frac{1}{\sqrt{2}}[-1,0,1]^{\mathrm{T}}.$$

则 $[\boldsymbol{e}_1^*,\boldsymbol{e}_2^*,\boldsymbol{e}_3^*]=[\boldsymbol{e}_1,\boldsymbol{e}_2,\boldsymbol{e}_3]\boldsymbol{C}$, 其中

$$\boldsymbol{C}=\begin{bmatrix}\frac{1}{\sqrt{3}} & \frac{1}{\sqrt{6}} & -\frac{1}{\sqrt{2}}\\ -\frac{1}{\sqrt{3}} & \frac{2}{\sqrt{6}} & 0\\ \frac{1}{\sqrt{3}} & \frac{1}{\sqrt{6}} & \frac{1}{\sqrt{2}}\end{bmatrix}.$$

又已知三个平面的交点为(1,2,0), 即 O^* 在坐标系 I 中的坐标为(1,2,0), 故从 I 到 I^* 的点坐标变换公式为

$$\begin{bmatrix}x\\y\\z\end{bmatrix}=\boldsymbol{C}\begin{bmatrix}x^*\\y^*\\z^*\end{bmatrix}+\begin{bmatrix}1\\2\\0\end{bmatrix}.$$

即

$$\begin{cases}x=\frac{1}{\sqrt{3}}x^*+\frac{1}{\sqrt{6}}y^*-\frac{1}{\sqrt{2}}z^*+1,\\ y=-\frac{1}{\sqrt{3}}x^*+\frac{2}{\sqrt{6}}y^*+2,\\ z=\frac{1}{\sqrt{3}}x^*+\frac{1}{\sqrt{6}}y^*+\frac{1}{\sqrt{2}}z^*.\end{cases}$$

2) 由 1) 得

$$2x+3y+z+5=\frac{9}{\sqrt{6}}y^*-\frac{1}{\sqrt{2}}z^*+13,$$

故在 I 中的平面 $2x+3y+z+5=0$ 在 I^* 中方程为 $3\sqrt{3}y^*-z^*+13\sqrt{2}=0$.

3) 由 1) 得从 I^* 到 I 的坐标变换公式为

$$\begin{cases} x^* = \dfrac{1}{\sqrt{3}}(x - y + z + 1), \\ y^* = \dfrac{1}{\sqrt{6}}(x + 2y + z - 5), \\ z^* = -\dfrac{1}{\sqrt{2}}(x - z - 1). \end{cases}$$

于是方程 $2x^* + \sqrt{2}y^* = 0$ 在 I 中的方程为 $x + z = 1$.

3.4 习 题

1. 设平面上的直角坐标系 $I = \{O, \boldsymbol{e}_1, \boldsymbol{e}_2\}$ 到平面上直角坐标系 $I^* = \{O^*, \boldsymbol{e}_1^*, \boldsymbol{e}_2^*\}$ 的点坐标变换公式为

$$\begin{cases} x = \dfrac{\sqrt{2}}{2}x^* + \dfrac{\sqrt{2}}{2}y^* + 2, \\ y = -\dfrac{\sqrt{2}}{2}x^* + \dfrac{\sqrt{2}}{2}y^* - 3. \end{cases}$$

(1) 求直线 $2x + y + 1 = 0$ 在 I^* 中的方程;

(2) 求 $x^* + y^* - 2 = 0$ 在 I 中的方程.

2. 在平面直角坐标系 $I = \{O, \boldsymbol{e}_1, \boldsymbol{e}_2\}$ 中,以直线 $l: 3x + 4y + 1 = 0$ 为新坐标系的 x^* 轴,取过点 $A(4,3)$ 且垂直于 l 的直线为 y^* 轴,建立新坐标系 $I^* = \{O^*, \boldsymbol{e}_1^*, \boldsymbol{e}_2^*\}$,写出从 I 到 I^* 的点坐标变换公式.

3. 已知从空间直角坐标系 $I = \{O, \boldsymbol{e}_1, \boldsymbol{e}_2, \boldsymbol{e}_3\}$ 到空间直角坐标系 $I^* = \{O^*, \boldsymbol{e}_1^*, \boldsymbol{e}_2^*, \boldsymbol{e}_3^*\}$ 的点坐标变换公式为

$$\begin{cases} x = \dfrac{1}{\sqrt{2}}x^* + \dfrac{1}{\sqrt{3}}y^* + \dfrac{1}{\sqrt{6}}z^* - 1, \\ y = \dfrac{1}{\sqrt{3}}y^* - \dfrac{2}{\sqrt{6}}z^* + 1, \\ z = -\dfrac{1}{\sqrt{2}}x^* + \dfrac{1}{\sqrt{3}}y^* + \dfrac{1}{\sqrt{6}}z^* + 1. \end{cases}$$

(1) 向量 $\boldsymbol{v} = (1,1,1)$ 在新坐标系 I^* 下的坐标;

(2) 求球面 $(x + 1)^2 + (y - 1)^2 + (z - 1)^2 = 1$ 在 I^* 中的方程.

4. 在空间直角坐标系 $I = \{O, \boldsymbol{e}_1, \boldsymbol{e}_2, \boldsymbol{e}_3\}$ 中已给出三个互相垂直的平面

$$\pi_1: 3x + y - z - 1 = 0,$$
$$\pi_2: x + 4y + 7z = 0,$$
$$\pi_3: x - 2y + z = 0.$$

建立一个新的直角坐标系 $I^* = \{O^*, \boldsymbol{e}_1^*, \boldsymbol{e}_2^*, \boldsymbol{e}_3^*\}$,使得 π_1, π_2, π_3 依次为坐标系 I^* 的坐标平面 $O^*y^*z^*, O^*x^*z^*, O^*x^*y^*$,且坐标系 I^* 的坐标向量在 I 中的第一分量均为负,求从 I 到 I^* 的点坐标变换公式.

5. 设平面 $\pi: x - ky + z + 2 = 0$ 与曲线 $x^2 + z^2 = 2y^2$ 相交,问当 k 为何值时,交线

是抛物线、椭圆或双曲线？

6. 是否存在平行于 x 轴的一张平面 π，它与双叶双曲面 $\frac{x^2}{a^2}+\frac{y^2}{b^2}-\frac{z^2}{c^2}=1(a>b)$ 的截线是圆？

7. 在直角坐标系 $I=\{O,\boldsymbol{e}_1,\boldsymbol{e}_2,\boldsymbol{e}_3\}$ 中，证明方程 $f(x+2y+z,2x+y-4z)=0$ 表示的图形是柱面，并求其母线方向和一条准线方程.

§3.5　二次曲面的分类

在空间直角坐标系 $I=\{O,\boldsymbol{e}_1,\boldsymbol{e}_2,\boldsymbol{e}_3\}$ 内，由三元二次方程

$$\begin{aligned}F(x,y,z)&=a_{11}x^2+2a_{12}xy+a_{22}y^2+2a_{13}xz+2a_{23}yz+a_{33}z^2\\&\quad+2a_{14}x+2a_{24}y+2a_{34}z+a_{44}=0\end{aligned}\tag{3.5.1}$$

所表示的曲面称为二次曲面，这里 $a_{11},a_{12},a_{22},a_{13},a_{23}$ 和 a_{33} 是不全为零的实数，a_{14},a_{24}，a_{34} 和 a_{44} 也都为实数.

记

$$\boldsymbol{A}=\begin{bmatrix}a_{11}&a_{12}&a_{13}\\a_{12}&a_{22}&a_{23}\\a_{13}&a_{23}&a_{33}\end{bmatrix},\quad \boldsymbol{Y}=\begin{bmatrix}x\\y\\z\end{bmatrix},\quad \boldsymbol{\alpha}=\begin{bmatrix}a_{14}\\a_{24}\\a_{34}\end{bmatrix}$$

则 $\boldsymbol{A}$ 为实对称矩阵，即 $\boldsymbol{A}^{\mathrm{T}}=\boldsymbol{A}$，其中 $\boldsymbol{A}^{\mathrm{T}}$ 表示矩阵 $\boldsymbol{A}$ 的转置. 于是(3.5.1)中的二次齐次部分(也称为二次型)可表示为

$$\Phi(x,y,z)=a_{11}x^2+2a_{12}xy+a_{22}y^2+2a_{13}xz+2a_{23}yz+a_{33}z^2=\boldsymbol{Y}^{\mathrm{T}}\boldsymbol{A}\boldsymbol{Y}.\tag{3.5.2}$$

此时(3.5.1)可表示为

$$F(x,y,z)=[\boldsymbol{Y}^{\mathrm{T}},1]\begin{bmatrix}\boldsymbol{A}&\boldsymbol{\alpha}\\\boldsymbol{\alpha}^{\mathrm{T}}&a_{44}\end{bmatrix}\begin{bmatrix}\boldsymbol{Y}\\1\end{bmatrix}=0.\tag{3.5.3}$$

3.5.1　特征值与特征向量

为了简化方程(3.5.1)，希望寻找另一空间直角坐标系 $I^*=\{O,\boldsymbol{e}_1^*,\boldsymbol{e}_2^*,\boldsymbol{e}_3^*\}$(可以是左手系)，使得 $\Phi(x,y,z)$ 在该坐标系下化成标准形式 $\lambda_1x^{*2}+\lambda_2y^{*2}+\lambda_3z^{*2}$(即只含平方项，不含交叉项的形式)，这样(3.5.1)在新坐标系下化为如下形式方程

$$\lambda_1x^{*2}+\lambda_2y^{*2}+\lambda_3z^{*2}+2a_{14}^*x^*+2a_{24}^*y^*+2a_{34}^*z^*+a_{44}^*=0.\tag{3.5.4}$$

此时只要通过配方，并对变量前的系数符号做一些讨论，就可确定二次曲面的类型，为此，我们特别考虑 $\Phi(x,y,z)$. 假如这样的坐标系存在，则可令

$$[\boldsymbol{e}_1^*,\boldsymbol{e}_2^*,\boldsymbol{e}_3^*]=[\boldsymbol{e}_1,\boldsymbol{e}_2,\boldsymbol{e}_3]\boldsymbol{C},\tag{3.5.5}$$

其中 C 为正交矩阵. 相应的保持原点不变的点坐标变换公式为

$$\boldsymbol{Y}=\boldsymbol{C}\boldsymbol{Y}^*,$$

其中 $\boldsymbol{Y}=[x,y,z]^{\mathrm{T}}$，$\boldsymbol{Y}^*=[x^*,y^*,z^*]^{\mathrm{T}}$，于是

$$\Phi(x,y,z)=\boldsymbol{Y}^{\mathrm{T}}\boldsymbol{A}\boldsymbol{Y}=\boldsymbol{Y}^{*\mathrm{T}}\boldsymbol{C}^{\mathrm{T}}\boldsymbol{A}\boldsymbol{C}\boldsymbol{Y}^{*}=\lambda_1 x^{*2}+\lambda_2 y^{*2}+\lambda_3 z^{*2},$$

记 $\boldsymbol{A}^{*}=\boldsymbol{C}^{\mathrm{T}}\boldsymbol{A}\boldsymbol{C}$，则 $\boldsymbol{A}^{*}$ 为实对称矩阵，从而

$$\boldsymbol{A}^{*}=\boldsymbol{C}^{\mathrm{T}}\boldsymbol{A}\boldsymbol{C}=\begin{bmatrix}\lambda_1 & 0 & 0\\ 0 & \lambda_2 & 0\\ 0 & 0 & \lambda_3\end{bmatrix} \tag{3.5.6}$$

设矩阵 $\boldsymbol{C}$ 的列向量为 $\boldsymbol{X}_1,\boldsymbol{X}_2,\boldsymbol{X}_3$，则 $\boldsymbol{C}=[\boldsymbol{X}_1,\boldsymbol{X}_2,\boldsymbol{X}_3]$. 由于 $\boldsymbol{C}$ 为正交矩阵，则上式等价于

$$\boldsymbol{A}\boldsymbol{X}_i=\lambda_i\boldsymbol{X}_i,\quad i=1,2,3.$$

定义 3.5.1 设 $\boldsymbol{A}$ 为任意阶矩阵，对实数 λ，若存在非零向量 $\boldsymbol{X}$，使得 $\boldsymbol{AX}=\lambda\boldsymbol{X}$，称 λ 为 $\boldsymbol{A}$ 的一个**特征值**，$\boldsymbol{X}$ 称为 $\boldsymbol{A}$ 对应特征值 λ 的**特征向量**或称为 $\boldsymbol{A}$ 对应特征值 λ 的**主方向**.

从(3.5.5)，(3.5.6)，我们可看出 $\boldsymbol{A}$ 的特征值 $\lambda_1,\lambda_2,\lambda_3$ 在坐标轴旋转下是不变的，因此它们是坐标轴旋转下的不变量. 因为坐标轴的平移不改变二次曲面方程中二次项的系数，故特征值也是坐标轴平移下不变量. 此外，如果三阶矩阵 A 存在三个两两正交的单位特征向量 $\boldsymbol{X}_1,\boldsymbol{X}_2,\boldsymbol{X}_3$，则由向量 $\boldsymbol{X}_1,\boldsymbol{X}_2,\boldsymbol{X}_3$ 组成的矩阵 $\boldsymbol{C}=[\boldsymbol{X}_1,\boldsymbol{X}_2,\boldsymbol{X}_3]$ 为正交矩阵. 令

$$[\boldsymbol{e}_1^*,\boldsymbol{e}_2^*,\boldsymbol{e}_3^*]=[\boldsymbol{e}_1,\boldsymbol{e}_2,\boldsymbol{e}_3]\boldsymbol{C},$$

则坐标系 $I^*=\{O^*,\boldsymbol{e}_1^*,\boldsymbol{e}_2^*,\boldsymbol{e}_3^*\}$ 为空间直角坐标系，即取这三个互相垂直的特征向量为新坐标系的三个坐标轴的方向(可能为左手系)，在此坐标系下，$\Phi(x,y,z)$ 可化为标准形式.

首先讨论特征值与特征向量的求法.

设 λ 为 $\boldsymbol{A}$ 的特征值，$\boldsymbol{X}$ 为 $\boldsymbol{A}$ 对应 λ 的特征向量，则 $\boldsymbol{AX}=\lambda\boldsymbol{X}$，即

$$(\boldsymbol{A}-\lambda\boldsymbol{E})\boldsymbol{X}=\boldsymbol{0},$$

这等价于

$$\begin{cases}(a_{11}-\lambda)x+a_{12}y+a_{13}z=0,\\ a_{12}x+(a_{22}-\lambda)y+a_{23}z=0,\\ a_{13}x+a_{23}y+(a_{33}-\lambda)z=0.\end{cases} \tag{3.5.7}$$

因 $\boldsymbol{X}=[x,y,z]^{\mathrm{T}}\neq\boldsymbol{0}$，故上述方程组有非零解，从而

$$|\boldsymbol{A}-\lambda\boldsymbol{E}|=\begin{vmatrix}a_{11}-\lambda & a_{12} & a_{13}\\ a_{12} & a_{22}-\lambda & a_{23}\\ a_{13} & a_{23} & a_{33}-\lambda\end{vmatrix}=0. \tag{3.5.8}$$

从(3.5.8)式可解出特征根，$\lambda_1,\lambda_2,\lambda_3$，对每个 $\lambda_i(1\leqslant i\leqslant 3)$，代入(3.5.7)可解出对应 $\lambda_i(1\leqslant i\leqslant 3)$ 的特征向量，显然对应于每个 $\lambda_i(1\leqslant i\leqslant 3)$ 的特征向量有无穷多个. 我们称 $f(\lambda)=|\boldsymbol{A}-\lambda\boldsymbol{E}|$ 为 $\boldsymbol{A}$ 的特征多项式，(3.5.8) 称为 A 的特征方程. $f(\lambda)=0$ 为关于 λ 的实系数的三次方程，所以它在复数域内有三个根，并且虚根会成对出现.

命题 3.5.1 非零实对称矩阵 $\boldsymbol{A}$ 的特征根全为实数.

证明 设 λ 为 $\boldsymbol{A}$ 的任一特征值，$\boldsymbol{X}$ 为 $\boldsymbol{A}$ 对应 λ 的特征向量，即

$$\boldsymbol{AX} = \lambda\boldsymbol{X}$$

对上式两边取共轭，得

$$\overline{\boldsymbol{AX}} = \overline{\lambda\boldsymbol{X}} \tag{3.5.9}$$

这里“—”表示复共轭. 由于$\boldsymbol{A}$为实对称矩阵，则(3.5.9)为

$$\boldsymbol{A}\overline{\boldsymbol{X}} = \bar{\lambda}\overline{\boldsymbol{X}},$$

从而

$$\boldsymbol{X}\cdot\boldsymbol{A}\overline{\boldsymbol{X}} = \bar{\lambda}\boldsymbol{X}\cdot\overline{\boldsymbol{X}},$$

其中“·”表示两个向量的内积(以下“·”均为内积符号). 又在直角坐标系下两个向量$\boldsymbol{X},\boldsymbol{Y}$的内积$\boldsymbol{X}\cdot\boldsymbol{Y} = \boldsymbol{X}^{\mathrm{T}}\boldsymbol{Y}$，所以$\boldsymbol{X}\cdot(\boldsymbol{A}\overline{\boldsymbol{X}}) = \boldsymbol{X}^{\mathrm{T}}\boldsymbol{A}\overline{\boldsymbol{X}} = (\boldsymbol{X}^{\mathrm{T}}\boldsymbol{A})\overline{\boldsymbol{X}}$. 由于$\boldsymbol{X}^{\mathrm{T}}\boldsymbol{A} = (\boldsymbol{A}^{\mathrm{T}}\boldsymbol{X})^{\mathrm{T}} = (\boldsymbol{AX})^{\mathrm{T}} = \lambda\boldsymbol{X}^{\mathrm{T}}$，所以$\boldsymbol{X}\cdot(\boldsymbol{A}\overline{\boldsymbol{X}}) = \lambda\boldsymbol{X}\cdot\overline{\boldsymbol{X}}$，这样就有

$$\lambda\boldsymbol{X}\cdot\overline{\boldsymbol{X}} = \bar{\lambda}\boldsymbol{X}\cdot\overline{\boldsymbol{X}},$$

即

$$(\lambda - \bar{\lambda})\boldsymbol{X}\cdot\overline{\boldsymbol{X}} = 0.$$

由于$\boldsymbol{X} = [x,y,z]^{\mathrm{T}} \neq \boldsymbol{0}$，则$\boldsymbol{X}\cdot\overline{\boldsymbol{X}} \neq 0$，因此$\lambda = \bar{\lambda}$，命题得证. □

命题 3.5.2 若非零实对称矩阵$\boldsymbol{A}$有三个互异特征根，则它们所对应的特征向量两两正交.

证明 设$\boldsymbol{X}_i$为$\boldsymbol{A}$对应于$\lambda_i(1\leqslant i\leqslant 3)$的特征向量，且$\lambda_i \neq \lambda_j(i\neq j)$. 因为$\boldsymbol{AX}_i = \lambda_i\boldsymbol{X}_i(1\leqslant i\leqslant 3)$，则

$$\boldsymbol{X}_j\cdot\boldsymbol{AX}_i = \lambda_i\boldsymbol{X}_j\cdot\boldsymbol{X}_i.$$

另一方面，上式的左边又等于$\boldsymbol{X}_j\cdot\boldsymbol{AX}_i = \boldsymbol{X}_j^{\mathrm{T}}(\boldsymbol{AX}_i) = (\boldsymbol{A}^{\mathrm{T}}\boldsymbol{X}_j)^{\mathrm{T}}\boldsymbol{X}_i = (\boldsymbol{AX}_j)\cdot\boldsymbol{X}_i,\lambda_j\boldsymbol{X}_j\cdot\boldsymbol{X}_i$，由于$\lambda_i\neq\lambda_j(i\neq j)$，于是$\boldsymbol{X}_j\cdot\boldsymbol{X}_i = 0\ (i\neq j)$，结论得证. □

上述证明说明：实对称矩阵的属于不同特征值的特征向量彼此正交.

命题 3.5.3 若非零实对称矩阵$\boldsymbol{A}$有两个互异的特征根λ_1(单根)和λ_2(二重根)，对应的特征向量分别为$\boldsymbol{X}_1,\boldsymbol{X}_2$，则$\boldsymbol{X}_3 = \boldsymbol{X}_1\times\boldsymbol{X}_2$必是$A$的对应$\lambda_2$的另一个特征向量.

证明 由命题3.5.2的证明得$\boldsymbol{X}_1\perp\boldsymbol{X}_2$，于是$\boldsymbol{X}_1,\boldsymbol{X}_2,\boldsymbol{X}_3$两两正交，且$\boldsymbol{AX}_1 = \lambda_1\boldsymbol{X}_1$，$\boldsymbol{AX}_2 = \lambda_2\boldsymbol{X}_2$. 令$\boldsymbol{P} = [\boldsymbol{X}_1,\boldsymbol{X}_2,\boldsymbol{X}_3]$，则$\boldsymbol{P}^{\mathrm{T}}\boldsymbol{AP}$为实对称矩阵，且$\boldsymbol{AP} = \boldsymbol{A}[\boldsymbol{X}_1,\boldsymbol{X}_2,\boldsymbol{X}_3] = [\lambda_1\boldsymbol{X}_1,\lambda_2\boldsymbol{X}_2,\boldsymbol{AX}_3]$，因此

$$\boldsymbol{P}^{\mathrm{T}}\boldsymbol{AP} = \begin{bmatrix} \lambda_1\boldsymbol{X}_1\cdot\boldsymbol{X}_1 & 0 & \boldsymbol{X}_1\cdot\boldsymbol{AX}_3 \\ 0 & \lambda_2\boldsymbol{X}_2\cdot\boldsymbol{X}_2 & \boldsymbol{X}_2\cdot\boldsymbol{AX}_3 \\ 0 & 0 & \boldsymbol{X}_3\cdot\boldsymbol{AX}_3 \end{bmatrix}.$$

故$\boldsymbol{X}_1\cdot\boldsymbol{AX}_3 = \boldsymbol{X}_2\cdot\boldsymbol{AX}_3 = 0$，从而$\boldsymbol{AX}_3$同时与$\boldsymbol{X}_1,\boldsymbol{X}_2$垂直. 这样必存在实数$\lambda$，使得$\boldsymbol{AX}_3 = \lambda\boldsymbol{X}_3$. 这样$A$的特征根有$\lambda_1,\lambda_2,\lambda$. 由于$\lambda_1$是单根，所以$\lambda = \lambda_2$. □

命题 3.5.4 若非零实对称矩阵$\boldsymbol{A}$有三个相同的特征根λ_0，则$\boldsymbol{A}$只能为数量矩阵$\begin{bmatrix} a_{11} & 0 & 0 \\ 0 & a_{22} & 0 \\ 0 & 0 & a_{33} \end{bmatrix}$，其中$a_{11} = a_{22} = a_{33} = \lambda_0 \neq 0$.

证明 $f(\lambda) = |\boldsymbol{A} - \lambda\boldsymbol{E}|$为特征多项式，则

$$f(\lambda) = -\begin{vmatrix} \lambda - a_{11} & -a_{12} & -a_{13} \\ -a_{12} & \lambda - a_{22} & -a_{23} \\ -a_{13} & -a_{23} & \lambda - a_{33} \end{vmatrix}$$

$$=-(\lambda^3 - I_1\lambda^2 + I_2\lambda - I_3) = -(\lambda - \lambda_0)^3, \qquad (3.5.10)$$

其中 $I_1 = a_{11} + a_{22} + a_{33}$, $I_2 = \begin{vmatrix} a_{11} & a_{12} \\ a_{12} & a_{22} \end{vmatrix} + \begin{vmatrix} a_{22} & a_{23} \\ a_{23} & a_{33} \end{vmatrix} + \begin{vmatrix} a_{11} & a_{13} \\ a_{13} & a_{33} \end{vmatrix}$, $I_3 = |\boldsymbol{A}|$.

利用根与系数的关系得

$$I_1 = a_{11} + a_{22} + a_{33} = 3\lambda_0,$$

$$I_2 = \begin{vmatrix} a_{11} & a_{12} \\ a_{12} & a_{22} \end{vmatrix} + \begin{vmatrix} a_{22} & a_{23} \\ a_{23} & a_{33} \end{vmatrix} + \begin{vmatrix} a_{11} & a_{13} \\ a_{13} & a_{33} \end{vmatrix} = 3\lambda_0^2,$$

$$I_3 = |\boldsymbol{A}| = \lambda_0^3.$$

这样

$$\begin{aligned} 0 &= I_1^2 - 3I_2 \\ &= (a_{11} + a_{22} + a_{33})^2 - 3(a_{11}a_{22} - a_{12}^2) - 3(a_{22}a_{33} - a_{23}^2) - 3(a_{11}a_{33} - a_{13}^2) \\ &= \frac{1}{2}(a_{11} - a_{22})^2 + \frac{1}{2}(a_{11} - a_{33})^2 + \frac{1}{2}(a_{22} - a_{33})^2 + 3(a_{12}^2 + a_{23}^2 + a_{13}^2), \end{aligned}$$

从而 $a_{11} = a_{22} = a_{33} = \lambda_0 \neq 0$, $a_{12} = a_{23} = a_{13} = 0$. □

推论 非零实对称矩阵的特征根至少有一个非零.

由命题 3.5.2— 命题 3.5.4 知,对任何非零实对称矩阵 $\boldsymbol{A}$,均可找到三个两两垂直的单位特征向量.

1) 当 $\lambda_1, \lambda_2, \lambda_3$ 互异时,设 $\boldsymbol{X}_1, \boldsymbol{X}_2, \boldsymbol{X}_3$ 分别为 $\boldsymbol{A}$ 对应 $\lambda_1, \lambda_2, \lambda_3$ 的特征向量,令

$$\boldsymbol{X}_1{}^* = \frac{\boldsymbol{X}_1}{|\boldsymbol{X}_1|}, \quad \boldsymbol{X}_2{}^* = \frac{\boldsymbol{X}_2}{|\boldsymbol{X}_2|}, \quad \boldsymbol{X}_3{}^* = \frac{\boldsymbol{X}_3}{|\boldsymbol{X}_3|},$$

则 $\boldsymbol{X}_1^*, \boldsymbol{X}_2^*, \boldsymbol{X}_3^*$ 为 $\boldsymbol{A}$ 对应 $\lambda_1, \lambda_2, \lambda_3$ 的三个两两垂直的单位特征向量. 此时以 $\boldsymbol{X}_1^*, \boldsymbol{X}_2^*, \boldsymbol{X}_3^*$ 为列向量构成的矩阵 $\boldsymbol{C} = [\boldsymbol{X}_1^*, \boldsymbol{X}_2^*, \boldsymbol{X}_3^*]$ 是正交矩阵,且 $\boldsymbol{C}^{\mathrm{T}}\boldsymbol{A}\boldsymbol{C} = \begin{bmatrix} \lambda_1 & 0 & 0 \\ 0 & \lambda_2 & 0 \\ 0 & 0 & \lambda_3 \end{bmatrix}$.

2) 当 λ_1(单根)、λ_2(二重根) 互异时,设 $\boldsymbol{X}_1, \boldsymbol{X}_2$ 分别为 $\boldsymbol{A}$ 对应 $\lambda_1, \lambda_2 = \lambda_3$ 的特征向量. 令 $\boldsymbol{X}_3 = \boldsymbol{X}_1 \times \boldsymbol{X}_2$,则 $\boldsymbol{X}_1{}^* = \dfrac{\boldsymbol{X}_1}{|\boldsymbol{X}_1|}$, $\boldsymbol{X}_2{}^* = \dfrac{\boldsymbol{X}_2}{|\boldsymbol{X}_2|}$, $\boldsymbol{X}_3{}^* = \dfrac{\boldsymbol{X}_3}{|\boldsymbol{X}_3|}$,为 $\boldsymbol{A}$ 对应 $\lambda_1, \lambda_2, \lambda_3$ 的三个两两垂直的单位特征向量. 此时以 $\boldsymbol{X}_1^*, \boldsymbol{X}_2^*, \boldsymbol{X}_3^*$ 为列向量构成的矩阵 $\boldsymbol{C} = [\boldsymbol{X}_1^*, \boldsymbol{X}_2^*, \boldsymbol{X}_3^*]$ 是正交矩阵,且 $\boldsymbol{C}^{\mathrm{T}}\boldsymbol{A}\boldsymbol{C} = \begin{bmatrix} \lambda_1 & 0 & 0 \\ 0 & \lambda_2 & 0 \\ 0 & 0 & \lambda_3 \end{bmatrix}$.

3) 当 $\lambda_1 = \lambda_2 = \lambda_3$ 时,$\boldsymbol{A} = \begin{bmatrix} a_{11} & 0 & 0 \\ 0 & a_{22} & 0 \\ 0 & 0 & a_{33} \end{bmatrix}$,此时

$$\Phi(x, y, z) = a_{11}x^2 + a_{22}y^2 + a_{33}z^2,$$

其中 $a_{11} = a_{22} = a_{33} = \lambda_1$. 此时 $\boldsymbol{C} = \boldsymbol{E}_3$(三阶单位矩阵).

由上面的讨论,我们有

定理 3.5.1 总可选取适当的直角坐标系 $\{O, \boldsymbol{e}_1{}^*, \boldsymbol{e}_2{}^*, \boldsymbol{e}_3{}^*\}$,使得 $\Phi(x, y, z)$ 在该

坐标系下化成标准形式 $\lambda_1 x^{*2}+\lambda_2 y^{*2}+\lambda_3 z^{*2}$，其中 $\lambda_1,\lambda_2,\lambda_3$ 为 $\Phi(x,y,z)$ 的矩阵 $\boldsymbol{A}$ 的特征值.

3.5.2　二次曲面的不变量与半不变量

曲面的方程一般是随着坐标系的改变而改变，由于这些方程都代表同一张曲面，它们应具有某些共性，即它们的系数应该具有某些不依赖于坐标系选取的共同特性，刻画这种共同性质的量我们称之为不变量.为此，我们引进记号

$$I_1=a_{11}+a_{22}+a_{33}=\mathrm{tr}\boldsymbol{A}(\text{称之为 }\boldsymbol{A}\text{ 的迹}),$$

$$I_2=\begin{vmatrix}a_{11}&a_{12}\\a_{12}&a_{22}\end{vmatrix}+\begin{vmatrix}a_{11}&a_{13}\\a_{13}&a_{33}\end{vmatrix}+\begin{vmatrix}a_{22}&a_{23}\\a_{23}&a_{33}\end{vmatrix},$$

$$I_3=\begin{vmatrix}a_{11}&a_{12}&a_{13}\\a_{12}&a_{22}&a_{23}\\a_{13}&a_{23}&a_{33}\end{vmatrix},$$

$$I_4=\begin{vmatrix}a_{11}&a_{12}&a_{13}&a_{14}\\a_{12}&a_{22}&a_{23}&a_{24}\\a_{13}&a_{23}&a_{33}&a_{34}\\a_{14}&a_{24}&a_{34}&a_{44}\end{vmatrix},$$

$$K_1=\begin{vmatrix}a_{11}&a_{14}\\a_{14}&a_{44}\end{vmatrix}+\begin{vmatrix}a_{22}&a_{24}\\a_{24}&a_{44}\end{vmatrix}+\begin{vmatrix}a_{33}&a_{34}\\a_{34}&a_{44}\end{vmatrix},$$

$$K_2=\begin{vmatrix}a_{11}&a_{12}&a_{14}\\a_{12}&a_{22}&a_{24}\\a_{14}&a_{24}&a_{44}\end{vmatrix}+\begin{vmatrix}a_{11}&a_{13}&a_{14}\\a_{13}&a_{33}&a_{34}\\a_{14}&a_{34}&a_{44}\end{vmatrix}+\begin{vmatrix}a_{22}&a_{23}&a_{24}\\a_{23}&a_{33}&a_{34}\\a_{24}&a_{34}&a_{44}\end{vmatrix},$$

由于二次曲面方程中二次齐次部分的系数矩阵 $\boldsymbol{A}$ 的特征多项式为 $f(\lambda)=|\boldsymbol{A}-\lambda\boldsymbol{E}|$，$f(\lambda)$ 按照 λ 的多项式展开，有

$$f(\lambda)=-\begin{vmatrix}\lambda-a_{11}&-a_{12}&-a_{13}\\-a_{12}&\lambda-a_{22}&-a_{23}\\-a_{13}&-a_{23}&\lambda-a_{33}\end{vmatrix}=-\lambda^3+I_1\lambda^2-I_2\lambda+I_3.$$

利用根与系数的关系得

$$I_1=\lambda_1+\lambda_2+\lambda_3,\quad I_2=\lambda_1\lambda_2+\lambda_1\lambda_3+\lambda_2\lambda_3,\quad I_3=\lambda_1\lambda_2\lambda_3$$

由于 $\boldsymbol{A}$ 的特征值 $\lambda_1,\lambda_2,\lambda_3$ 在坐标轴的旋转和平移下是不变的，故 I_1,I_2,I_3 在坐标轴的旋转和平移下均不变.

关于 I_1,I_2,I_3,I_4,K_1,K_2，我们有下列定理：

定理 3.5.2　(1) I_1,I_2,I_3,I_4 在坐标轴的旋转和平移下均不变；

(2) K_1,K_2 在坐标轴的旋转下是不变的；

(i) 当 $I_3=I_4=0$ 时，K_2 在坐标轴的平移下不变；

(ii) 当 $I_2=I_3=I_4=K_2=0$ 时，K_1 在坐标轴的平移下不变.

称 I_1,I_2,I_3,I_4 为二次曲面的**不变量**，K_1,K_2 称为二次曲面的**半不变量**. 这里 I_1,I_2，I_3 的不变性质来自于定理 3.5.2 上面的说明，但 I_4，K_1，K_2 不变性质证明较复杂，在此不给予证明，详细证明见附录一.

3.5.3 二次曲面方程的化简与二次曲面的分类

由前面的讨论知，二次曲面的方程(3.5.1) 经过适当的坐标轴旋转(取三个互相垂直的特征方向为新坐标轴的方向) 后可化为

$$\lambda_1 x^{*2}+\lambda_2 y^{*2}+\lambda_3 z^{*2}+2a_{14}^* x^*+2a_{24}^* y^*+2a_{34}^* z^*+a_{44}^*=0. \qquad (3.5.11)$$

其中 $\lambda_1,\lambda_2,\lambda_3$ 为 $\boldsymbol{A}$ 的特征根. 在此坐标系 $\{O,\boldsymbol{e}_1{}^*,\boldsymbol{e}_2{}^*,\boldsymbol{e}_3{}^*\}$ 下，

$$I_2=I_2^*=\lambda_1\lambda_2+\lambda_1\lambda_3+\lambda_2\lambda_3;$$

$$I_3=I_3^*=\begin{vmatrix}\lambda_1 & & \\ & \lambda_2 & \\ & & \lambda_3\end{vmatrix}=\lambda_1\lambda_2\lambda_3;$$

$$I_4=I_4^*=\begin{vmatrix}\lambda_1 & 0 & 0 & a_{14}^* \\ 0 & \lambda_2 & 0 & a_{24}^* \\ 0 & 0 & \lambda_3 & a_{34}^* \\ a_{14}^* & a_{24}^* & a_{34}^* & a_{44}^*\end{vmatrix}$$

$$=I_3 a_{44}^*-\lambda_1\lambda_2(a_{34}^*)^2+\lambda_1\lambda_3(a_{24}^*)^2-\lambda_2\lambda_3(a_{14}^*)^2.$$

(I) $I_3\neq 0$，则 $\lambda_1,\lambda_2,\lambda_3$ 全不为零. 将方程(3.5.11) 的左边配方，得

$$\lambda_1\left(x^*+\frac{a_{14}^*}{\lambda_1}\right)^2+\lambda_2\left(y^*+\frac{a_{24}^*}{\lambda_2}\right)^2+\lambda_3\left(z^*+\frac{a_{34}^*}{\lambda_3}\right)^2$$
$$+\left(a_{44}^*-\frac{(a_{14}^*)^2}{\lambda_1}-\frac{(a_{24}^*)^2}{\lambda_2}-\frac{(a_{34}^*)^2}{\lambda_3}\right)=0.$$

令

$$x'=x^*+\frac{a_{14}^*}{\lambda_1},\quad y'=y^*+\frac{a_{24}^*}{\lambda_2},\quad z'=z^*+\frac{a_{34}^*}{\lambda_3}.$$

引进新的坐标系 $\{O',\boldsymbol{e}_1{}',\boldsymbol{e}_2{}',\boldsymbol{e}_3{}'\}$，使得 $\boldsymbol{e}_i{}'=\boldsymbol{e}_i{}^*(i=1,2,3)$，$\overrightarrow{O'O}=\left\{\dfrac{a_{14}^*}{\lambda_1},\dfrac{a_{24}^*}{\lambda_2},\dfrac{a_{34}^*}{\lambda_3}\right\}$. 这样，曲面方程(3.5.11) 化为

$$\lambda_1 x'^2+\lambda_2 y'^2+\lambda_3 z'^2=a'_{44}, \qquad (3.5.12)$$

其中 $a'_{44}=-\left(a_{44}^*-\dfrac{(a_{14}^*)^2}{\lambda_1}-\dfrac{(a_{24}^*)^2}{\lambda_2}-\dfrac{(a_{34}^*)^2}{\lambda_3}\right)$. 由于 $I_4=I_4^*=I'_4=-I_3a'_{44}$ 从而 $a'_{44}=-\dfrac{I_4}{I_3}$，这样方程(3.5.12) 可写成

$$\lambda_1 x'^2+\lambda_2 y'^2+\lambda_3 z'^2+\frac{I_4}{I_3}=0. \qquad (3.5.13)$$

这是第一类型的标准方程. 根据 $\lambda_1,\lambda_2,\lambda_3,I_3,I_4$ 的符号，可判定方程(3.5.13) 分别表示

椭球面($\frac{x'^2}{a^2}+\frac{y'^2}{b^2}+\frac{z'^2}{c^2}=1$)，虚椭球面($\frac{x'^2}{a^2}+\frac{y'^2}{b^2}+\frac{z'^2}{c^2}=-1$)，单叶双曲面($\frac{x'^2}{a^2}+\frac{y'^2}{b^2}-\frac{z'^2}{c^2}=1$)，双叶双曲面($\frac{x'^2}{a^2}+\frac{y'^2}{b^2}-\frac{z'^2}{c^2}=-1$)，二次锥面($\frac{x'^2}{a^2}+\frac{y'^2}{b^2}-\frac{z'^2}{c^2}=0$)和退化的一点($\frac{x'^2}{a^2}+\frac{y'^2}{b^2}+\frac{z'^2}{c^2}=0$)共六种曲面.

(Ⅱ) $I_3=0$ 且 $I_2\neq 0$，则 $\lambda_1,\lambda_2,\lambda_3$ 中有一个为零，不妨设 $\lambda_3=0$. 将方程(3.5.11)左边配方得

$$\lambda_1\left(x^*+\frac{a_{14}^*}{\lambda_1}\right)^2+\lambda_2\left(y^*+\frac{a_{24}^*}{\lambda_2}\right)^2+2a_{34}^*z^*+\left(a_{44}^*-\frac{(a_{14}^*)^2}{\lambda_1}-\frac{(a_{24}^*)^2}{\lambda_2}\right)=0.\quad(3.5.14)$$

(i) 当 $I_4\neq 0$ 时，此时 $a_{34}^*\neq 0$，引进新的直角坐标系 $\{O,\boldsymbol{e}_1',\boldsymbol{e}_2',\boldsymbol{e}_3'\}$，使得 $\boldsymbol{e}_i'=\boldsymbol{e}_i^*$ $(i=1,2,3)$，且

$$x'=x^*+\frac{a_{14}^*}{\lambda_1},\ y'=y^*+\frac{a_{24}^*}{\lambda_2},\ z'=z^*+\frac{1}{2a_{34}^*}\left(a_{44}^*-\frac{(a_{14}^*)^2}{\lambda_1}-\frac{(a_{24}^*)^2}{\lambda_2}\right).$$

此时(3.5.14)为

$$\lambda_1x'^2+\lambda_2y'^2+2a_{34}^*z'=0.\quad(3.5.15)$$

在此坐标系下，

$$I_4=I'_4=\begin{vmatrix}\lambda_1&0&0&0\\0&\lambda_2&0&0\\0&0&0&a_{34}^*\\0&0&a_{34}^*&0\end{vmatrix}=-I_2(a_{34}^*)^2.$$

这样 $a_{34}^*=\pm\sqrt{-\frac{I_4}{I_2}}$，于是方程(3.5.15)可写成

$$\lambda_1x'^2+\lambda_2y'^2\pm 2\sqrt{-\frac{I_4}{I_2}}z'=0,\quad(3.5.16)$$

这是第二类型的标准方程. 根据方程(3.5.16)中变量前系数的符号，可判定方程(3.5.16)表示椭圆抛物面($\frac{x'^2}{a^2}+\frac{y'^2}{b^2}=2z'$)和双曲抛物面($\frac{x'^2}{a^2}-\frac{y'^2}{b^2}=2z'$)共两种曲面.

(ii) 当 $I_4=0$ 时，此时 $a_{34}^*=0$，(3.5.14)变为

$$\lambda_1\left(x^*+\frac{a_{14}^*}{\lambda_1}\right)^2+\lambda_2\left(y^*+\frac{a_{24}^*}{\lambda_2}\right)^2+\left(a_{44}^*-\frac{(a_{14}^*)^2}{\lambda_1}-\frac{(a_{24}^*)^2}{\lambda_2}\right)=0.\quad(3.5.17)$$

引进新的直角坐标系 $\{O',\boldsymbol{e}_1',\boldsymbol{e}_2',\boldsymbol{e}_3'\}$ 使得 $\boldsymbol{e}_i'=\boldsymbol{e}_i^*$ $(i=1,2,3)$，且

$$x'=x^*+\frac{a_{14}^*}{\lambda_1},\ y'=y^*+\frac{a_{24}^*}{\lambda_2},z'=z^*.$$

则(3.5.17)在该坐标系下的方程为

$$\lambda_1x'^2+\lambda_2y'^2=a'_{44},\quad(3.5.18)$$

其中 $a'_{44}=-\left(a_{44}^*-\frac{(a_{14}^*)^2}{\lambda_1}-\frac{(a_{24}^*)^2}{\lambda_2}\right)$. 由于在该坐标系下，

$$K_2 = K'_2 = \begin{vmatrix} \lambda_1 & 0 & 0 \\ 0 & \lambda_2 & 0 \\ 0 & 0 & -a'_{44} \end{vmatrix} = -I_2 a'_{44},$$

从而 $a'_{44} = -\frac{K_2}{I_2}$，于是方程(3.5.18) 可写成

$$\lambda_1 x'^2 + \lambda_2 y'^2 + \frac{K_2}{I_2} = 0, \qquad (3.5.19)$$

这是第三类型标准方程. 根据方程(3.5.19) 中变量前系数和常数项的符号，可判定方程(3.5.19) 表示椭圆柱面($\frac{x'^2}{a^2} + \frac{y'^2}{b^2} = 1$)，虚椭圆柱面($\frac{x'^2}{a^2} + \frac{y'^2}{b^2} = -1$)，双曲柱面($\frac{x'^2}{a^2} - \frac{y'^2}{b^2} = 1$)，两张相交于 z 轴的平面($\frac{x'^2}{a^2} - \frac{y'^2}{b^2} = 0$) 和退化为一条直线 z 轴($\frac{x'^2}{a^2} + \frac{y'^2}{b^2} = 0$) 共五种曲面.

(Ⅲ) $I_3 = 0$ 且 $I_2 = 0$，此时 $\lambda_1, \lambda_2, \lambda_3$ 中有两个为零，不妨设 $\lambda_2 = \lambda_3 = 0$. 此时 $I_4 = 0$，$I_1 = I_1^* = \lambda_1 \neq 0$，且(3.5.11) 可化为

$$\lambda_1 x^{*2} + 2a_{14}^* x^* + 2a_{24}^* y^* + 2a_{34}^* z^* + a_{44}^* = 0 \qquad (3.5.20)$$

且

$$K_2 = K_2^* = \begin{vmatrix} \lambda_1 & 0 & a_{14}^* \\ 0 & 0 & a_{24}^* \\ a_{14}^* & a_{24}^* & a_{44}^* \end{vmatrix} + \begin{vmatrix} \lambda_1 & 0 & a_{14}^* \\ 0 & 0 & a_{34}^* \\ a_{14}^* & a_{34}^* & a_{44}^* \end{vmatrix} + \begin{vmatrix} 0 & 0 & a_{24}^* \\ 0 & 0 & a_{34}^* \\ a_{24}^* & a_{34}^* & a_{44}^* \end{vmatrix}$$

$$= -\lambda_1 [(a_{24}^*)^2 + (a_{34}^*)^2] = -I_1 [(a_{24}^*)^2 + (a_{34}^*)^2].$$

(i) 当 $K_2 \neq 0$ 时，则 a_{24}^*, a_{34}^* 不全为零，此时(3.5.20) 为

$$\lambda_1 \left(x^* + \frac{a_{14}^*}{\lambda_1}\right)^2 + 2\sqrt{(a_{24}^*)^2 + (a_{34}^*)^2}$$

$$\cdot \left[\frac{a_{24}^*}{\sqrt{(a_{24}^*)^2 + (a_{34}^*)^2}} y^* + \frac{a_{34}^*}{\sqrt{(a_{24}^*)^2 + (a_{34}^*)^2}} z^* + \frac{a_{44}^* - \frac{(a_{14}^*)^2}{\lambda_1}}{\sqrt{(a_{24}^*)^2 + (a_{34}^*)^2}}\right] = 0.$$

$$(3.5.21)$$

引进新的直角坐标系$\{O', e_1', e_2', e_3'\}$，使得在新坐标系下点坐标变换公式为

$$x' = x^* + \frac{a_{14}^*}{\lambda_1},\ y' = y^* \cos\theta - z^* \sin\theta + \frac{a_{44}^* - \frac{(a_{14}^*)^2}{\lambda_1}}{\sqrt{(a_{24}^*)^2 + (a_{34}^*)^2}}, z' = y^* \sin\theta + z^* \cos\theta,$$

其中 $\cos\theta = \frac{a_{24}^*}{\sqrt{(a_{24}^*)^2 + (a_{34}^*)^2}}$，$\sin\theta = -\frac{a_{34}^*}{\sqrt{(a_{24}^*)^2 + (a_{34}^*)^2}}$，$\theta \in [0, 2\pi]$. 于是(3.5.21) 在新坐标系下的方程为

$$\lambda_1 x'^2 + 2\sqrt{(a_{24}^*)^2 + (a_{34}^*)^2}\, y' = 0. \qquad (3.5.22)$$

又$(a_{24}^*)^2+(a_{34}^*)^2=-\dfrac{K_2}{I_1}$,故(3.5.22)可写成

$$\lambda_1 x'^2 \pm 2\sqrt{-\frac{K_2}{I_1}}y'=0. \qquad (3.5.23)$$

这是第四类型的标准方程.此时,(3.5.23)所表示的曲面为抛物柱面.

(ii) 当$K_2=0$时,此时$a_{24}^*=a_{34}^*=0, K_2=I_3=I_4=I_2=0, I_1=\lambda_1\neq 0$,从(3.5.20)式,有

$$\lambda_1 x^{*2}+2a_{14}^*x^*+a_{44}^*=0 \qquad (3.5.24)$$

于是有

$$\lambda_1\left(x^*+\frac{a_{14}^*}{\lambda_1}\right)^2+\left(a_{44}^*-\frac{(a_{14}^*)^2}{\lambda_1}\right)=0. \qquad (3.5.25)$$

引进新的直角坐标系$\{O',e_1',e_2',e_3'\}$,使得$e_i'=e_i^*(i=1,2,3)$,且

$$x'=x^*+\frac{a_{14}^*}{\lambda_1},\ y'=y^*,\ z'=z^*.$$

这样,(3.5.25)在新坐标系下的方程为

$$\lambda_1 x'^2=a'_{44} \qquad (3.5.26)$$

其中$a'_{44}=-\left(a_{44}^*-\dfrac{(a_{14}^*)^2}{\lambda_1}\right)$.由于$K_1=K'_1=-\lambda_1 a'_{44}=-I_1a'_{44}$,则$a'_{44}=-\dfrac{K_1}{I_1}$,于是方程(3.5.26)可写成

$$\lambda_1 x'^2+\frac{K_1}{I_1}=0. \qquad (3.5.27)$$

这是第五类型的标准方程.根据方程(3.5.27)中变量前系数和常数项的系数符号,可判定方程(3.5.27)表示的曲面为一对平行平面($x'^2-a^2=0$,a是一个正常数),一对虚平行平面($x'^2+a^2=0$,a是一个正常数),一对重合平面($x'^2=0$)共三种曲面.

这样,把原二次曲面方程按二次曲面的不变量化为5种类型的标准方程,而每种类型的方程根据变量前系数和常数项符号又可以分成若干种形式,共计17种,代表17种曲面,列表如下:

类型	判定条件	标准方程		曲面名称
I	$I_3\neq 0$	$\lambda_1x'^2+\lambda_2y'^2+\lambda_3z'^2+\dfrac{I_4}{I_3}=0$	(1) $\dfrac{x'^2}{a^2}+\dfrac{y'^2}{b^2}+\dfrac{z'^2}{c^2}=1$	椭球面
			(2) $\dfrac{x'^2}{a^2}+\dfrac{y'^2}{b^2}+\dfrac{z'^2}{c^2}=-1$	虚椭球面
			(3) $\dfrac{x'^2}{a^2}+\dfrac{y'^2}{b^2}-\dfrac{z'^2}{c^2}=1$	单叶双曲面
			(4) $\dfrac{x'^2}{a^2}+\dfrac{y'^2}{b^2}-\dfrac{z'^2}{c^2}=-1$	双叶双曲面
			(5) $\dfrac{x'^2}{a^2}+\dfrac{y'^2}{b^2}-\dfrac{z'^2}{c^2}=0$	二次锥面
			(6) $\dfrac{x'^2}{a^2}+\dfrac{y'^2}{b^2}+\dfrac{z'^2}{c^2}=0$	退化一点

续表

类型	判定条件	标准方程		曲面名称
Ⅱ	$I_3=0$ $I_2\neq 0$ $I_4\neq 0$	$\lambda_1 x'^2+\lambda_2 y'^2\pm 2\sqrt{-\frac{I_4}{I_2}}z'=0$	(7) $\frac{x'^2}{a^2}+\frac{y'^2}{b^2}=2z'$	椭圆抛物面
			(8) $\frac{x'^2}{a^2}-\frac{y'^2}{b^2}=2z'$	双曲抛物面
Ⅲ	$I_3=0$ $I_2\neq 0$ $I_4=0$	$\lambda_1 x'^2+\lambda_2 y'^2+\frac{K_2}{I_2}=0$	(9) $\frac{x'^2}{a^2}+\frac{y'^2}{b^2}=1$	椭圆柱面
			(10) $\frac{x'^2}{a^2}+\frac{y'^2}{b^2}=-1$	虚椭圆柱面
			(11) $\frac{x'^2}{a^2}-\frac{y'^2}{b^2}=1$	双曲柱面
			(12) $\frac{x'^2}{a^2}-\frac{y'^2}{b^2}=0$	两张相交平面
			(13) $\frac{x'^2}{a^2}+\frac{y'^2}{b^2}=0$	退化为一条直线
Ⅳ	$I_3=0$ $I_2=0$ $K_2\neq 0$	$\lambda_1 x'^2\pm 2\sqrt{-\frac{K_2}{I_1}}y'=0$	(14) $x'^2=2py'$	抛物柱面
Ⅴ	$I_3=0$ $I_2=0$ $K_2=0$	$\lambda_1 x'^2+\frac{K_2}{I_1}=0$	(15) $x'^2-a^2=0$	一对平行平面
			(16) $x'^2+a^2=0$	一对虚平行平面
			(17) $x'^2=0$	一对重合平面

例 3.5.1 化下列二次曲面方程为标准化方程,并写出坐标变换公式.

1) $3x^2+2y^2+z^2-4xy-4yz+6x+4y-4z+12=0$;

2) $x^2+y^2+z^2+4xy+4yz+4xz+2y+z+2=0$.

解 1) 因 $\Phi(x,y,z)=3x^2+2y^2+z^2-4xy-4yz$,令 $\boldsymbol{A}=\begin{bmatrix}3&-2&0\\-2&2&-2\\0&-2&1\end{bmatrix}$,对应的特征多项式为

$$|\boldsymbol{A}-\lambda\boldsymbol{E}|=\begin{vmatrix}3-\lambda&-2&0\\-2&2-\lambda&-2\\0&-2&1-\lambda\end{vmatrix}=-(\lambda-5)(\lambda-2)(\lambda+1).$$

令 $|\boldsymbol{A}-\lambda\boldsymbol{E}|=0$,则 $\boldsymbol{A}$ 的特征根为 $\lambda_1=5,\lambda_2=2,\lambda_3=-1$.

当 $\lambda_1=5$ 时,$(\boldsymbol{A}-5\boldsymbol{E})\boldsymbol{X}=0$,对应的特征向量为 $\boldsymbol{X}_1=[2,-2,1]^{\mathrm{T}}$. 类似地,当 $\lambda_2=2,\lambda_3=-1$ 时,分别解特征方程 $(\boldsymbol{A}-2\boldsymbol{E})\boldsymbol{X}=0$ 和 $(\boldsymbol{A}+\boldsymbol{E})\boldsymbol{X}=0$,得到相应的特征向量为 $\boldsymbol{X}_2=[2,1,-2]^{\mathrm{T}}$,$\boldsymbol{X}_3=[1,2,2]^{\mathrm{T}}$. 由命题 3.5.2 得,$\boldsymbol{X}_1,\boldsymbol{X}_2,\boldsymbol{X}_3$ 两两正交. 取

$$e_1^* = \frac{X_1}{|X_1|} = \left[\frac{2}{3}, -\frac{2}{3}, \frac{1}{3}\right]^{\mathrm{T}},\ e_2^* = \frac{X_2}{|X_2|} = \left[\frac{2}{3}, \frac{1}{3}, -\frac{2}{3}\right]^{\mathrm{T}},$$

$$e_3^* = \frac{X_3}{|X_3|} = \left[\frac{1}{3}, \frac{2}{3}, \frac{2}{3}\right]^{\mathrm{T}},$$

从坐标系$\{O, e_1, e_2, e_3\}$到坐标系$\{O, e_1^*, e_2^*, e_3^*\}$的点坐标变换公式为

$$\begin{bmatrix} x \\ y \\ z \end{bmatrix} = \begin{bmatrix} \frac{2}{3} & \frac{2}{3} & \frac{1}{3} \\ -\frac{2}{3} & \frac{1}{3} & \frac{2}{3} \\ \frac{1}{3} & -\frac{2}{3} & \frac{2}{3} \end{bmatrix} \begin{bmatrix} x^* \\ y^* \\ z^* \end{bmatrix}.$$

在坐标系$\{O, e_1^*, e_2^*, e_3^*\}$下,原方程变为

$$5x^{*2} + 2y^{*2} - z^{*2} + 8y^* + 2z^* + 12 = 0,$$

配方得

$$5x^{*2} + 2(y^* + 2)^2 - (z^* - 1)^2 + 5 = 0.$$

引进新坐标系$\{O', e'_1, e'_2, e'_3\}$,使得从$\{O, e_1^*, e_2^*, e_3^*\}$到$\{O', e'_1, e'_2, e'_3\}$的坐标变换公式为

$$\begin{cases} x' = x^*, \\ y' = y^* + 2, \\ z' = z^* - 1. \end{cases}$$

于是原方程在坐标系$\{O', e'_1, e'_2, e'_3\}$中的方程为

$$5x'^2 + 2y'^2 - z'^2 + 5 = 0,$$

它表示双叶双曲面.相应的坐标变换公式为

$$\begin{cases} x = \frac{2}{3}x' + \frac{2}{3}y' + \frac{1}{3}z' - 1, \\ y = -\frac{2}{3}x' + \frac{1}{3}y' + \frac{2}{3}z', \\ z = \frac{1}{3}x' - \frac{2}{3}y' + \frac{2}{3}z' + 2. \end{cases}$$

2) 因 $A = \begin{bmatrix} 1 & 2 & 2 \\ 2 & 1 & 2 \\ 2 & 2 & 1 \end{bmatrix}$,于是

$$|A - \lambda E| = \begin{vmatrix} 1-\lambda & 2 & 2 \\ 2 & 1-\lambda & 2 \\ 2 & 2 & 1-\lambda \end{vmatrix} = -(\lambda - 5)(\lambda + 1)^2.$$

令$|A - \lambda E| = 0$,则$\lambda_1 = 5, \lambda_2 = -1$(二重根).

当$\lambda_1 = 5$时,解$(A - 5E)X = 0$,它等价于$x_1 = x_2 = x_3$,取其中的一个解$X_1 = [1, 1, 1]^{\mathrm{T}}$.

当$\lambda_2 = \lambda_3 = -1$时,解$(A + E)X = 0$,这等价于$x_1 + x_2 + x_3 = 0$,取其中一个解

$\boldsymbol{X}_2=[-1,1,0]^{\mathrm{T}}$，令$\boldsymbol{X}_3=\boldsymbol{X}_1\times\boldsymbol{X}_2=[-1,-1,2]^{\mathrm{T}}$. 令

$$\boldsymbol{e}_1^*=\frac{\boldsymbol{X}_1}{|\boldsymbol{X}_1|}=\frac{1}{\sqrt{3}}[1,1,1]^{\mathrm{T}},\quad \boldsymbol{e}_2^*=\frac{\boldsymbol{X}_2}{|\boldsymbol{X}_2|}=\frac{1}{\sqrt{2}}[-1,1,0]^{\mathrm{T}},$$

$$\boldsymbol{e}_3^*=\frac{\boldsymbol{X}_3}{|\boldsymbol{X}_3|}=\frac{1}{\sqrt{6}}[-1,-1,2]^{\mathrm{T}}.$$

建立另一个坐标系$\{O,\boldsymbol{e}_1{}^*,\boldsymbol{e}_2{}^*,\boldsymbol{e}_3{}^*\}$，此时坐标变换公式为

$$\begin{cases}x=\dfrac{1}{\sqrt{3}}x^*-\dfrac{1}{\sqrt{2}}y^*-\dfrac{1}{\sqrt{6}}z^*,\\ y=\dfrac{1}{\sqrt{3}}x^*+\dfrac{1}{\sqrt{2}}y^*-\dfrac{1}{\sqrt{6}}z^*,\\ z=\dfrac{1}{\sqrt{3}}x^*+\dfrac{2}{\sqrt{6}}z^*.\end{cases}$$

原方程在坐标系$\{O,\boldsymbol{e}_1{}^*,\boldsymbol{e}_2{}^*,\boldsymbol{e}_3{}^*\}$下化为

$$5x^{*2}-y^{*2}-z^{*2}+\sqrt{3}x^*+\sqrt{2}y^*+2=0,$$

配方得 $$5\left(x^*+\frac{\sqrt{3}}{10}\right)^2-\left(y^*-\frac{\sqrt{2}}{2}\right)^2-z^{*2}+\frac{47}{20}=0.$$

引入新坐标系$\{O',\boldsymbol{e}_1{}',\boldsymbol{e}_2{}',\boldsymbol{e}_3{}'\}$，使坐标变换公式为

$$\begin{cases}x'=x^*+\dfrac{\sqrt{3}}{10},\\ y'=y^*-\dfrac{\sqrt{2}}{2},\\ z'=z^*.\end{cases}$$

这样，在新坐标系$\{O',\boldsymbol{e}_1{}',\boldsymbol{e}_2{}',\boldsymbol{e}_3{}'\}$内，原方程化为

$$5x'^2-y'^2-z'^2+\frac{47}{20}=0.$$

它表示单叶双曲面. 所作的变换公式为

$$\begin{cases}x=\dfrac{1}{\sqrt{3}}x'-\dfrac{1}{\sqrt{2}}y'-\dfrac{1}{\sqrt{6}}z'-\dfrac{3}{5},\\ y=\dfrac{1}{\sqrt{3}}x'+\dfrac{1}{\sqrt{2}}y'-\dfrac{1}{\sqrt{6}}z'+\dfrac{2}{5},\\ z=\dfrac{1}{\sqrt{3}}x'+\dfrac{3}{\sqrt{6}}z'-\dfrac{1}{10}.\end{cases}$$

例 3.5.2 利用不变量和半不变量判定下列二次曲面方程所代表的曲面，并写出其标准形式的方程.

(1) $2x^2+2y^2-4z^2-5xy-2xz-2yz-2x-2y+z=0$;

(2) $4x^2+y^2+z^2+4xy+2yz+4xz-24x+32=0$.

解　(1)
$$I_3=\begin{vmatrix}2 & -\frac{5}{2} & -1\\ -\frac{5}{2} & 2 & -1\\ -1 & -1 & -4\end{vmatrix}=0,$$

$$I_4=\begin{vmatrix}2 & -\frac{5}{2} & -1 & -1\\ -\frac{5}{2} & 2 & -1 & -1\\ -1 & -1 & -4 & \frac{1}{2}\\ -1 & -1 & \frac{1}{2} & 0\end{vmatrix}=\frac{9\times 81}{16}\neq 0,$$

$$I_2=\begin{vmatrix}2 & -\frac{5}{2}\\ -\frac{5}{2} & 2\end{vmatrix}+\begin{vmatrix}2 & -1\\ -1 & -4\end{vmatrix}+\begin{vmatrix}2 & -1\\ -1 & -4\end{vmatrix}=-\frac{81}{4},$$

$$I_1=2+2-4=0.$$

又原曲面的二次型部分的矩阵为

$$\boldsymbol{A}=\begin{bmatrix}2 & -\frac{5}{2} & -1\\ -\frac{5}{2} & 2 & -1\\ -1 & -1 & -4\end{bmatrix},$$

直接计算它的特征值得 $\lambda_1=\frac{9}{2},\lambda_2=-\frac{9}{2},\ \lambda_3=0$. 从而它的标准方程为

$$3(x'^2-y'^2)=-2z'.$$

它表示双曲抛物面.

(2)
$$I_3=\begin{vmatrix}4 & 2 & 2\\ 2 & 1 & 1\\ 2 & 1 & 1\end{vmatrix}=0,$$

$$I_4=\begin{vmatrix}4 & 2 & 2 & -12\\ 2 & 1 & 1 & 0\\ 2 & 1 & 1 & 0\\ -12 & 0 & 0 & 32\end{vmatrix}=0,$$

$$I_2=\begin{vmatrix}4 & 2\\ 2 & 1\end{vmatrix}+\begin{vmatrix}4 & 2\\ 2 & 1\end{vmatrix}+\begin{vmatrix}1 & 1\\ 1 & 1\end{vmatrix}=0,$$

$$I_1=4+1+1=6,$$

$$K_2=\begin{vmatrix}4 & 2 & -12\\ 2 & 1 & 0\\ -12 & 0 & 32\end{vmatrix}+\begin{vmatrix}4 & 2 & -12\\ 2 & 1 & 0\\ -12 & 0 & 32\end{vmatrix}+\begin{vmatrix}1 & 1 & 0\\ 1 & 1 & 0\\ 0 & 0 & 32\end{vmatrix}=-288\neq 0.$$

因原曲面的二次型部分对应的矩阵为 $A = \begin{bmatrix} 4 & 2 & 2 \\ 2 & 1 & 1 \\ 2 & 1 & 1 \end{bmatrix}$ 的特征值为 $\lambda_1 = 6, \lambda_2 = \lambda_3 = 0$，故它的标准方程为 $x'^2 = \frac{4\sqrt{3}}{3}y'$，它表示抛物面.

3.5 习 题

1. 把下列曲面化成标准方程，并写出相应的坐标变换公式和画出其图形.

(1) $x^2 + y^2 + 5z^2 - 6xy + 2xz - 2yz - 4x + 8y - 12z + 14 = 0$;

(2) $4x^2 + 4y^2 + 4z^2 + 4xy - 4xz + 4yz - 6x - 6z + 3 = 0$;

(3) $2xy + 2yz - 2xz - 4x + 1 = 0$;

(4) $2x^2 + 5y^2 + 2z^2 - 2xy - 4xz + 2yz + 2x - 10y - 2z - 1 = 0$;

(5) $2y^2 - 2xy - 2yz + 2xz + 2x + y - 3z - 5 = 0$;

(6) $x^2 + y^2 + z^2 - xy + xz - yz - 2y - 2z + 2 = 0$;

(7) $x^2 - 2y^2 + z^2 + 4xy - 8xz - 4yz - 14x - 4y + 14z + 16 = 0$;

(8) $x^2 + 7y^2 + z^2 + 10xy + 2xz + 10yz + 8x + 4y + 8z - 6 = 0$.

2. 判定下列二次曲面是什么曲面？并写出它们的标准方程.

(1) $x^2 + 2y^2 + 3z^2 - 4xy - 4yz + 2 = 0$;

(2) $4x^2 + y^2 + z^2 - 2yz + 4xz - 4xy - 4x + 8z = 0$;

(3) $x^2 + y^2 + z^2 + yz + zx + xy = 0$;

(4) $2x^2 + 2y^2 - 4z^2 - 2yz - 2xz - 5xy - 2x - 2y + z = 0$.

3. 取定 d 的值，使 $2x^2 + y^2 + 5z^2 + 2yz + 4xz - 4xy + 2x + 2y + d = 0$ 表示锥面.

4. 在直角坐标系中，若 Oxy 平面上的曲线

$$a_{11}x^2 + 2a_{12}xy + a_{22}y^2 + 2a_{13}x + 2a_{23}y + a_{33} = 0$$

分别是椭圆、双曲线或抛物线，问二次曲面 $z = a_{11}x^2 + 2a_{12}xy + a_{22}y^2 + 2a_{13}x + 2a_{23}y + a_{33}$ 分别表示什么曲面？

5. 证明：顶点在原点的二次锥面

$$a_{11}x^2 + a_{22}y^2 + a_{33}z^2 + 2a_{12}xy + 2a_{23}yz + 2a_{13}xz = 0$$

有三条互相垂直的直母线的充要条件是 $a_{11} + a_{22} + a_{33} = 0$.

§3.6 曲面的相交

在学习微积分的曲面积分、体积积分时，常常会碰到画出曲面相交的图形或曲面所围成区域的问题.为此，我们在这里介绍一些常用的作图方法.作图的关键是画出它们的交线，这里所讨论的画图方法是指作示意图，如要作精确图就更加复杂一点.

3.6.1 相交图

例 3.6.1 作出 $x^2 + y^2 - z^2 = 1$ 与 $x^2 + y^2 = 2z$ 的相交图.

解　这是单叶双曲面与椭圆抛物面的交线，其方程为

$$\begin{cases}x^2+y^2-z^2=1,\\x^2+y^2=2z.\end{cases}$$

上面方程组两式相减得 $z^2-2z+1=0$，解得 $z=1$，则相交线的方程可化为

$$\begin{cases}x^2+y^2=2,\\z=1.\end{cases}$$

即为平面 $z=1$ 上的圆 $x^2+y^2=2$，如图 3-22 所示.

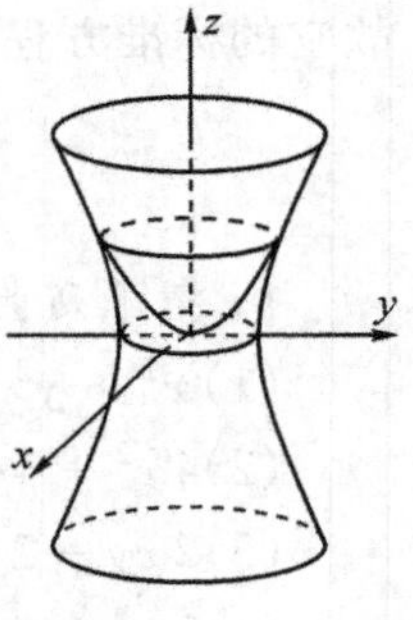

图 3-22

例 3.6.2　作出 $x^2+y^2=1$ 和 $y^2+z^2=1$ 在第一象限内的相交图.

解　这是两个圆柱面的交线，其方程为

$$\begin{cases}x^2+y^2=1,\\y^2+z^2=1.\end{cases}$$

画图步骤如下：

(1) 画出每个柱面在垂直于轴的坐标面上且在第一象限内的截线，即为圆 $\begin{cases}x^2+y^2=1\\z=0\end{cases}$ 与 $\begin{cases}y^2+z^2=1\\x=0\end{cases}$，其中 $|x|\leqslant 1$，$|y|\leqslant 1$，$|z|\leqslant 1$.

(2) 在第三个轴即 y 轴上的区间 $[0,1]$ 内任取一点 P，过点 P 作平行与 Oxz 的平面，交两圆于 A、B 两点.

(3) 过点 A、点 B 分别作平行于 x 轴、z 轴的直母线，它们必相交于点 D，点 D 即为所要画的交线上一点.

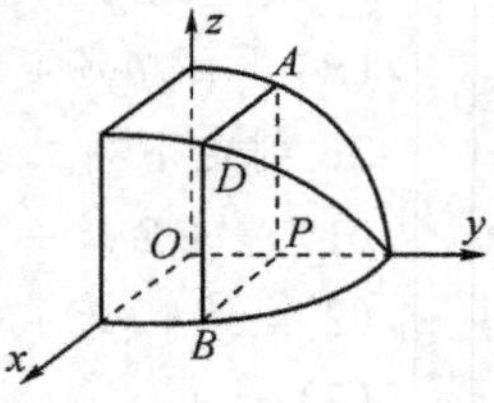

图 3-23

(4) 用(2)、(3) 方法再作交线上其他一些点，光滑地联结这些交点得两柱面的交线(如图 3-23).

例 3.6.3　作出 $x^2+y^2+z^2=4(z\geqslant 0)$ 和 $x^2+y^2=2y$ 的相交图.

解　这是球面与圆柱面的交线 C：$\begin{cases}x^2+y^2+z^2=4,\\x^2+y^2=2y.\end{cases}$ 这曲线不是像例 3.6.2 那样是两个柱面的交线，但可以转化为例 3.6.2 的情形，然后按照例 3.6.2 的方法作图.

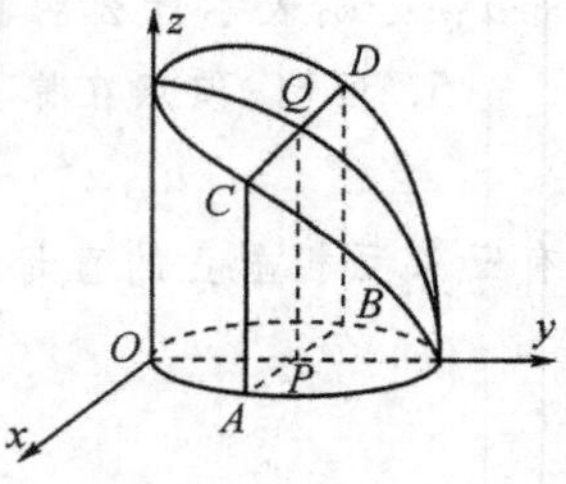

图 3-24

$x^2+y^2=2y$ 即 $x^2+(y-1)^2=1$ 表示交线 C 关于 Oxy 坐标面的射影柱面，又由交线 C 的方程两式相减得 $z^2+2y=4$，$(0\leqslant y\leqslant 2)$，这样交线方程可化为 $\begin{cases}x^2+(y-1)^2=1,\\z^2+2y=4,\end{cases}$ $(0\leqslant y\leqslant 2,|x|\leqslant 1,0\leqslant z\leqslant 2)$，这是圆柱面与抛物柱面的交线. 按照例 3.6.2 的四个步骤可作出相交图，如图 3-24，此曲线称为 Viviani 曲线.

3.6.2 区域的表示

两曲面的方程联立构成的方程组，表示它们的交线，而几个不等式构成不等式组，则表示由相应的曲面所围成的区域.

例 3.6.4 用 x,y,z 的不等式来表示圆柱面 $x^2+y^2=1$, $y^2+z^2=1$ 以及三个坐标面所围成的第一象限部分的区域，并画出相应的区域.

解 要画出曲面所围成的区域，关键是要画出曲面与曲面的交线，首先考虑到圆柱面 $x^2+y^2=1$，与 $y^2+z^2=1$ 的交线在例3.6.2中已画出了，再分别作出圆柱面 $x^2+y^2=1$，与 $y^2+z^2=1$ 和各坐标面的交线，最后画出图形中其他轮廓线，这样就可以画出各曲面所围成的区域（如图3-25）.

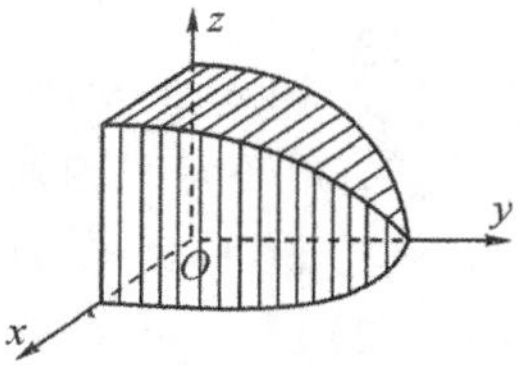

图 3-25

要画不等式组所表示的区域，首先看该区域在某坐标面上的投影区域，比如考察该区域在 Oxy 面上的投影区域，在该平面区域中固定某坐标，如 y 坐标($0\leqslant y\leqslant 1$)，然后用一条平行于 x 轴的直线从 x 轴负向到 x 轴的正向穿过平面区域，穿入者为 x 的下界、穿出者为 x 的上界，即 $0\leqslant y\leqslant 1, 0\leqslant x\leqslant \sqrt{1-y^2}$.

然后看 z 的范围. 同样用一条平行于 z 轴的直线从 z 轴负向到 z 轴的正向穿过该立体区域，穿入者 $z=0$ 为 z 的下界，穿出者 $z=\sqrt{1-y^2}$ 为 z 的上界，即 $0\leqslant z\leqslant \sqrt{1-y^2}$. 从而该立体区域用下不等式组表示为

$$0\leqslant y\leqslant 1, 0\leqslant x\leqslant \sqrt{1-y^2}, 0\leqslant z\leqslant \sqrt{1-y^2}.$$

同理，该区域也可用下面不等式组来表示

$$0\leqslant x\leqslant 1, 0\leqslant y\leqslant \sqrt{1-x^2}, 0\leqslant z\leqslant \sqrt{1-y^2}.$$

例 3.6.5 画出下列不等式组所确定的区域

$$0\leqslant x\leqslant 4, -\sqrt{4x-x^2}\leqslant y\leqslant \sqrt{4x-x^2}, 0\leqslant z\leqslant \frac{1}{2}(x^2+y^2).$$

解 由例3.6.4的方法可知该立方体区域在 Oxy 面投影区域为

$$0\leqslant x\leqslant 4, -\sqrt{4x-x^2}\leqslant y\leqslant \sqrt{4x-x^2}$$

这表示 Oxy 面上的圆 $x^2+y^2=4x$ 所围成的区域. 又从 $0\leqslant z\leqslant \frac{1}{2}(x^2+y^2)$ 知该立方体区域位于 Oxy 面及曲面 $x^2+y^2=2z$ 之间，因该区域是由圆柱面 $x^2+y^2=4x$ 与椭圆抛物面 $x^2+y^2=2z$ 及 $z=0$ 所围成的区域. 要画出该区域，必须画出各曲面的交线. 特别要画出交线 $\begin{cases}x^2+y^2=4x,\\ x^2+y^2=2z,\end{cases}$ 这等价于 $\begin{cases}x^2+y^2=4x,\\ z=2x.\end{cases}$ 由于平面 $z=2x$ 可看成特殊柱面，因而可利用例3.6.2的方法画出其交线，再画出圆柱面与椭圆抛物面，这样可画出该区域图（如图3-26）.

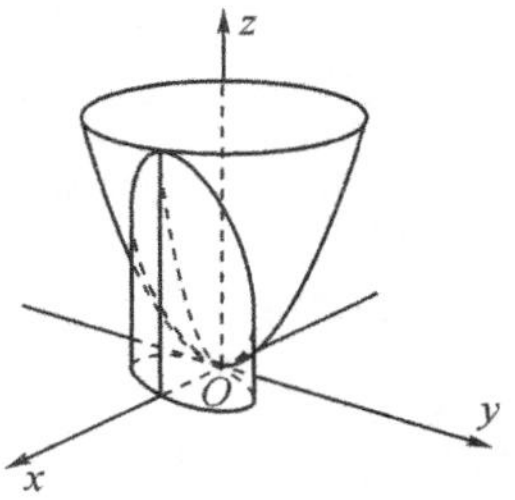

图 3-26

3.6 习 题

1. 求下列曲线在各坐标面上的射影柱面的方程,画出简图.

(1) $\begin{cases} x^2 + y^2 - z^2 = 0, \\ 2x - z^2 + 1 = 0; \end{cases}$ (2) $\begin{cases} \dfrac{x^2}{4} + \dfrac{y^2}{9} - \dfrac{z^2}{16} = 1, \\ x = 2; \end{cases}$

(3) $\begin{cases} x^2 + 4y^2 - z^2 = 16, \\ 4x^2 + y^2 + z^2 = 4. \end{cases}$

2. 用不等式组表达下列曲面或平面所围成的空间区域,并作简图.

(1) $x^2 + y^2 = 16, z = x + 4, z = 0$;

(2) $x^2 + y^2 + z^2 = 4, y^2 + z^2 = 4x$;

(3) $x^2 + y^2 = 2x, y^2 + (z - 2)^2 = 1$;

(4) $z = x^2 + y^2, x^2 + y^2 = 4x, x = 1, z = 0$.

3. 画出由下列不等式组所构成的区域.

(1) $x^2 + y^2 \geqslant 4z,\ x + y \leqslant 1,\ x \geqslant 0, y \geqslant 0, z \geqslant 0$;

(2) $2 - x \leqslant z \leqslant 4 - x^2,\ -1 \leqslant x \leqslant 2, 0 \leqslant y \leqslant 2$;

(3) $0 \leqslant z \leqslant \sqrt{8 - x^2 - y^2}, 0 \leqslant y \leqslant \sqrt{4 - x^2}, 0 \leqslant x \leqslant 2$.

第 4 章　等距变换与几何变换

前三章，我们主要用向量法与坐标法来研究几何学．本章用“几何变换”方法来研究几何学，这种方法不仅在理论上深化了几何学的研究，它还提供了解决几何问题的一个有效的方法．这里要提醒的是，几何变换不同于坐标变换，前者变化的是几何对象（点、几何图形），坐标系不变，而后者变化的是坐标系，几何对象并不改变．通过本章关于欧氏性质和仿射性质的讨论，读者将更能体会出我们何时该选用仿射坐标系，何时该选用直角坐标系．

§4.1　平面上的等距变换

4.1.1　映射

首先回顾一下几个与映射相关的概念．

设 M、N 为两个集合，对 M 中每个元素 x，N 中都有一个确定的元素 y 与之对应，这样的一个对应法则 $\boldsymbol{\sigma}$ 称为从集合 M 到集合 N 的映射，y 称为 x 在 $\boldsymbol{\sigma}$ 下的**象**，记为 $\boldsymbol{\sigma}(x)$，x 称为 y 在 $\boldsymbol{\sigma}$ 下的一个**原像**，此时 $\boldsymbol{\sigma}$ 记为

$$\boldsymbol{\sigma}: M \to N, \text{或 } y = \boldsymbol{\sigma}(x),\ x \in M.$$

若对任意的 $x_1, x_2 \in M, x_1 \neq x_2$，都有 $\boldsymbol{\sigma}(x_1) \neq \boldsymbol{\sigma}(x_2)$，称 $\boldsymbol{\sigma}$ 为**单射**；若对任意的 $y \in N$，都存在一元素 $x \in M$，使得 $y = \boldsymbol{\sigma}(x)$，此时称 $\boldsymbol{\sigma}$ 为**满射**；若 $\boldsymbol{\sigma}$ 既是单射，又是满射，则称 $\boldsymbol{\sigma}$ 为**双射**或 **1－1 映射**．

设 $\boldsymbol{\sigma}, \boldsymbol{\tau}$ 分别为从集合 M 到集合 N 的映射，对任意 $x \in M$，都有 $\boldsymbol{\sigma}(x) = \boldsymbol{\tau}(x)$，称映射 $\boldsymbol{\sigma}$ 与 $\boldsymbol{\tau}$ **相等**，记作 $\boldsymbol{\sigma} = \boldsymbol{\tau}$．

如果 $\boldsymbol{\sigma}: M \to N, \boldsymbol{\tau}: N \to S$ 相继施行两次映射 $\boldsymbol{\sigma}$ 和 $\boldsymbol{\tau}$，得到一个从 M 到 S 的映射，称为 $\boldsymbol{\tau}$ 与 $\boldsymbol{\sigma}$ 的**乘积**，或称为 $\boldsymbol{\tau}$ 与 $\boldsymbol{\sigma}$ 的**复合**，记作 $\boldsymbol{\tau} \circ \boldsymbol{\sigma}$，即

$$(\boldsymbol{\tau} \circ \boldsymbol{\sigma})(x) := \boldsymbol{\tau}(\boldsymbol{\sigma}(x)),\ \forall x \in S.$$

映射的乘法满足结合律，但不满足交换律．

集合 M 到自身的映射称为 M 上的一个变换．

设 $\boldsymbol{\sigma}: M \to M$ 是一个变换，且对 $\forall x \in M, \boldsymbol{\sigma}(x) = x$，称 $\boldsymbol{\sigma}$ 为 M 上的**恒等变换**或**单位变换**，记作 $\boldsymbol{id}_M$．

对映射 $\boldsymbol{\sigma}: M \to N$，如果存在映射 $\boldsymbol{\tau}: N \to M$，使 $\boldsymbol{\tau} \circ \boldsymbol{\sigma} = \boldsymbol{id}_M, \boldsymbol{\sigma} \circ \boldsymbol{\tau} = \boldsymbol{id}_N$，称映射 $\boldsymbol{\sigma}$ 是可逆的，此时 $\boldsymbol{\tau}$ 称为 $\boldsymbol{\sigma}$ 的逆映射，记为 $\boldsymbol{\tau} = \boldsymbol{\sigma}^{-1}$．

如果 $\boldsymbol{\sigma}$ 可逆，则它的逆映射是唯一的，且 $\boldsymbol{\sigma}$ 可逆当且仅当 $\boldsymbol{\sigma}$ 是双射．

4.1.2　平面上等距变换的定义及例子

定义 4.1.1　如果平面 π 上的一个变换 $\boldsymbol{\sigma}$ 满足

$$d(x,y)=d(\boldsymbol{\sigma}(x),\boldsymbol{\sigma}(y)), \tag{4.1.1}$$

称 $\boldsymbol{\sigma}$ 为 π 上的**等距变换**,其中 $d(x,y)$ 表示平面 π 上任意两点 x,y 间的距离.

设 $\boldsymbol{\sigma}$ 为平面上的一个变换,若存在 π 上的一点 P,使 $\boldsymbol{\sigma}(P)=P$,称 P 为 $\boldsymbol{\sigma}$ 的**不动点**,至少有一个不动点的等距变换称为平面 π 上的**正交变换**.

例 4.1.1　平移

取定平行于平面 π 的一个向量 $\boldsymbol{v}$,定义 π 的变换

$$P_{\boldsymbol{v}}:\pi\rightarrow\pi$$
$$A\rightarrow P_{\boldsymbol{v}}(A),$$

其中 $P_{\boldsymbol{v}}(A)$ 是由 $\overrightarrow{AP_{\boldsymbol{v}}(A)}=\boldsymbol{v}$ 定义的点,称 $P_{\boldsymbol{v}}$ 为平面 π 上的**平移**,$\boldsymbol{v}$ 称为 $P_{\boldsymbol{v}}$ 的**平移向量**.显然 $P_{\boldsymbol{v}}$ 是可逆变换,且 $P_{\boldsymbol{v}}^{-1}=P_{-\boldsymbol{v}}$.

设在直角坐标系 Oxy 中,$\boldsymbol{v}$ 的坐标为 (x_0,y_0),点 A 和 $P_{\boldsymbol{v}}(A)$ 的坐标分别为 (x,y),(x',y'). 由 $\overrightarrow{AP_{\boldsymbol{v}}(A)}=\boldsymbol{v}$ 可得平移变换在直角坐标系下坐标变换公式:

$$\begin{cases}x'=x_0+x,\\ y'=y_0+y.\end{cases} \tag{4.1.2}$$

易验证,$P_{\boldsymbol{v}}$ 是等距变换.

例 4.1.2　旋转

固定平面 π 上的一点 O,取定角 θ,定义 π 上的变换

$$\boldsymbol{r}_\theta:\pi\rightarrow\pi$$
$$A\rightarrow\boldsymbol{r}_\theta(A),$$

其中 $\boldsymbol{r}_\theta(A)$ 是向量 $\overrightarrow{OA}$ 绕 O 点按逆时针方向旋转 θ 角所得到的点,称变换 $\boldsymbol{r}_\theta$ 为平面 π 上的**旋转**,O 称为**旋转中心**,θ 称为**旋转角**. 显然 $\boldsymbol{r}_\theta$ 也是可逆变换,且 $\boldsymbol{r}_\theta^{-1}$ 是以 O 为中心,$-\theta$ 为旋转角的旋转.

若旋转中心 O 为坐标原点,建立直角坐标系 $\{O,\boldsymbol{e}_1,\boldsymbol{e}_2\}$,点 A 在此坐标系下的坐标为 (x,y). 设点 A 的极坐标为 (ρ,α),则这两种坐标的关系为 $x=\rho\cos\alpha$,$y=\rho\sin\alpha$,由 $\boldsymbol{r}_\theta$ 的定义,点 $\boldsymbol{r}_\theta(A)(x',y')$ 的极坐标为 $(\rho,\alpha+\theta)$. 从 $x'=\rho\cos(\alpha+\theta)$,$y'=\rho\sin(\alpha+\theta)$ 得旋转 $\boldsymbol{r}_\theta$ 在直角坐标系 $\{O,\boldsymbol{e}_1,\boldsymbol{e}_2\}$ 下坐标表示式为

$$\begin{cases}x'=x\cos\theta-y\sin\theta,\\ y'=x\sin\theta+y\cos\theta.\end{cases} \tag{4.1.3}$$

若 $\boldsymbol{r}_\theta$ 的旋转中心为 $P_0(x_0,y_0)$,旋转角为 θ,则 $\boldsymbol{r}_\theta$ 在直角坐标系下坐标变换为

$$\begin{cases}x'=x_0+(x-x_0)\cos\theta-(y-y_0)\sin\theta,\\ y'=y_0+(x-x_0)\sin\theta+(y-y_0)\cos\theta.\end{cases} \tag{4.1.4}$$

易验证,$\boldsymbol{r}_\theta$ 也是等距变换. 事实上,$\boldsymbol{r}_\theta$ 是正交变换.

例 4.1.3　反射

固定平面 π 上的一条直线 l,定义 π 上的变换

$$\boldsymbol{\varphi}_l:\pi\to\pi$$
$$A\to\boldsymbol{\varphi}_l(A),$$

其中 $\boldsymbol{\varphi}_l(A)$ 是点 A 关于直线 l 的对称点，称变换 $\boldsymbol{\varphi}_l$ 为平面 π 上的一个**反射**，直线 l 称为**反射轴**. 显然 $\boldsymbol{\varphi}_l$ 也是可逆变换，且 $(\boldsymbol{\varphi}_l)^{-1}=\boldsymbol{\varphi}_l$.

设直线 l 的法式方程为 $x\cos\alpha-y\sin\alpha+p=0$，$p$ 为常数. 设点 $A(x,y)$ 在 $\boldsymbol{\varphi}_l$ 下的象 $\boldsymbol{\varphi}_l(A)$ 的坐标为 (x',y')，由于线段 $\overline{A\boldsymbol{\varphi}_l(A)}$ 与 l 垂直，且其中点在 l 上. 于是

$$\begin{cases}(x-x')\sin\alpha+(y-y')\cos\alpha=0,\\ \dfrac{x+x'}{2}\cos\alpha-\dfrac{y+y'}{2}\sin\alpha+p=0.\end{cases}$$

解得

$$\begin{cases}x'=-x\cos2\alpha+y\sin2\alpha-2p\cos\alpha,\\ y'=x\sin2\alpha+y\cos2\alpha+2p\sin\alpha.\end{cases}\tag{4.1.5}$$

这正是反射变换在直角坐标系下的坐标变换公式.

4.1.3 平面上等距变换的性质

命题 4.1.1 平面上等距变换 $\boldsymbol{\sigma}$ 把共线的三点映成共线的三点，且保持点的顺序不变，从而 $\boldsymbol{\sigma}$ 把直线映成直线，把线段映成线段.

证明 设 A,B,C 为直线 l 上三点，且 B 位于 A,C 之间，则

$$d(A,B)+d(B,C)=d(A,C),$$

由于 $\boldsymbol{\sigma}$ 是等距变换，则

$$d(\boldsymbol{\sigma}(A),\boldsymbol{\sigma}(B))+d(\boldsymbol{\sigma}(B),\boldsymbol{\sigma}(C))=d(\boldsymbol{\sigma}(A),\boldsymbol{\sigma}(C)),$$

从而 $\boldsymbol{\sigma}(A),\boldsymbol{\sigma}(B),\boldsymbol{\sigma}(C)$ 共线，且 $\boldsymbol{\sigma}(B)$ 位于 $\boldsymbol{\sigma}(A),\boldsymbol{\sigma}(C)$ 之间. □

定义 4.1.2 共线三点 A,B,C 的分比定义为 $\dfrac{\overline{AB}}{\overline{BC}}$，并记这个分比为 (A,B,C)，其中 $\overline{AB},\overline{BC}$ 的绝对值分别为有向线段 $\overline{AB},\overline{BC}$ 的长度，当点 B 是线段 AC 的内点时，(A,B,C) 就是有向线段 $\overrightarrow{AB},\overrightarrow{BC}$ 的长度之比，是正数；当 B 是线段 AC 的外点时，(A,B,C) 是负数，绝对值等于有向线段 $\overrightarrow{AB},\overrightarrow{BC}$ 的长度之比. 此时 (A,B,C) 也称为点 B 分线段 AC 的分比，点 B 称为线段 AC 的分点. 注意 (A,B,C) 只有在 B,C 两点不同时才有意义.

由等距变换的定义直接可得

命题 4.1.2 平面上等距变换 $\boldsymbol{\sigma}$ 保持线段的长度、线段的分比、向量间的夹角及向量的内积不变.

命题 4.1.3 平面上等距变换是可逆变换，且其逆变换也是等距变换.

证明 设 $\boldsymbol{\sigma}:\pi\to\pi$ 为等距变换，对任意的 $A,B\in\pi$，且 $A\neq B$，则 $d(A,B)=d(\boldsymbol{\sigma}(A),\boldsymbol{\sigma}(B))>0$，于是 $\boldsymbol{\sigma}(A)\neq\boldsymbol{\sigma}(B)$，故 $\boldsymbol{\sigma}$ 为单射. 下证 $\boldsymbol{\sigma}$ 为满射.

ΔABC 为平面 π 上一个三角形，记 $A'=\boldsymbol{\sigma}(A),B'=\boldsymbol{\sigma}(B),C'=\boldsymbol{\sigma}(C)$，则 $\Delta A'B'C'$ 与 ΔABC 是全等的三角形. 任意取平面 π 上的一点 P，分两种情况讨论：

1) 若 P 点位于 $\Delta A'B'C'$ 的某条边上，不妨设 P 点位于 $A'B'$ 上，且 $d(P,A')=a$，则在 ΔABC 的 AB 边上可找到两点 D,E 使 $d(A,D)=d(A,E)=a$，即 $d(A',\boldsymbol{\sigma}(D))=$

$d(A',\boldsymbol{\sigma}(E))=a$，这样点 P 与 $\boldsymbol{\sigma}(D)$ 或 $\boldsymbol{\sigma}(E)$ 重合. 从而找到平面 π 上的点 D 或 E，使 $P=\boldsymbol{\sigma}(D)$ 或 $\boldsymbol{\sigma}(E)$.

2) 若 P 点不落在 $\Delta A'B'C'$ 的任意一条边上，则在 ΔABC 的边 AB 两侧分别找到两点 D,E，使 $\Delta ABD\cong\Delta ABE\cong\Delta A'B'P$. 这样 $\Delta A'B'\boldsymbol{\sigma}(D)\cong\Delta A'B'\boldsymbol{\sigma}(E)\cong\Delta A'B'P$. 由于 $A'B'$ 是 $\Delta A'B'\boldsymbol{\sigma}(D)$，$\Delta A'B'\boldsymbol{\sigma}(E)$，$\Delta A'B'P$ 的公共边，则必有 $P=\boldsymbol{\sigma}(D)$ 或 $\boldsymbol{\sigma}(E)$. 从而对 π 上任一点 P，均可找到一个原像与之对应，故 $\boldsymbol{\sigma}$ 为满射，这样 $\boldsymbol{\sigma}$ 为双射，所以 $\boldsymbol{\sigma}$ 是可逆变换.

设 P,Q 为平面 π 上任两点，由于 $\boldsymbol{\sigma}$ 为满射，则存在 $A=\boldsymbol{\sigma}^{-1}(P)$，$B=\boldsymbol{\sigma}^{-1}(Q)$，使 $\boldsymbol{\sigma}(A)=P$，$\boldsymbol{\sigma}(B)=Q$，由 $d(\boldsymbol{\sigma}^{-1}(P),\boldsymbol{\sigma}^{-1}(Q))=d(A,B)=d(\boldsymbol{\sigma}(A),\boldsymbol{\sigma}(B))=d(P,Q)$ 得 $\boldsymbol{\sigma}^{-1}$ 也是等距变换. □

注：此命题的证明也可从下一节的坐标变换公式(4.1.9)直接可得证.

由命题 4.1.1 和命题 4.1.2 直接可得

命题 4.1.4 平面 π 上等距变换 $\boldsymbol{\sigma}$ 把平行直线映成平行直线.

由命题 4.1.4 知，等距变换 $\boldsymbol{\sigma}$ 将一个平行四边形映成一个平行四边形，从而诱导了 π 上的向量变换：$\boldsymbol{\sigma}(\overrightarrow{AB})=\overrightarrow{\boldsymbol{\sigma}(A)\boldsymbol{\sigma}(B)}$，仍记为 $\boldsymbol{\sigma}:\pi\to\pi$，此变换与向量 $\overrightarrow{AB}$ 的选取无关.

定义 4.1.3 若变换 $\boldsymbol{\sigma}:\pi\to\pi$ 满足

$$\boldsymbol{\sigma}(\boldsymbol{a}+\boldsymbol{b})=\boldsymbol{\sigma}(\boldsymbol{a})+\boldsymbol{\sigma}(\boldsymbol{b}),$$
$$\boldsymbol{\sigma}(\lambda\boldsymbol{a})=\lambda\boldsymbol{\sigma}(\boldsymbol{a}),$$

其中 $\boldsymbol{a},\boldsymbol{b}$ 为平面 π 上任意两个向量，λ 为实数，则 $\boldsymbol{\sigma}$ 称为平面 π 上的线性变换.

命题 4.1.5 平面上等距变换诱导的 π 上向量变换 $\boldsymbol{\sigma}$ 是线性变换.

证明 在空间任取一点 A，作 $\overrightarrow{AB}=\boldsymbol{a}$，$\overrightarrow{BC}=\boldsymbol{b}$，则 $\overrightarrow{AC}=\overrightarrow{AB}+\overrightarrow{BC}=\boldsymbol{a}+\boldsymbol{b}$. 令 $A'=\boldsymbol{\sigma}(A)$，$B'=\boldsymbol{\sigma}(B)$，$C'=\boldsymbol{\sigma}(C)$，则 $\overrightarrow{A'B'}=\boldsymbol{\sigma}(\boldsymbol{a})$，$\overrightarrow{B'C'}=\boldsymbol{\sigma}(\boldsymbol{b})$，$\overrightarrow{A'C'}=\boldsymbol{\sigma}(\overrightarrow{AC})=\boldsymbol{\sigma}(\boldsymbol{a}+\boldsymbol{b})$，由向量加法的三角形法则得 $\boldsymbol{\sigma}(\boldsymbol{a}+\boldsymbol{b})=\boldsymbol{\sigma}(\boldsymbol{a})+\boldsymbol{\sigma}(\boldsymbol{b})$.

在空间任取一点 A，作 $\overrightarrow{AB}=\boldsymbol{a}$，$\overrightarrow{AC}=\boldsymbol{b}$，使 $\boldsymbol{b}=\lambda\boldsymbol{a}$，因此 A,B,C 三点共线，记 $A'=\boldsymbol{\sigma}(A)$，$B'=\boldsymbol{\sigma}(B)$，$C'=\boldsymbol{\sigma}(C)$，则 $\overrightarrow{A'B'}=\boldsymbol{\sigma}(\overrightarrow{AB})=\boldsymbol{\sigma}(\boldsymbol{a})$，$\overrightarrow{A'C'}=\boldsymbol{\sigma}(\overrightarrow{AC})=\boldsymbol{\sigma}(\boldsymbol{b})=\boldsymbol{\sigma}(\lambda\boldsymbol{a})$，由命题 4.1.1 知 A',B',C' 三点共线，且保持三点的顺序不变. 又由命题 4.1.2 得 $\overrightarrow{A'C'}=\lambda\overrightarrow{A'B'}$，即 $\boldsymbol{\sigma}(\lambda\boldsymbol{a})=\lambda\boldsymbol{\sigma}(\boldsymbol{a})$，故 $\boldsymbol{\sigma}$ 是线性变换. □

4.1.4 等距变换的坐标变换公式及等距变换的分解

取平面上的一个直角坐标系 $\{O,\boldsymbol{e}_1,\boldsymbol{e}_2\}$，由于 $\boldsymbol{\sigma}$ 是等距变换，则 $\{\boldsymbol{\sigma}(O),\boldsymbol{\sigma}(\boldsymbol{e}_1),\boldsymbol{\sigma}(\boldsymbol{e}_2)\}$ 仍为平面上的直角坐标系，这样可设

$$\boldsymbol{\sigma}(\boldsymbol{e}_1)=a_{11}\boldsymbol{e}_1+a_{21}\boldsymbol{e}_2,\boldsymbol{\sigma}(\boldsymbol{e}_2)=a_{12}\boldsymbol{e}_1+a_{22}\boldsymbol{e}_2.$$

即

$$[\boldsymbol{\sigma}(\boldsymbol{e}_1),\boldsymbol{\sigma}(\boldsymbol{e}_2)]=[\boldsymbol{e}_1,\boldsymbol{e}_2]\boldsymbol{A}, \tag{4.1.8}$$

其中 $\boldsymbol{A}=\begin{bmatrix}a_{11} & a_{12}\\ a_{21} & a_{22}\end{bmatrix}$ 为正交矩阵.

若 $\boldsymbol{\sigma}(O)=O'$ 在坐标系 $\{O,\boldsymbol{e}_1,\boldsymbol{e}_2\}$ 下的坐标为 (x_0,y_0)，平面上任意点 P 的坐标为 (x,y)，$\boldsymbol{\sigma}(P)$ 的坐标为 (x',y')，则

$$\begin{aligned}\overrightarrow{O\boldsymbol{\sigma}(P)} &= \overrightarrow{OO'} + \overrightarrow{O'\boldsymbol{\sigma}(P)} = \overrightarrow{OO'} + \boldsymbol{\sigma}(\overrightarrow{OP}) \\ &= (x_0\boldsymbol{e}_1 + y_0\boldsymbol{e}_2) + \boldsymbol{\sigma}(x\boldsymbol{e}_1 + y\boldsymbol{e}_2) \\ &= x_0\boldsymbol{e}_1 + y_0\boldsymbol{e}_2 + x\boldsymbol{\sigma}(\boldsymbol{e}_1) + y\boldsymbol{\sigma}(\boldsymbol{e}_2).\end{aligned}$$

把(4.1.8)代入上式得

$$\begin{cases} x' = x_0 + a_{11}x + a_{12}y, \\ y' = y_0 + a_{21}x + a_{22}y, \end{cases} \tag{4.1.9}$$

其中 $A = \begin{bmatrix} a_{11} & a_{12} \\ a_{21} & a_{22} \end{bmatrix}$为正交矩阵. 公式(4.1.9)称为等距变换 $\boldsymbol{\sigma}$ 在直角坐标系$\{O,\boldsymbol{e}_1, \boldsymbol{e}_2\}$下的**坐标变换公式**,$\boldsymbol{A}$ 称为等距变换 $\boldsymbol{\sigma}$ 在直角坐标系$\{O,\boldsymbol{e}_1, \boldsymbol{e}_2\}$下的**坐标变换矩阵**. 事实上 $\boldsymbol{A}$ 是从直角坐标系$\{O,\boldsymbol{e}_1, \boldsymbol{e}_2\}$到直角坐标系$\{\boldsymbol{\sigma}(O),\boldsymbol{\sigma}(\boldsymbol{e}_1),\boldsymbol{\sigma}(\boldsymbol{e}_2)\}$的过渡矩阵.

由于 $\boldsymbol{A}$ 为正交阵,同第三章 §3.4 的讨论,$\boldsymbol{A}$ 可表示为

$$\begin{bmatrix} \cos\theta & -\sin\theta \\ \sin\theta & \cos\theta \end{bmatrix} \quad 或 \quad \begin{bmatrix} \cos\theta & \sin\theta \\ \sin\theta & -\cos\theta \end{bmatrix}$$

这样(4.1.9)式可化简为

$$\begin{cases} x' = x_0 + x\cos\theta - y\sin\theta, \\ y' = y_0 + x\sin\theta + y\cos\theta, \end{cases} \tag{4.1.10}$$

或

$$\begin{cases} x' = x_0 + x\cos\theta + y\sin\theta, \\ y' = y_0 + x\sin\theta - y\cos\theta. \end{cases} \tag{4.1.11}$$

反之原像点与像点坐标满足(4.1.9)的变换 $\boldsymbol{\sigma}$ 必是等距变换. 由于 $|\boldsymbol{A}|=\pm 1$,故等距变换分为两类:满足 $|\boldsymbol{A}|=1$ 的等距变换称为**第一类等距变换**或**刚体运动**,满足 $|\boldsymbol{A}|=-1$ 的等距变换称为**第二类等距变换**. 第一类等距变换将右手(左手)直角坐标系变为右手(左手)直角坐标系,而第二类等距变换将右手(左手)直角坐标系变为左手(右手)直角坐标系. 如平移与旋转是第一类的,而反射是第二类的.

下面给出等距变换的分解.

定理 4.1.1 (1) 第一类等距变换可以分解成一个绕原点的旋转和一个平移的乘积.

(2) 第二类等距变换可以分解成第一类等距变换和一个反射的合成,即可以分解成旋转、平移和反射的乘积.

证明 1) 因第一类等距变换 $\boldsymbol{\sigma}$ 坐标变换公式为(4.1.10),则(4.1.10)可看成变换

$$\boldsymbol{\sigma}_1: \begin{cases} x' = x_0 + \bar{x}, \\ y' = y_0 + \bar{y} \end{cases} \quad 和 \quad \boldsymbol{\sigma}_2: \begin{cases} \bar{x} = x\cos\theta - y\sin\theta, \\ \bar{y} = x\sin\theta + y\cos\theta \end{cases}$$

的合成,其中 $\boldsymbol{\sigma}_1$ 正是表示以 $\boldsymbol{v} = [x_0, y_0]^{\mathrm{T}}$ 为平移向量的平移变换. $\boldsymbol{\sigma}_2$ 表示绕原点、旋转角为 θ 的旋转,故 $\boldsymbol{\sigma} = \boldsymbol{\sigma}_1 \circ \boldsymbol{\sigma}_2$.

2) 因第二类等距变换 $\boldsymbol{\sigma}$ 坐标变换公式为(4.1.11),则(4.1.11)可看成变换

$$\boldsymbol{\sigma}_1: \begin{cases} x' = \bar{x}, \\ y' = -\bar{y} \end{cases} \quad 和 \quad \boldsymbol{\sigma}_2: \begin{cases} \bar{x} = x\cos\theta + y\sin\theta + x_0, \\ \bar{y} = -x\sin\theta + y\cos\theta - y_0 \end{cases}$$

的合成. 显然,$\boldsymbol{\sigma}_1$ 表示关于 x 轴的反射,因 $\boldsymbol{\sigma}_2$ 的变换矩阵行列式为 1,故 $\boldsymbol{\sigma}_2$ 是第一类等距

变换，因此 $\boldsymbol{\sigma}=\boldsymbol{\sigma}_1\circ\boldsymbol{\sigma}_2$. □

4.1 习　题

1. 求以直线 $x+y+1=0$ 为轴的反射变换公式，并求点 $O(0,0)$，点 $A(1,1)$ 在此反射下的象.

2. 在右手直角坐标系中，曲线方程 $2xy=a$，把它绕原点逆时针旋转 $\frac{\pi}{4}$，求所得的曲线方程.

3. 证明：如果第一类等距变换没有不动点，则它只能是一个平移.

4. 若 $\boldsymbol{\sigma}$ 是平面 π 上的等距变换，且 $\boldsymbol{\sigma}$ 不是恒等变换，证明

(1) 如果 $\boldsymbol{\sigma}$ 恰有一个不动点，则 $\boldsymbol{\sigma}$ 是绕这个不动点的旋转；

(2) 如果 $\boldsymbol{\sigma}$ 有两个不动点，则此两点连线上每一点都是不动点，且 $\boldsymbol{\sigma}$ 是以此直线为反射轴的反射.

5. 设 $\boldsymbol{r}_1,\boldsymbol{r}_2$ 是两个转角分别为 θ_1,θ_2 的旋转，旋转中心分别为 O_1,O_2.

(1) 如果 $\theta_1+\theta_2=0$(或 2π 的整数倍)，证明 $\boldsymbol{r}_2\circ\boldsymbol{r}_1$ 是平移，并求平移向量；

(2) 若 $\theta_1+\theta_2$ 不是 2π 的整数倍，证明 $\boldsymbol{r}_2\circ\boldsymbol{r}_1$ 仍为旋转，并求旋转中心和转角.

6. 设 l_1 与 l_2 是平面 π 上的两条不同直线，$\boldsymbol{\sigma}_1$ 和 $\boldsymbol{\sigma}_2$ 分别是以 l_1,l_2 为轴的反射，问 $\boldsymbol{\sigma}_2\circ\boldsymbol{\sigma}_1$ 是什么变换？并加以证明.

7. 给定平面上两个右手直角坐标系 $\{O,\boldsymbol{e}_1,\boldsymbol{e}_2\}$ 和 $I^*=\{O^*,\boldsymbol{e}_1{}^*,\boldsymbol{e}_2{}^*\}$，则必存在唯一的平面等距变换 $\boldsymbol{\sigma}$ 把 I 变成 I^*.

§4.2　平面上的仿射变换

4.2.1　平面上的仿射变换的定义与例子

定义 4.2.1　平面 π 上的一个**可逆变换** $\boldsymbol{\sigma}$，如果将 π 上的一条直线映射为一条直线，则变换 $\boldsymbol{\sigma}$ 称为平面 π 上的一个**仿射变换**.

例 4.2.1　平面上的等距变换是一个仿射变换.

例 4.2.2　伸缩变换

取定 π 上的一条直线 l 和一个正数 λ，定义 π 上的变换

$$\boldsymbol{\sigma}:\pi\to\pi$$
$$A\to\boldsymbol{\sigma}(A)$$

其中 $A\in\pi$，$\boldsymbol{\sigma}(A)$ 由下列条件决定的点：

1) $\overrightarrow{A\boldsymbol{\sigma}(A)}\perp l$；

2) $d(\boldsymbol{\sigma}(A),l)=\lambda d(A,l)$；

3) $\boldsymbol{\sigma}(A)$ 与 A 在 l 的同一侧

称变换 $\boldsymbol{\sigma}$ 为 π 上的一个**伸缩变换**，l 称为**伸缩轴**，λ 称为**伸缩系数**. 由仿射变换定义可以直接验证，$\boldsymbol{\sigma}$ 是一个仿射变换. 当 $\lambda>1$ 时，$\boldsymbol{\sigma}$ 称为**拉伸变换**；当 $\lambda<1$ 时，称 $\boldsymbol{\sigma}$ 为**压缩变换**；

当 $\lambda=1$ 时，$\boldsymbol{\sigma}$ 为恒等变换. 特别当伸缩轴为 x 轴或 y 轴时，对应的伸缩变换的坐标变换式为

$$x'=x,\ y'=\lambda y \quad 或 \quad x'=\lambda x, y'=y.$$

例 4.2.3 位似变换

取定平面 π 上一点 O 及一个非零实数 λ，定义 π 上的变换

$$\boldsymbol{\sigma}:\pi\to\pi$$
$$A\to\boldsymbol{\sigma}(A),$$

其中 $A\in\pi$，$\boldsymbol{\sigma}(A)$ 是由等式 $\overrightarrow{O\boldsymbol{\sigma}(A)}=\lambda\overrightarrow{OA}$ 所决定的点，此时称 $\boldsymbol{\sigma}$ 为一个**位似变换**，称 O 为变换 $\boldsymbol{\sigma}$ 的**位似中心**，λ 称为 $\boldsymbol{\sigma}$ 的**位似系数**.

设点 O 的坐标为 (x_0,y_0)，任点 A 的坐标为 (x,y)，$\boldsymbol{\sigma}(A)$ 的坐标记为 (x',y'). 由 $\overline{O\boldsymbol{\sigma}(A)}=\lambda\overline{OA}$ 得到坐标变换公式：

$$\begin{cases}x'=\lambda x+(1-\lambda)x_0,\\ y'=\lambda y+(1-\lambda)y_0.\end{cases}\tag{4.2.1}$$

特别地，点 O 为坐标原点时，$\boldsymbol{\sigma}$ 可表示为 $\boldsymbol{\sigma}(x,y)=(\lambda x,\lambda y)$. 可直接验证，$\boldsymbol{\sigma}$ 是一个仿射变换，且 $\boldsymbol{\sigma}^{-1}$ 也是位似变换，位似系数为 $\frac{1}{\lambda}$，因而它也是仿射变换.

例 4.2.4 相似变换

设 $\boldsymbol{\sigma}$ 为平面 π 上的一个变换，若存在正数 λ，对平面 π 上任两点 A,B，都有

$$d(\boldsymbol{\sigma}(A),\boldsymbol{\sigma}(B)),=\lambda d(A,B)\tag{4.2.2}$$

称 $\boldsymbol{\sigma}$ 为相似变换，称 λ 为相似比.

显然位似变换是相似变换，若位似系数为 λ，则相似比为 $|\lambda|$. 相似比为 1 的相似变换正是等距变换.

设 $\boldsymbol{\sigma}$ 是相似比为 λ 的相似变换，作一个位似系数为 $\frac{1}{\lambda}$ 且以原点为位似中心的位似变换 $\boldsymbol{\tau}$，则 $\boldsymbol{\varphi}=\boldsymbol{\tau}\circ\boldsymbol{\sigma}$ 为相似比为 1 的相似变换，因而是等距变换. 这样 $\boldsymbol{\sigma}=\boldsymbol{\tau}^{-1}\circ\boldsymbol{\varphi}$，由例 4.2.1，例 4.2.3 知 $\boldsymbol{\tau}^{-1}$，$\boldsymbol{\varphi}$ 均为仿射变换，由此可知相似变换可写成位似变换与等距变换的乘积，从而得到相似变换的坐标变换公式：

$$\begin{cases}x'=\lambda(a_{11}x+a_{12}y+x_0),\\ y'=\lambda(a_{21}x+a_{22}y+y_0),\end{cases}$$

其中 $\boldsymbol{A}=\begin{bmatrix}a_{11}&a_{12}\\a_{21}&a_{22}\end{bmatrix}$ 为正交阵，$\lambda>0$.

4.2.2 平面上仿射变换的性质

由仿射变换的定义直接得

命题 4.2.1 平面上仿射变换将共线点组映成共线点组，不共线点组映成不共线点组.

命题 4.2.2 平面上仿射变换将平行直线映成平行直线.

证明 设 $\boldsymbol{\sigma}:\pi\to\pi$ 是仿射变换. $l_1 l_2$ 为平行直线，记 $l_1'=\boldsymbol{\sigma}(l_1)$，$l_2'=\boldsymbol{\sigma}(l_2)$. 若 l_1' 与 l_2' 相交于点 P，因 $\boldsymbol{\sigma}$ 是满射，故存在点 $A\in l_1$，$B\in l_2$，使 $\boldsymbol{\sigma}(A)=\boldsymbol{\sigma}(B)=P$. 这

与 $\boldsymbol{\sigma}$ 是单射矛盾. □

由命题 4.2.2 知,平面上仿射变换将平行四边形映成平行四边形,从而仿射变换 $\boldsymbol{\sigma}:\pi\to\pi$ 诱导了平面上的向量变换,仍记为 $\boldsymbol{\sigma}:\pi\to\pi$,定义为 $\boldsymbol{\sigma}(\overrightarrow{AB})=\overrightarrow{\boldsymbol{\sigma}(A)\boldsymbol{\sigma}(B)}$,其中 A,B 为 π 上任意两点. 此变换 $\boldsymbol{\sigma}$ 与 $\overrightarrow{AB}$ 的选取无关.

命题 4.2.3 平面上仿射变换诱导 π 上的向量变换是线性变换.

证明 先证对任意向量 $\boldsymbol{a},\boldsymbol{b}$,仿射变换 $\boldsymbol{\sigma}$ 满足 $\boldsymbol{\sigma}(\boldsymbol{a}+\boldsymbol{b})=\boldsymbol{\sigma}(\boldsymbol{a})+\boldsymbol{\sigma}(\boldsymbol{b})$.

取平面 π 上任意三点 A,B,C,使得 $\overrightarrow{AB}=\boldsymbol{a}$,$\overrightarrow{BC}=\boldsymbol{b}$,则 $\overrightarrow{AC}=\boldsymbol{a}+\boldsymbol{b}$. 由向量变换的定义得

$$\boldsymbol{\sigma}(\boldsymbol{a})=\boldsymbol{\sigma}(\overrightarrow{AB})=\overrightarrow{\boldsymbol{\sigma}(A)\boldsymbol{\sigma}(B)},\ \boldsymbol{\sigma}(\boldsymbol{b})=\boldsymbol{\sigma}(\overrightarrow{BC})=\overrightarrow{\boldsymbol{\sigma}(B)\boldsymbol{\sigma}(C)},$$
$$\boldsymbol{\sigma}(\boldsymbol{a}+\boldsymbol{b})=\boldsymbol{\sigma}(\overrightarrow{AC})=\overrightarrow{\boldsymbol{\sigma}(A)\boldsymbol{\sigma}(B)}+\overrightarrow{\boldsymbol{\sigma}(B)\boldsymbol{\sigma}(C)}=\boldsymbol{\sigma}(\boldsymbol{a})+\boldsymbol{\sigma}(\boldsymbol{b}).$$

下面只要证明 $\boldsymbol{\sigma}(\lambda\boldsymbol{a})=\lambda\boldsymbol{\sigma}(\boldsymbol{a})$,$\lambda$ 为实数. 为此,作 $\overrightarrow{AB}=\boldsymbol{a}$, $\overrightarrow{AC}=\lambda\boldsymbol{a}$. 由于 $\overrightarrow{AC}=\lambda\overrightarrow{AB}$,则 A、B、C 三点共线. 从而 $\boldsymbol{\sigma}(A)$,$\boldsymbol{\sigma}(B)$,$\boldsymbol{\sigma}(C)$ 共线. 又

$$\boldsymbol{\sigma}(\lambda\boldsymbol{a})=\boldsymbol{\sigma}(\overrightarrow{AC})=\overrightarrow{\boldsymbol{\sigma}(A)\boldsymbol{\sigma}(C)},\ \overrightarrow{\boldsymbol{\sigma}(A)\boldsymbol{\sigma}(B)}=\boldsymbol{\sigma}(\boldsymbol{a}),$$

这样存在实数 μ,使 $\boldsymbol{\sigma}(\lambda\boldsymbol{a})=\mu\boldsymbol{\sigma}(\boldsymbol{a})$. 下证对一切 $\boldsymbol{a}\neq\boldsymbol{0}$ 和任何 λ 都有 $\mu=\lambda$. 为此要证明下面的引理.

引理 1) 如果对 $\boldsymbol{a}\neq\boldsymbol{0}$ 和实数 λ,$\boldsymbol{\sigma}(\lambda\boldsymbol{a})=\mu\boldsymbol{\sigma}(\boldsymbol{a})$,则对任何向量 $\boldsymbol{b}\neq\boldsymbol{0}$,都有 $\boldsymbol{\sigma}(\lambda\boldsymbol{b})=\mu\boldsymbol{\sigma}(\boldsymbol{b})$(即 μ 与向量 $\boldsymbol{a}$ 无关,仅与 λ 相关).

2) 记 $\mu=\mu(\lambda)$,对于任何 $\boldsymbol{a}\neq\boldsymbol{0}$,$\mu(\lambda)$ 和 λ 同号.

3) 对任意实数 λ,η,都有

$$\mu(\lambda\pm\eta)=\mu(\lambda)\pm\mu(\eta),\ \mu(-\lambda)=-\mu(\lambda),\ \mu(\lambda\eta)=\mu(\lambda)\mu(\eta).$$

证明 1) 如果 $\boldsymbol{b}$ 与 $\boldsymbol{a}$ 不共线. 作 $\overrightarrow{AB}=\boldsymbol{a}$, $\overrightarrow{AC}=\boldsymbol{b}$, $\overrightarrow{AD}=\lambda\boldsymbol{a}$, $\overrightarrow{AE}=\lambda\boldsymbol{b}$,如图 4-1. 这样 $\overrightarrow{BC}\ /\!/\ \overrightarrow{DE}$. 记 $A'=\boldsymbol{\sigma}(A)$, $B'=\boldsymbol{\sigma}(B)$, $C'=\boldsymbol{\sigma}(C)$, $E'=\boldsymbol{\sigma}(E)$. 由命题4.2.1 得, $\overrightarrow{B'C'}\ /\!/\ \overrightarrow{D'E'}$. 从而由 $\overrightarrow{A'D'}=\boldsymbol{\sigma}(\lambda\boldsymbol{a})=\mu\boldsymbol{\sigma}(\boldsymbol{a})=\mu\overrightarrow{A'B'}$ 得 $\overrightarrow{A'E'}=\mu\overrightarrow{A'C'}$. 故 $\boldsymbol{\sigma}(\lambda\boldsymbol{b})=\mu\boldsymbol{\sigma}(\boldsymbol{b})$.

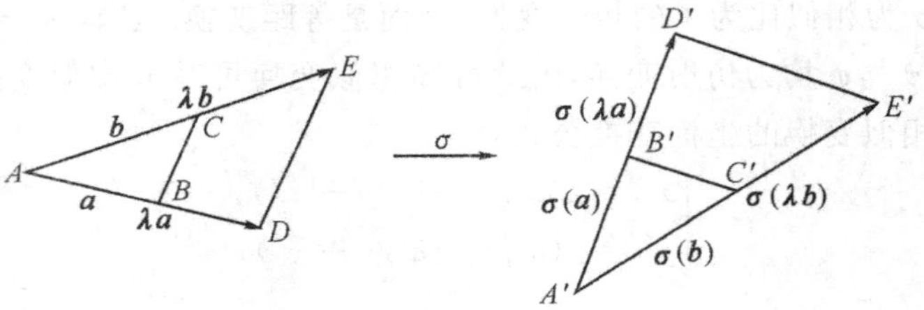

图 4-1

若 $\boldsymbol{b}$ 与 $\boldsymbol{a}$ 共线,先对一个与 $\boldsymbol{a}$ 不共线的向量 $\boldsymbol{c}$ 用前面的方法证明 $\boldsymbol{\sigma}(\lambda\boldsymbol{c})=\mu\boldsymbol{\sigma}(\boldsymbol{c})$,再对 $\boldsymbol{b},\boldsymbol{c}$(此时 $\boldsymbol{b},\boldsymbol{c}$ 不共线)同样的方法可证明 $\boldsymbol{\sigma}(\lambda\boldsymbol{b})=\mu\boldsymbol{\sigma}(\boldsymbol{b})$.

2) 不妨设 $\lambda>0$,设 $\boldsymbol{\sigma}(\sqrt{\lambda}\boldsymbol{a})=\nu\boldsymbol{\sigma}(\boldsymbol{a})$,$\nu\neq0$,由 1) 得 $\boldsymbol{\sigma}(\lambda\boldsymbol{a})=\mu(\lambda)\boldsymbol{\sigma}(\boldsymbol{a})$,又

$$\boldsymbol{\sigma}(\lambda\boldsymbol{a})=\boldsymbol{\sigma}(\sqrt{\lambda}(\sqrt{\lambda}\boldsymbol{a}))=\nu\boldsymbol{\sigma}(\sqrt{\lambda}\boldsymbol{a})=\nu^2\boldsymbol{\sigma}(\boldsymbol{a}).$$

这样 $$\mu=\nu^2>0.$$

3) 由 1) 得,$\boldsymbol{\sigma}((\lambda+\eta)\boldsymbol{a})=\mu(\lambda+\eta)\boldsymbol{\sigma}(\boldsymbol{a})$,另一方面,

$$\boldsymbol{\sigma}((\lambda+\eta)\boldsymbol{a})=\boldsymbol{\sigma}(\lambda\boldsymbol{a}+\eta\boldsymbol{a})=\boldsymbol{\sigma}(\lambda\boldsymbol{a})+\boldsymbol{\sigma}(\eta\boldsymbol{a})$$

$$= \mu(\lambda)\boldsymbol{\sigma}(\boldsymbol{a}) + \mu(\eta)\boldsymbol{\sigma}(\boldsymbol{a}) = (\mu(\lambda)+\mu(\eta))\boldsymbol{\sigma}(\boldsymbol{a}),$$

从而有 $\mu(\lambda+\eta)=\mu(\lambda)+\mu(\eta)$. 在该式中若取 $\lambda=\eta=0$，则 $\mu(0)=0$. 若取 $\lambda=-\eta$，则 $\mu(0)=\mu(\lambda)+\mu(-\lambda)$，从而 $\mu(-\lambda)=-\mu(\lambda)$. 这样

$$\mu(\lambda-\eta)=\mu(\lambda)+\mu(-\eta)=\mu(\lambda)-\mu(\eta).$$

又

$$\boldsymbol{\sigma}(\lambda\eta\boldsymbol{a})=\boldsymbol{\sigma}(\lambda(\eta\boldsymbol{a}))=\mu(\lambda)\boldsymbol{\sigma}(\eta\boldsymbol{a})=\mu(\lambda)\mu(\eta)\boldsymbol{\sigma}(\boldsymbol{a}),$$
$$\boldsymbol{\sigma}(\lambda\eta\boldsymbol{a})=\mu(\lambda\eta)\boldsymbol{\sigma}(\boldsymbol{a}),$$

于是 $\mu(\lambda\eta)=\mu(\lambda)\mu(\eta)$. 引理得证.

下面回到本命题的证明，即证 $\mu(\lambda)=\lambda$.

(i) 当 λ 是自然数时，在引理 3) 中，令 $\lambda\neq 0$，$\eta=1$ 得 $\mu(1)=1$. 这样有

$$\mu(\lambda)=\mu(\underbrace{1+1+\cdots+1}_{\lambda个})=\underbrace{\mu(1)+\cdots+\mu(1)}_{\lambda个}=\lambda\mu(1)=\lambda.$$

(ii) 如果 λ 为正有理数，并设 $\lambda=\dfrac{n}{m}$，这里 m,n 是自然数，则

$$m\mu(\lambda)=\mu(m)\mu(\lambda)=\mu(m\lambda)=\mu(n)=n.$$

故
$$\mu(\lambda)=\frac{n}{m}=\lambda.$$

(iii) 如果 λ 为负有理数，并设 $\lambda=-\dfrac{n}{m}$，则 $\mu(-\lambda)=\dfrac{n}{m}$，又 $\mu(\lambda)+\mu(-\lambda)=\mu(\lambda+(-\lambda))=\mu(0)=0$，所以 $\mu(\lambda)=-\mu(-\lambda)=-\dfrac{n}{m}=\lambda$.

至此，当 λ 是有理数时，我们已证明 $\mu(\lambda)=\lambda$ 成立.

(iv) 下面考虑 λ 为无理数的情况.

若 $\mu(\lambda)\neq\lambda$，不妨设 $\mu(\lambda)>\lambda$（$\mu(\lambda)<\lambda$ 时可类似证明），由有理数的稠密性，在开区间 $(\lambda,\mu(\lambda))$ 中一定有有理数 q，则

$$\mu(q-\lambda)=\mu(q)-\mu(\lambda)=q-\mu(\lambda)<0$$

但由引理 3) 得 $\mu(q-\lambda)=\mu(\sqrt{q-\lambda}\ \sqrt{q-\lambda})=\mu(\sqrt{q-\lambda})^2\geqslant 0$，矛盾！从而 $\mu(\lambda)=\lambda$，至此，完成命题 4.2.3 的证明. □

命题 4.2.4 平面上仿射变换保持共线三点的分比不变.

证明 设 A,B,C 三点共线，且 B 为分点，由定义 4.2.1 知，存在实数 $\lambda\neq 0$，使 $\overrightarrow{AB}=\lambda\overrightarrow{BC}$. 由命题 4.2.3 得 $\overrightarrow{\boldsymbol{\sigma}(A)\boldsymbol{\sigma}(B)}=\boldsymbol{\sigma}(\overrightarrow{AB})=\lambda\boldsymbol{\sigma}(\overrightarrow{BC})=\lambda\overrightarrow{\boldsymbol{\sigma}(B)\boldsymbol{\sigma}(C)}$，这样 $(\boldsymbol{\sigma}(A),\boldsymbol{\sigma}(B),\boldsymbol{\sigma}(C))=(A,B,C)$. □

命题 4.2.5 平面上的仿射变换保持平面图形的面积比不变.

证明 因平面图形的面积可用三角形面积之和来逼近，故只要证明三角形面积之比在仿射变换下不变.

设 $\Delta A_1B_1C_1$ 两边对应的向量记为 $\overrightarrow{A_1B_1}=\boldsymbol{a}_1$，$\overrightarrow{A_1C_1}=\boldsymbol{b}_1$，$\Delta A_2B_2C_2$ 的两边对应向量记为 $\overrightarrow{A_2B_2}=\boldsymbol{a}_2$，$\overrightarrow{A_2C_2}=\boldsymbol{b}_2$ 则

$$S_{\Delta A_1B_1C_1}=\frac{1}{2}\mid \boldsymbol{a}_1\times\boldsymbol{b}_1\mid,\ S_{\Delta A_2B_2C_2}=\frac{1}{2}\mid \boldsymbol{a}_2\times\boldsymbol{b}_2\mid,$$

令 $\boldsymbol{a}_i{}'=\boldsymbol{\sigma}(\boldsymbol{a}_i{}')$，$\boldsymbol{b}_i{}'=\boldsymbol{\sigma}(\boldsymbol{b}_i{}')(i=1,2)$，三点 A_i，B_i，C_i 在 $\boldsymbol{\sigma}$ 下的象点记为 $A_i{}'$，$B_i{}'$，

$C_i'(i=1,2)$，则

$$S_{\Delta A_1'B_1'C_1'}=\frac{1}{2}|\boldsymbol{a}_1'\times\boldsymbol{b}_1'|,\quad S_{\Delta A_2'B_2'C_2'}=\frac{1}{2}|\boldsymbol{a}_2'\times\boldsymbol{b}_2'|.$$

由于 $\boldsymbol{a}_2,\boldsymbol{b}_2$ 可分别由 $\boldsymbol{a}_1,\boldsymbol{b}_1$ 线性表示. 不妨设

$$\boldsymbol{a}_2=k_1\boldsymbol{a}_1+k_2\boldsymbol{b}_1,$$
$$\boldsymbol{b}_2=l_1\boldsymbol{a}_1+l_2\boldsymbol{b}_1.$$

故

$$\boldsymbol{a}_2'=\boldsymbol{\sigma}(\boldsymbol{a}_2)=k_1\boldsymbol{a}_1'+k_2\boldsymbol{b}_1',$$
$$\boldsymbol{b}_2'=\boldsymbol{\sigma}(\boldsymbol{b}_2)=l_1\boldsymbol{a}_1'+l_2\boldsymbol{b}_1'.$$

这样

$$\boldsymbol{a}_2\times\boldsymbol{b}_2=(k_1l_2-k_2l_1)\boldsymbol{a}_1\times\boldsymbol{b}_1.$$

同理 $$\boldsymbol{a}_2'\times\boldsymbol{b}_2'=(k_1l_2-k_2l_1)\boldsymbol{a}_1'\times\boldsymbol{b}_1'.$$

从而

$$\frac{S_{\Delta A_2B_2C_2}}{S_{\Delta A_1B_1C_1}}=\frac{S_{\Delta A_2'B_2'C_2'}}{S_{\Delta A_1'B_1'C_1'}}=|k_1l_2-k_2l_1|.$$ □

命题 4.2.6 任一平面仿射变换被不共线三点的像所唯一确定.

证明 设 A,B,C 为不共线三点，他们的像记为 $\boldsymbol{\sigma}(A),\boldsymbol{\sigma}(B),\boldsymbol{\sigma}(C)$. 由命题 4.2.1 知，三点 $\boldsymbol{\sigma}(A),\boldsymbol{\sigma}(B),\boldsymbol{\sigma}(C)$ 不共线，希望对平面 π 任意一点 D，我们都能唯一定义 $\boldsymbol{\sigma}(D)$. 这样 $\boldsymbol{\sigma}:\pi\to\pi$ 的定义就被唯一确定了. 由于 A,B,C,D 共面，故

$$\overrightarrow{AD}=\lambda\overrightarrow{AB}+\mu\overrightarrow{AC}.$$

由命题 4.2.4 得

$$\boldsymbol{\sigma}(\overrightarrow{AD})=\lambda\boldsymbol{\sigma}(\overrightarrow{AB})+\mu\boldsymbol{\sigma}(\overrightarrow{AC}),$$

即 $$\overrightarrow{\boldsymbol{\sigma}(A)\boldsymbol{\sigma}(D)}=\lambda\overrightarrow{\boldsymbol{\sigma}(A)\boldsymbol{\sigma}(B)}+\mu\overrightarrow{\boldsymbol{\sigma}(A)\boldsymbol{\sigma}(C)}.$$

从而 $\boldsymbol{\sigma}(D)$ 被唯一确定. □

4.2.3 仿射坐标系与仿射变换的坐标表示

设在平面 π 上有两个不共线向量 $\boldsymbol{e}_1,\boldsymbol{e}_2$. 取定平面上一点 O，将 $\boldsymbol{e}_1,\boldsymbol{e}_2$ 的起点移到点 O 处，这样点 O 与不共线向量 $\boldsymbol{e}_1,\boldsymbol{e}_2$ 一起构成平面上的一仿射坐标系，记为 $\{O,\boldsymbol{e}_1,\boldsymbol{e}_2\}$. 称 O 为它的原点，$\boldsymbol{e}_1,\boldsymbol{e}_2$ 为它的坐标向量. 对平面上任意一点 P，则 $\overrightarrow{OP}$ 与 $\boldsymbol{e}_1,\boldsymbol{e}_2$ 共面. 于是存在实数 x,y 使 $\overrightarrow{OP}=x\boldsymbol{e}_1+y\boldsymbol{e}_2$，称 (x,y) 为点 P 在仿射坐标系 $\{O,\boldsymbol{e}_1,\boldsymbol{e}_2\}$ 下的坐标. 显然点 P 在仿射坐标系下的坐标是唯一的.

设 $\boldsymbol{\sigma}$ 是平面 π 上的一个仿射变换，在平面上任取一点 P，它在仿射坐标系 $\{O,\boldsymbol{e}_1,\boldsymbol{e}_2\}$ 下的坐标为 (x,y)，下面要写出点 $\boldsymbol{\sigma}(P)$ 在此坐标系下的坐标 (x',y') 表示. 记

$$\boldsymbol{\sigma}(\boldsymbol{e}_1)=c_{11}\boldsymbol{e}_1+c_{21}\boldsymbol{e}_2,\ \boldsymbol{\sigma}(\boldsymbol{e}_2)=c_{12}\boldsymbol{e}_1+c_{22}\boldsymbol{e}_2,$$

因 $\boldsymbol{e}_1,\boldsymbol{e}_2$ 不共线，则 $\boldsymbol{\sigma}(\boldsymbol{e}_1)$ 与 $\boldsymbol{\sigma}(\boldsymbol{e}_2)$ 也不共线（否则存在非零实数 λ，使 $\boldsymbol{\sigma}(\boldsymbol{e}_2)=\lambda\boldsymbol{\sigma}(\boldsymbol{e}_1)$，于是 $\boldsymbol{\sigma}(\boldsymbol{e}_2-\lambda\boldsymbol{e}_1)=0$，这样 $\boldsymbol{e}_2=\lambda\boldsymbol{e}_1$，矛盾），从而

$$\boldsymbol{\sigma}(\boldsymbol{e}_1)\times\boldsymbol{\sigma}(\boldsymbol{e}_2)=(c_{11}c_{22}-c_{12}c_{21})\boldsymbol{e}_1\times\boldsymbol{e}_2\neq\boldsymbol{0}$$

即
$$|C| = \begin{vmatrix} c_{11} & c_{12} \\ c_{21} & c_{22} \end{vmatrix} \neq 0.$$

令 $\overrightarrow{O\sigma(O)} = x_0 e_1 + y_0 e_2$，则
$$\overrightarrow{O\sigma(P)} = \overrightarrow{O\sigma(O)} + \overrightarrow{\sigma(O)\sigma(P)} = \overrightarrow{O\sigma(O)} + \sigma(\overrightarrow{OP})$$
$$= (x_0 + c_{11}x + c_{12}y)e_1 + (y_0 + c_{21}x + c_{22}y)e_2.$$
因而 $\sigma(P)$ 的坐标表示为
$$\begin{cases} x' = c_{11}x + c_{12}y + x_0, \\ y' = c_{21}x + c_{22}y + y_0, \end{cases} \tag{4.2.3}$$
这里矩阵 $C = \begin{bmatrix} c_{11} & c_{12} \\ c_{21} & c_{22} \end{bmatrix}$ 是可逆矩阵，(4.2.3) 式称为平面上仿射变换 σ 在仿射坐标系 $\{O, e_1, e_2\}$ 中的坐标变换公式，其中矩阵 C 称为 σ 在坐标 $\{O, e_1, e_2\}$ 中的变换矩阵.

反之，若一个变换 $\sigma: \pi \to \pi$，它把点 $P(x,y)$ 变成 $\sigma(P)(x', y')$，其中 x', y' 由(4.2.3) 定义，则 σ 必是仿射变换. 由前面的计算知 $\sigma(e_1) \times \sigma(e_2) = |C| e_1 \times e_2$，故 $|C|$ 的符号反映了仿射坐标 $\{O, e_1, e_2\}$ 与 $\{\sigma(O), \sigma(e_1), \sigma(e_2)\}$ 的定向关系. 如 $|C| > 0$，称 σ 为**第一类仿射变换**. $|C| < 0$，称 σ 为**第二类仿射变换**，把比值 $\dfrac{|\sigma(e_1) \times \sigma(e_2)|}{|e_1 \times e_2|} = \|C\|$（矩阵 C 的行列式的绝对值）称为 σ 的**变积系数**，变积系数是平面图形在仿射变换后和变换前的面积之比.

4.2.4 平面上仿射变换的分解

定理 4.2.1 平面上任一个仿射变换 σ 可分解成 $\sigma = \sigma_1 \circ \sigma_2 \circ \sigma_3$，其中 σ_1 是平移，σ_2 是保持原点不动分别沿两个互相垂直的方向的伸缩变换之积，σ_3 是保持直角坐标系原点不变的等距变换(称之为正交变换).

证明 设 σ 在直角坐标系 $\{O, e_1, e_2\}$ 下有坐标变换公式(4.2.3). 将(4.2.3) 看成变换
$$\sigma_1: \begin{cases} x' = \bar{x} + x_0, \\ y' = \bar{y} + y_0, \end{cases} \tag{4.2.4}$$
与变换
$$\tau: \begin{cases} \bar{x} = c_{11}x + c_{12}y, \\ \bar{y} = c_{21}x + c_{22}y, \end{cases} \tag{4.2.5}$$
的合成，即 $\sigma = \sigma_1 \circ \tau$，其中 σ_1 是平移，τ 是保持原点不动的仿射变换，且 τ 在直角坐标系 $\{O, e_1, e_2\}$ 中变换的矩阵为可逆矩阵 $C = [c_{ij}]_{2\times 2}$.

由于 $C^{\mathrm{T}}C$ 为实对称矩阵，类似第三章 § 3.5 的讨论，$C^{\mathrm{T}}C$ 必有两个相互垂直的单位特征向量 $\varepsilon_1, \varepsilon_2$，对应的特征值分别为 λ_1, λ_2. 即
$$(C^{\mathrm{T}}C)\varepsilon_i = \lambda_i \varepsilon_i \ (i = 1,2).$$

记 $\tau(\varepsilon_i) = \varepsilon_i' (i = 1,2)$，设 $\varepsilon_i, \varepsilon_i' (i = 1,2)$ 在原直角坐标系坐标分别为 $\begin{bmatrix} u_i \\ v_i \end{bmatrix}$，

$\begin{bmatrix} u_i{}' \\ v_i{}' \end{bmatrix}(i=1,2)$. 则由(4.2.5)得

$$\begin{bmatrix} u_i{}' \\ v_i{}' \end{bmatrix} = \boldsymbol{C}\begin{bmatrix} u_i \\ v_i \end{bmatrix}(i=1,2).$$

这样

$$\boldsymbol{\varepsilon}_i{}' \cdot \boldsymbol{\varepsilon}_j{}' = [u_i{}', v_i{}']\begin{bmatrix} u_j{}' \\ v_j{}' \end{bmatrix} = [u_i, v_i]\boldsymbol{C}^{\mathrm{T}}C\begin{bmatrix} u_j \\ v_j \end{bmatrix}$$

$$= \lambda_j \boldsymbol{\varepsilon}_i \cdot \boldsymbol{\varepsilon}_j = \lambda_j \delta_{ij}.$$

即 $\boldsymbol{\varepsilon}_i{}', \boldsymbol{\varepsilon}_j{}'$ 是两个互相垂直的向量,由上式得 $\lambda_j > 0 (j=1,2)$.

注意到定义一个线性变换,只需要在两个不共线的向量定义即可,然后线性延拓可得到整个平面上的线性变换. 记 $\boldsymbol{\sigma}_3$ 是保持原点不变的一个线性变换,且满足 $\boldsymbol{\sigma}_3(\boldsymbol{\varepsilon}_i) = \boldsymbol{\varepsilon}_i{}''$,其中 $\boldsymbol{\varepsilon}_i{}'' = \dfrac{\boldsymbol{\varepsilon}_i{}'}{\sqrt{\lambda_i}}(i=1,2)$,则 $\boldsymbol{\sigma}_3$ 把单位正交向量组 $\boldsymbol{\varepsilon}_1, \boldsymbol{\varepsilon}_2$ 映成单位正交向量 $\boldsymbol{\varepsilon}_1{}'', \boldsymbol{\varepsilon}_2{}''$,从而 $\boldsymbol{\sigma}_3$ 是保持原点不动的一个等距变换,即为一个正交变换.

再令 $\boldsymbol{\sigma}_2$ 是保持原点不动的线性变换,且满足 $\boldsymbol{\sigma}_2(\boldsymbol{\varepsilon}_i{}'') = \boldsymbol{\varepsilon}_i{}'(i=1,2)$,则 $\boldsymbol{\sigma}_2$ 可看成沿两个互相正交的方向上伸缩变换之积,这样 $\boldsymbol{\sigma}_2 \circ \boldsymbol{\sigma}_3(\boldsymbol{\varepsilon}_i) = \boldsymbol{\sigma}_2(\boldsymbol{\varepsilon}_i{}'') = \boldsymbol{\varepsilon}_i{}'(i=1,2)$. 又 $\boldsymbol{\tau}(\boldsymbol{\varepsilon}_i) = \boldsymbol{\varepsilon}_i{}'(i=1,2)$,则 $\boldsymbol{\tau} = \boldsymbol{\sigma}_2 \circ \boldsymbol{\sigma}_3$,从而 $\boldsymbol{\sigma} = \boldsymbol{\sigma}_1 \circ \boldsymbol{\tau} = \boldsymbol{\sigma}_1 \circ \boldsymbol{\sigma}_2 \circ \boldsymbol{\sigma}_3$. □

例 4.2.5 设仿射变换 $\boldsymbol{\sigma}$ 在仿射坐标系 $\{O, \boldsymbol{e}_1, \boldsymbol{e}_2\}$ 的坐标变换公式为

$$\begin{cases} x' = x + 2, \\ y' = 3x - y + 1, \end{cases} \tag{4.2.6}$$

直线 l 的方程为 $2 + y - 1 = 0$,求 $\boldsymbol{\sigma}(l)$ 的方程.

解法一 由(4.2.6)得

$$\begin{cases} x = x' - 2, \\ y = 3x' - y' - 5. \end{cases} \tag{4.2.7}$$

将(4.2.7)代入直线 l 的方程得

$$2(x'-2) + (3x' - y' - 5) - 1 = 0,$$

即 $5x' - y' - 10 = 0$,这样 $\boldsymbol{\sigma}(l)$ 的方程为 $5x - y - 10 = 0$.

解法二 设 $\boldsymbol{\sigma}(l)$ 的方程为 $Ax + By + C = 0$,用(4.2.6)代入 $\boldsymbol{\sigma}(l)$ 的方程得

$$A(x+2) + B(3x - y + 1) + C = 0.$$

它与 $2x + y - 1 = 0$ 都是 l 的方程,于是

$$\frac{A+3B}{2} = \frac{-B}{1} = \frac{2A+B+C}{-1}$$

解得 $A : B : C = -5 : 1 : 10$,从而 $\boldsymbol{\sigma}(l)$ 的方程为 $5x - y - 10 = 0$. □

例 4.2.6 在仿射坐标系 $\{O, \boldsymbol{e}_1, \boldsymbol{e}_2\}$ 中,仿射变换 $\boldsymbol{\sigma}$ 把直线 $2x - y = 0$ 变成 $x - 1 = 0$,把直线 $x + 2y - 1 = 0$ 变为 $y + 1 = 0$,把点 $(0,1)$ 变为点 $(-1,8)$,求仿射变换 $\boldsymbol{\sigma}$ 在坐标系 $\{O, \boldsymbol{e}_1, \boldsymbol{e}_2\}$ 中的坐标变换公式.

解法一 (待定系数法)设所求变换公式为

$$\begin{cases} x' = x_0 + c_{11}x + c_{12}y, \\ y' = y_0 + c_{21}x + c_{22}y. \end{cases} \tag{4.2.8}$$

由于 $\boldsymbol{\sigma}$ 把直线 $2x - y = 0$ 变成 $x - 1 = 0$. 即 $x - 1 = 0$ 的原像方程

$$x_0 + c_{11}x + c_{12}y - 1 = 0$$

与 $2x - y = 0$ 表示同一条直线，从而

$$x_0 = 1, c_{11} = -2c_{12} \tag{4.2.9}$$

类似地，$\boldsymbol{\sigma}$ 把直线 $x + 2y - 1 = 0$ 变为 $y + 1 = 0$，则 $y + 1 = 0$ 的原像方程

$$y_0 + c_{21}x + c_{22}y + 1 = 0$$

与 $x + 2y - 1 = 0$ 表示同一条直线，从而 $\dfrac{c_{21}}{1} = \dfrac{c_{22}}{2} = \dfrac{y_0 + 1}{-1}$，即

$$y_0 + 1 = -c_{21}, c_{22} = 2c_{21}, c_{22} = -2(y_0 + 1) \tag{4.2.10}$$

又 $\boldsymbol{\sigma}$ 把点(0,1) 变为点(−1,8)，则由(4.2.8) 得

$$\begin{cases} -1 = x_0 + c_{12} \\ 8 = y_0 + c_{22} \end{cases} \tag{4.2.11}$$

由(4.2.9) ～ (4.2.11) 得 $x_0 = 1$，$c_{12} = -2$，$c_{11} = 4$，$y_0 = -10$，$c_{22} = 18$，$c_{21} = 9$. 故所求变换公式为

$$\begin{cases} x' = 4x - 2y + 1, \\ y' = 9x + 18y - 10. \end{cases}$$

此方法在中学里是常用的方法，但其计算量较大. 下面给出另一解法.

解法二 如果把点(x,y) 经过变换 $\boldsymbol{\sigma}$ 得到的象点的坐标(x',y') 看成 x,y 的函数，则 $x' = x'(x,y), y' = y'(x,y)$. 由于直线 $x - 1 = 0$ 的原像为直线 $2x - y = 0$. 从而 $x' - 1 = 0$ 与 $2x - y = 0$ 表示同一条直线，于是存在参数 s，使

$$x' - 1 = s(2x - y)$$

又 $\boldsymbol{\sigma}$ 把点(0,1) 变成(−1,8)，代入上式得 $s = 2$，则上式变为

$$x' = 4x - 2y + 1.$$

同理，直线 $y + 1 = 0$ 的原像为直线 $x + 2y - 1 = 0$，从而 $y' + 1 = 0$ 与 $x + 2y - 1 = 0$ 表示同一条直线，于是存在参数 t，使

$$y' + 1 = t(x + 2y - 10).$$

又 $\boldsymbol{\sigma}$ 把点(0,1) 变成(−1,8)，代入上式得 $t = 9$. 则所求的坐标变换公式为

$$\begin{cases} x' = 4x - 2y + 1, \\ y' = 9x + 18y - 10. \end{cases}$$ ◇

例 4.2.7 证明椭圆 $\dfrac{x^2}{a^2} + \dfrac{y^2}{b^2} = 1$ 的面积是 πab，其中 $a, b > 0$.

证明 作变换 $\boldsymbol{\sigma}: \pi \to \pi$，使它的坐标变换公式为

$$\begin{cases} x' = \dfrac{x}{a}, \\ y' = \dfrac{y}{b}. \end{cases}$$

显然此变换为仿射变换，$\boldsymbol{\sigma}$ 的变积系数为$\frac{1}{ab}$. 由于椭圆$\frac{x^2}{a^2}+\frac{y^2}{b^2}=1$在 $\boldsymbol{\sigma}$ 下变为圆 $x'^2+y'^2=1$，而圆的面积为 π，这样$\frac{1}{ab}=\frac{\pi}{S_{椭圆}}$，从而 $S_{椭圆}=\pi ab$. □

4.2 习 题

1. 每个平面上每个位似系数为正的位似变换都可以分解为两个互相垂直方向的伸缩变换的乘积.

2. 证明：

(1) 任何平面上相似变换可分解成一个平面等距变换和一个位似变换的乘积；

(2) 平面上相似变换是保持非零向量间的夹角不变的变换.

3. 证明：

(1) 设 A,B 为平面上仿射变换 $\boldsymbol{\sigma}$ 的两个不动点，则直线 AB 上的每点都是 $\boldsymbol{\sigma}$ 的不动点；

(2) 设 A,B,C 是平面仿射变换 $\boldsymbol{\sigma}$ 的不共线的三个不动点，则平面 π 上的每点都是仿射变换 $\boldsymbol{\sigma}$ 下的不动点，即 $\boldsymbol{\sigma}$ 是恒等变换.

4. 利用平面仿射坐标系证明

(1) 平行四边形对角线相互平分；

(2) 三角形三条中线相交于一点.

5. 求满足下列条件的平面仿射变换的坐标变换公式

(1) 把点 $A(1,0)$ 变成点 $A'(3,0)$，点 $B(0,-1)$ 变成点 $B'(-2,1)$，把点 $C(-2,1)$ 变成点 $C'(0,-5)$；

(2) 把直线 $3x+2y+1=0$ 变成直线 $x+y-3=0$，把直线 $8x+3y+10=0$ 变成直线 $2x+3y-3=0$，且把点$(1,1)$变成点$(3,6)$；

(3) 它有两条不变直线 $3x+2y-1=0$ 和 $x+2y+1=0$，且把原点变为点$(1,1)$.

6. 已知平面上仿射变换 $\boldsymbol{\sigma}$ 的坐标变换公式为

$$\begin{cases}x'=2x+4y-1,\\ y'=3x+3y-3.\end{cases}$$

(1) 求 $\boldsymbol{\sigma}$ 的不变直线和变积系数.

(2) 作新坐标系，使得两条坐标轴为 $\boldsymbol{\sigma}$ 的不变直线，求 $\boldsymbol{\sigma}$ 在此坐标系中的坐标变换公式.

7. 已知仿射变换 $\boldsymbol{\sigma}$ 的变换公式为

$$\begin{cases}x'=x\cos\theta-\dfrac{a\sin\theta}{b}y,\\ y'=\dfrac{b\sin\theta}{a}x+y\cos\theta.\end{cases}$$

(1) 证明椭圆$\frac{x^2}{a^2}+\frac{y^2}{b^2}=1$在 $\boldsymbol{\sigma}$ 下的像是它自己. (2) 证明若 $\boldsymbol{\sigma}$ 不是恒等变换，则此椭圆上没有不动点.

§4.3 空间等距变换

定义 4.3.1 空间到自身的一个变换，如果保持任意两点间的距离不变，则称这个变换为空间的**等距变换**. 如果空间等距变换 $\boldsymbol{\sigma}$ 至少有一个不动点，则称 $\boldsymbol{\sigma}$ 为空间的**正交变换**.

例 4.3.1 在空间取定一个点 O 和一个向量 $\boldsymbol{v}$，对任一点 P，定义 P 在空间变换 $\boldsymbol{\sigma}$ 下的像 $\boldsymbol{\sigma}(P)$ 满足

$$\overrightarrow{O\boldsymbol{\sigma}(P)} = \overrightarrow{OP} + \boldsymbol{v} \quad 或 \quad \overrightarrow{P\boldsymbol{\sigma}(P)} = \boldsymbol{v},$$

称变换 $\boldsymbol{\sigma}$ 为**平移**，$\boldsymbol{v}$ 称为它的平移向量，易看出，它是等距变换，但它不是正交变换.

例 4.3.2 空间中所有点绕一条直线 l 的旋转是正交变换.

例 4.3.3 取定一平面 π，设变换 $\boldsymbol{\sigma}$ 把空间的每一点对应于它关于平面 π 的对称点，则称 $\boldsymbol{\sigma}$ 为关于平面 π 的**反射**(也称为**镜面反射**). 可直接验证，这样定义的 $\boldsymbol{\sigma}$ 也是空间正交变换.

同平面上等距变换几乎完全一样的证明，可得如下的性质：

命题 4.3.1 空间等距变换把共线点组变成共线点组，从而把直线映成直线.

从下面的等距变换的坐标变换公式(4.3.3) 直接可看出下面的性质.

命题 4.3.2 空间等距变换是可逆变换，且其逆变换还是等距变换.

因空间等距变换把直线映成直线，又平行直线之间的距离处处相等，从而有

命题 4.3.3 空间等距变换把平行直线映射成平行直线.

同平面情况一样，利用命题 4.3.3，空间等距变换诱导出空间中的向量的变换，即：

$$\boldsymbol{\varphi}(\overrightarrow{AB}) = \overrightarrow{\boldsymbol{\varphi}(A)\boldsymbol{\varphi}(B)}.$$

利用空间等距变换的定义及上面表达式，类似于平面上等距变换性质的证明，我们有

命题 4.3.4 空间等距变换保持线段长度，向量夹角与内积不变.

命题 4.3.5 空间等距变换诱导的向量变换是一个线性变换.

在空间直角坐标系$\{O,\boldsymbol{e}_1, \boldsymbol{e}_2, \boldsymbol{e}_3\}$中，设 $\boldsymbol{\sigma}$ 是一个等距变换，$\boldsymbol{\sigma}(\boldsymbol{e}_1)$，$\boldsymbol{\sigma}(\boldsymbol{e}_2)$ 和 $\boldsymbol{\sigma}(\boldsymbol{e}_3)$ 是三个互相垂直的单位向量，设

$$\begin{cases}\boldsymbol{\sigma}(\boldsymbol{e}_1) = c_{11}\boldsymbol{e}_1 + c_{21}\boldsymbol{e}_2 + c_{31}\boldsymbol{e}_3, \\ \boldsymbol{\sigma}(\boldsymbol{e}_2) = c_{12}\boldsymbol{e}_1 + c_{22}\boldsymbol{e}_2 + c_{32}\boldsymbol{e}_3, \\ \boldsymbol{\sigma}(\boldsymbol{e}_3) = c_{13}\boldsymbol{e}_1 + c_{23}\boldsymbol{e}_2 + c_{33}\boldsymbol{e}_3.\end{cases} \tag{4.3.1}$$

则矩阵 $C = [c_{ij}]_{3\times 3}$ 为正交矩阵，上式可写成矩阵$[\boldsymbol{\sigma}(\boldsymbol{e}_1), \boldsymbol{\sigma}(\boldsymbol{e}_2), \boldsymbol{\sigma}(\boldsymbol{e}_3)] = [\boldsymbol{e}_1, \boldsymbol{e}_2, \boldsymbol{e}_3]C$

$$\overrightarrow{O\boldsymbol{\sigma}(O)} = x_0\boldsymbol{e}_1 + y_0\boldsymbol{e}_2 + z_0\boldsymbol{e}_3 \tag{4.3.2}$$

对空间内任一点 $M(x,y,z)$，点 $\boldsymbol{\sigma}(M)$ 在直角坐标系$\{O,\boldsymbol{e}_1, \boldsymbol{e}_2, \boldsymbol{e}_3\}$ 中的坐标为(x',y',z')，由

$$\begin{aligned}\overrightarrow{O\boldsymbol{\sigma}(M)} &= \overrightarrow{O\boldsymbol{\sigma}(O)} + \overrightarrow{\boldsymbol{\sigma}(O)\boldsymbol{\sigma}(M)} \\ &= \overrightarrow{O\boldsymbol{\sigma}(O)} + \boldsymbol{\sigma}(\overrightarrow{OM}) \\ &= \overrightarrow{O\boldsymbol{\sigma}(O)} + x\boldsymbol{\sigma}(\boldsymbol{e}_1) + y\boldsymbol{\sigma}(\boldsymbol{e}_2) + z\boldsymbol{\sigma}(\boldsymbol{e}_3).\end{aligned}$$

设 $\boldsymbol{\sigma}(O)$ 在坐标系$\{O;\boldsymbol{e}_1,\boldsymbol{e}_2,\boldsymbol{e}_3\}$ 下的坐标为(x_0,y_0,z_0)，利用(4.3.1)，(4.3.2) 得

$$\begin{cases} x' = c_{11}x + c_{12}y + c_{13}z + x_0, \\ y' = c_{21}x + c_{22}y + c_{23}z + y_0, \\ z' = c_{31}x + c_{32}y + c_{33}z + z_0. \end{cases} \tag{4.3.3}$$

其中 $\boldsymbol{C} = [c_{ij}]_{3\times 3}$ 是正交矩阵.(4.3.3) 式称为空间等距变换 $\boldsymbol{\sigma}$ 在直角坐标系 $\{O, \boldsymbol{e}_1, \boldsymbol{e}_2, \boldsymbol{e}_3\}$ 下坐标变换公式. $\boldsymbol{C}$ 称为 $\boldsymbol{\sigma}$ 在直角坐标系 $\{O, \boldsymbol{e}_1, \boldsymbol{e}_2, \boldsymbol{e}_3\}$ 下的变换矩阵. 反之,如果空间变换 $\boldsymbol{\sigma}$ 的像点坐标与原像点坐标满足(4.3.3)式,其中 C 为正交阵,则 $\boldsymbol{\sigma}$ 必是等距变换. 由于 $|\boldsymbol{C}| = \pm 1$,这样空间等距变换分成两类:使 $|\boldsymbol{C}| = 1$ 的空间等距变换称为**第一类空间等距变换**,使 $|C| = -1$ 的空间等距变换称为**第二类空间等距变换**.

最后给出空间等距变换的分解.

定理 4.3.1 第一类空间等距变换 $\boldsymbol{\sigma}$ 若有不动点,则 $\boldsymbol{\sigma}$ 一定是绕过这个不动点的某一条直线的旋转.

证明 第一步 先证明若 $\boldsymbol{\sigma}$ 有不动点,则 $\boldsymbol{\sigma}$ 必有不动直线 l,即 $\boldsymbol{\sigma}(l) = l$. 若 $\boldsymbol{\sigma}$ 有不动点,不妨设不动点为原点(否则可建立新的空间直角坐标系,使其原点为不动点),则 $\boldsymbol{\sigma}$ 的变换矩阵 $\boldsymbol{C}$ 为正交矩阵,且 $|\boldsymbol{C}| = 1$,此时 $\boldsymbol{\sigma}$ 在空间直角坐标系中的坐标变换公式为

$$\begin{cases} x' = c_{11}x + c_{12}y + c_{13}z, \\ y' = c_{21}x + c_{22}y + c_{23}z, \\ z' = c_{31}x + c_{32}y + c_{33}z. \end{cases} \tag{4.3.4}$$

写成矩阵形式为 $\boldsymbol{X}' = \boldsymbol{C}\boldsymbol{X}$,其中 $\boldsymbol{X} = [x, y, z]^{\mathrm{T}}, X' = [x', y', z']^{\mathrm{T}}$.

考虑 $\boldsymbol{\sigma}$ 是否还有其他不动点,只需考察矩阵方程

$$(\boldsymbol{C} - \boldsymbol{E})\boldsymbol{X} = 0 \tag{4.3.5}$$

是否有非零解. 由于方程(4.3.5)的系数矩阵为满足

$$|\boldsymbol{C} - \boldsymbol{E}| = |\boldsymbol{C} - \boldsymbol{C}\boldsymbol{C}^{\mathrm{T}}| = -|\boldsymbol{C} - \boldsymbol{E}|,$$

从而 $|\boldsymbol{C} - \boldsymbol{E}| = 0$.

这样方程组 $(\boldsymbol{C} - \boldsymbol{E})\boldsymbol{X} = 0$ 有非零解,且有无穷多个非零解,这意味着 $\boldsymbol{\sigma}$ 有无穷多个不动点,由等距变换的性质,任两不动点连线上任一点均为不动点,从而 $\boldsymbol{\sigma}$ 有不动直线.

第二步 因 $\boldsymbol{\sigma}$ 有不动直线 l,以 l 为 z 轴,原点保持不动,重新建立空间直角坐标系,记它为 $\{O, \boldsymbol{e}_1, \boldsymbol{e}_2, \boldsymbol{e}_3\}$. 于是 $\boldsymbol{\sigma}$ 在该新坐标系下的坐标变换公式仍为形式(4.3.4),但系数 $c_{ij}\ (1 \leqslant i, j \leqslant 3)$ 有了变化. 由于 $\boldsymbol{\sigma}$ 将 z 轴映成 z 轴,则必存在 $\lambda \in \mathbf{R}$,使 $\boldsymbol{\sigma}(\boldsymbol{e}_3) = \lambda \boldsymbol{e}_3$,由于 z 轴是由 $\boldsymbol{\sigma}$ 的不动点构成的直线,故 $\lambda = 1$. 这样它把 z 轴上的点 $(0,0,z)$ 映成 $(0,0,z)$,于是 $c_{31} = c_{32} = 0$, $c_{33} = 1$, $z' = z$. 又 $\boldsymbol{C}$ 为正交阵,则 $c_{13}{}^2 + c_{23}{}^2 + c_{33}{}^2 = 1$,于是 $c_{13} = c_{23} = 0$. 则(4.3.4)式化简为

$$\begin{cases} x' = c_{11}x + c_{12}y, \\ y' = c_{21}x + c_{22}y, \\ z' = z, \end{cases} \tag{4.3.6}$$

其中变换矩阵 $\boldsymbol{C} = \begin{bmatrix} c_{11} & c_{12} & 0 \\ c_{21} & c_{22} & 0 \\ 0 & 0 & 1 \end{bmatrix}$ 为正交阵且 $|\boldsymbol{C}| = 1$,这样等价于 $\begin{bmatrix} c_{11} & c_{12} \\ c_{21} & c_{22} \end{bmatrix}$ 为正交阵

且行列式为 1，同 §4.1 一样，$\begin{bmatrix} c_{11} & c_{12} \\ c_{21} & c_{22} \end{bmatrix}$可表示为 $\begin{bmatrix} \cos\theta & -\sin\theta \\ \sin\theta & \cos\theta \end{bmatrix}$，于是 $\boldsymbol{\sigma}$ 在新直角坐标系下的坐标变换公式为

$$\begin{cases} x' = x\cos\theta - y\sin\theta, \\ y' = x\sin\theta + y\cos\theta, \\ z' = z. \end{cases}$$

这正表示 $\boldsymbol{\sigma}$ 是绕 z 轴以 θ 为旋转角的旋转，这就完成了定理 4.3.1 的证明. □

类似于平面的情况，我们有

定理 4.3.2 第二类空间等距变换若有不动点，则它必是一个镜面反射与一个绕某固定直线旋转的乘积.

定理 4.3.3 1) 第一类空间等距变换是平移与绕某固定直线旋转的乘积.

2) 第二类空间等距变换是反射与第一类空间等距变换的乘积.

4.3 习 题

1. 验证空间变换 $\boldsymbol{\sigma}$：

$$\begin{cases} x' = \dfrac{1}{2}x - \dfrac{1}{\sqrt{2}}y - \dfrac{1}{2}z \\ y' = \dfrac{1}{2}x + \dfrac{1}{\sqrt{2}}y - \dfrac{1}{2}z \\ z' = \dfrac{1}{\sqrt{2}}x + \dfrac{1}{\sqrt{2}}z \end{cases}$$

是第一类等距变换，它可以绕不动直线旋转一角度来实现，求该不动直线方程及相应的旋转角.

2. 在空间直角坐标系中，求出使原点不动，且把 x 轴变成直线 $\dfrac{x}{l} = \dfrac{y}{m} = \dfrac{z}{n}$ $(l^2 + m^2 + n^2 = 1)$ 的等距变换公式.

3. 证明定理 4.3.2 和定理 4.3.3.

4. 证明：

a) 对于两个平行平面的镜面反射之积是一个空间平移.

b) 对于两个相交平面的镜面反射之积是一个绕平面交线的旋转.

§4.4 空间仿射变换

定义 4.4.1 空间到自身的一个可逆变换，如果将平面映射成平面，则称这个变换为空间的一个**仿射变换**.

利用空间仿射变换的定义直接可得.

命题 4.4.1 空间仿射变换把共线点组变成共线点组，共面点组变成共面点组.

由于空间仿射变换把平面映成平面，而直线可看成两个平面的交线，从而空间仿射变换把直线映成直线. 又两条平行直线可决定一张平面，由空间仿射变换的定义，这两

条平行直线在仿射变换下的像必在一张平面上，因为空间仿射变换是可逆变换，于是有

命题 4.4.2 空间仿射变换把直线映成直线，平行直线映成平行直线，平行平面映成平行平面.

从命题 4.4.2 可知，空间仿射变换将平行四边形映成平行四边形，从而它诱导了空间中的一个向量变换，类似于平面仿射变换性质的证明，我们也有

命题 4.4.3 空间仿射变换所诱导的向量变换是一个线性变换.

命题 4.4.4 空间仿射变换保持共线三点的分比不变.

命题 4.4.5 空间仿射变换保持两个平面图形面积比不变,立体的体积比不变.

命题 4.4.6 空间仿射变换被它的不共面四点的像所唯一确定.

同样可引进空间的仿射坐标系$\{O, \boldsymbol{e}_1, \boldsymbol{e}_2, \boldsymbol{e}_3\}$,其中$\boldsymbol{e}_1, \boldsymbol{e}_2, \boldsymbol{e}_3$是三个不共面的向量.对空间中任一点 P,若有

$$\overrightarrow{OP} = x\boldsymbol{e}_1 + y\boldsymbol{e}_2 + z\boldsymbol{e}_3,$$

则称(x, y, z)为点 P 在仿射坐标系$\{O, \boldsymbol{e}_1, \boldsymbol{e}_2, \boldsymbol{e}_3\}$下的坐标.同样可得到仿射变换 $\boldsymbol{\sigma}$ 在仿射坐标$\{O, \boldsymbol{e}_1, \boldsymbol{e}_2, \boldsymbol{e}_3\}$下的坐标变换公式.

$$\begin{cases} x' = c_{11}x + c_{12}y + c_{13}z + x_0, \\ y' = c_{21}x + c_{22}y + c_{23}z + y_0, \\ z' = c_{31}x + c_{32}y + c_{33}z + z_0, \end{cases}$$

其中(x_0, y_0, z_0)为$\boldsymbol{\sigma}(O)$在仿射坐标系$\{O, \boldsymbol{e}_1, \boldsymbol{e}_2, \boldsymbol{e}_3\}$下的坐标,$\boldsymbol{C} = [c_{ij}]_{3\times 3}$是可逆矩阵,此矩阵 $\boldsymbol{C}$ 称为$\boldsymbol{\sigma}$ 在坐标系$\{O, \boldsymbol{e}_1, \boldsymbol{e}_2, \boldsymbol{e}_3\}$下的变换矩阵.

类似地,我们也有空间仿射变换分解定理

定理 4.4.1 空间仿射变换可分解为空间正交变换,沿三个相互垂直方向的伸缩变换及平移的乘积.

4.4 习 题

1. 证明命题 4.4.1 – 命题 4.4.5.

2. 证明定理 4.4.1

3. 证明:

(3) 如果空间仿射变换 $\boldsymbol{\sigma}$ 有三个不共线的不动点,则这点所确定的平面上的每一点都是 $\boldsymbol{\sigma}$ 的不动点.

(4) 如果空间仿射变换 $\boldsymbol{\sigma}$ 有四个不共面的不动点,则 $\boldsymbol{\sigma}$ 是恒等变换.

4.求下列空间的仿射变换

(1) 平面 $x + y + z = 1$ 上每个点都是不动点,且把点$(1, -1, 2)$变成点$(2, 1, 0)$;

(2) 保持平面 $x + y - 1 = 0, y + z = 0, x + z + 1 = 0$ 不变,且把点$(0,0,1)$变成点$(1,1,1)$.

5.求椭球面$\dfrac{x^2}{a^2} + \dfrac{y^2}{b^2} + \dfrac{z^2}{c^2} = 1$所围成区域的体积.

6.证明:空间中任给两组不共面的四点 A_1, A_2, A_3, A_4 和 B_1, B_2, B_3, B_4,则必存在唯一的仿射变换把 A_i 变成 $B_i (i = 1,2,3,4)$.

§4.5 变换群与几何学 二次曲面的度量分类和仿射分类

4.5.1 变换群与几何学

定义 4.5.1 设 S 为一个点集，G 为 S 上所有变换构成的集合，如果集合 G 满足

1) 对任意 $\boldsymbol{\sigma},\boldsymbol{\tau}\in G$，则 $\boldsymbol{\sigma}\circ\boldsymbol{\tau}\in G$；

2) 对任意 $\boldsymbol{\sigma}\in G$，都存在 $\boldsymbol{\sigma}$ 的逆变换 $\boldsymbol{\sigma}^{-1}$，且 $\boldsymbol{\sigma}^{-1}\in G$，则称 G 为 S 上的一个变换群.

由上述定义可知，对任意 $\boldsymbol{\sigma}\in G$, $\boldsymbol{\sigma}^{-1}\in G$，则 $\boldsymbol{\sigma}\circ\boldsymbol{\sigma}=\boldsymbol{\sigma}^{-1}\circ\boldsymbol{\sigma}=id\in G$，于是 G 中必存在恒等变换.

例如平面 π 上中所有平移构成集合 G，它是一个变换群，称之为**平移变换群**. 平面 π 上所有旋转构成变换群，称之为**旋转变换群**.

由平面上或空间等距变换的性质知，等距变换是可逆变换，其逆变换的变换矩阵为 $\boldsymbol{C}^{-1}=\boldsymbol{C}^{\mathrm{T}}$ 也是正交矩阵，故等距变换的逆变换矩阵也是正交矩阵. 又两个等距变换的乘积的变换矩阵是这两个变换的变换矩阵（即正交矩阵）的乘积，因而也是正交矩阵，从而两个等距变换的乘积还是等距变换，这样平面上或空间等距变换的全体构成的集合 G 是一个变换群，称之为**欧氏群**. 类似可以验证所有第一类等距变换（即刚体运动）构成一个变换群，称之为**运动群**. 运动群是欧氏群的子群（即作为子集合也构成群），但第二类等距变换并不构成一个变换群，因为两个第二类等距变换的乘积是第一类等距变换.

同样，由平面上或空间仿射变换的性质知，仿射变换是可逆变换，且其逆变换也是仿射变换，又两个仿射变换的乘积的变换矩阵是这两个仿射变换的变换矩阵（可逆矩阵）的乘积，因而它也是可逆矩阵，这样，两个仿射变换的乘积也是仿射变换. 从而即有平面上或空间仿射变换的全体构成了一个变换群，此群称为**仿射群**. 显然欧氏群是仿射群的子群.

我们把几何图形在等距变换下不变的性质称为**度量性质**，如长度、角度、面积、体积等度量相关的性质均是度量性质. 几何图形在仿射变换下不变的性质称为仿射性质，如直线的平行或相交、共线三点的分比、点的共线、三角形三条中线交于一点、平行四边形对角线互相平分等都是仿射性质. 由于等距变换是仿射变换的特殊情形，从而图形的仿射性质一定是度量性质，但反之则不然. 一般来说，在一个变换群中的变换不变的性质一定是该变换群子群中的变换不变的性质，反过来一般不成立.

我们不仅可以用变换群来区分图形的性质，还可以用变换群来区分几何学，研究图形的度量性质的几何学称为**度量几何学**或**欧氏几何**，研究图形的仿射性质的几何学称为**仿射几何**. 一般来说，有一个变换群 G，就有一种与它相应的几何学，研究群 G 的不变性质即为几何学的几何特征. 这种把几何学按变换群来区分的观点，是由 19 世纪末德国数学家克莱因(F. Klein，1849—1925) 于 1872 年在就任德国埃尔朗根(Erlangen) 大学就职演讲中提出来的，并指出：每一种几何研究的都是图形在某个特定的变换群之下的不变性质. 克莱因的思想突出了变换群在几何学中的地位，后来被称为埃尔朗根纲领(Erlangen program)，它不仅推动了几何学的发展，且使本来互相孤立的各几何系统在变换群的观点下统一起来.

4.5.2 二次曲面的度量分类和仿射分类

定义 4.6.2 设 F_1 和 F_2 是空间中的两个几何图形，如果存在一个等距变换 f 将 F_1 变为 F_2，则称图形 F_1 和 F_2 是**度量等价**的；如果存在一个仿射变换 f 将 F_1 变为 F_2，则称图形 F_1 和 F_2 是**仿射等价**的.

度量等价也就是几何图形全等，两个图形度量等价，则它们也一定仿射等价，反过来，仿射等价则不一定度量等价. 如任何两个三角形都是仿射等价的，但只有当它们全等时才度量等价. 又如任何两个椭圆都是仿射等价的，但只有当它们的长半轴和短半轴完全相同时才度量等价.

仿射等价和度量等价都是空间几何图形的集合中的一个**等价关系**，即满足如下性质的一种关系(请读者自己证明)：

(1) **自反性** 每一个图形都和自己度量(仿射)等价；

(2) **对称性** 如果图形 F_1 和 F_2 度量(仿射)等价，则图形 F_2 和 F_1 度量(仿射)等价；

(3) **传递性** 如果图形 F_1 和 F_2 度量(仿射)等价，图形 F_2 和 F_3 度量(仿射)等价，则图形 F_1 和 F_3 度量(仿射)等价.

因此我们可以把空间图形集合进行分类，互相等价的图形属于一类，不等价的图形属于不同类. 按照度量等价关系将空间几何图形集合分成若干**度量等价类**，按照仿射等价关系将空间几何图形集合分成若干**仿射等价类**.

如全体三角形构成一个仿射等价类，它包含了无穷多个度量等价类，每个度量等价类中都是由互相全等的三角形构成. 全体椭球面构成了一个放射等价类，对任取定的正数 $a \geqslant b \geqslant c$，空间中全体长半轴为 a，中半轴为 b，短半轴为 c 的椭球面构成一个度量等价类.

在第三章中，我们通过坐标轴的旋转和平移将二次曲面分类成 17 种曲面. 在这 17 种曲面里，除了一对重合的平面外，每一种曲面的方程系数可取不同值，因而每一种曲面中包括无穷多个彼此不同的二次曲面. 由于直角坐标变换公式和等距变换的坐标变换公式有相同的形式，都是矩阵为正交矩阵的线性变换，因此，上述分类可看成按照度量等价关系来分类即**度量分类**. 在这 17 种曲面中，除了一对重合的平面外，每一种曲面可分成无穷个度量等价类.

类似地，我们也可通过仿射变换，得到二次曲面在仿射坐标系下的分类，分类结果仍然是上述 17 种曲面，但是这 17 种曲面中，尽管每种曲面方程系数可不同，但它们代表同一种曲面. 因此，上述分类可看成按照仿射等价关系来分类即**仿射分类**. 在这 17 种曲面中，每一种曲面只有一个仿射等价类. 这样二次曲面在仿射分类中只有 17 个仿射等价类.

第 5 章　射影几何初步

§5.1　扩大的欧氏平面

在平面几何里，任何两条不同的直线或者相交，或者平行．给定平面上一条直线 a 和直线外的一点 P．过点 P 作直线 l，l 与直线 a 交于一点 M．当直线 l 绕 P 旋转到与直线 a 平行的位置 a^* 时，点 M 沿着直线 a 越走越远，直到“无穷远”，如图 5-1 所示．过点 P 的所有直线构成以 P 点为中心的线束，直线 a 上所有的点称为以 a 为底的“点列”．按上面的例子，线束 P 中除了一条与 a 平行的直线 a^* 外，与点列 a 上的点可以建立一一对应．若在直线 a 上添加一点唯一的“无穷远点”（或称“理想点”）M_∞，则上述定义的线束 P 到点列 a 就是一个一一对应．直线 a 添加了无穷远点 M_∞ 之后，就称为**扩大的直线**．扩大直线是一条闭合的直线．两条平行线无论沿两个方向中的哪一个，都相交于同一个无穷远点．

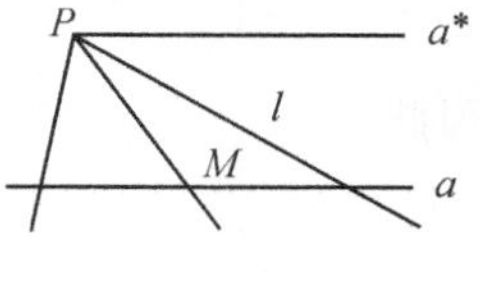

图 5-1

假设 l_1 和 l_2 是通过无穷远点 M_∞ 的两条平行线，P 是不在 l_1 和 l_2 上的任意普通点，设点 P 和 M_∞ 决定的唯一直线 l_3．由于 l_3 与 l_2 不可能第二次相交，所以直线 l_3 必定平行于 l_1 和 l_2，从而无穷远点 M_∞ 在这三条平行直线上．同理可以证明 M_∞ 必定在所有与 l_1 平行的直线上．

不同的无穷远点在不同的平行直线族上．事实上，若令 m_1 是与 l_1 交于普通一点的一条直线，作与直线 m_1 平行的直线 m_2，则 m_1 与 m_2 必交于不同于无穷远点 M_∞ 的另外一点 M_∞^*．否则 m_1 与 l_1 同时交于普通点和无穷远点 M_∞，则 m_1 与 l_1 是同一条直线．与已知矛盾．

由两个不同的无穷远点 M_∞ 和 M_∞^* 决定的直线记为 l_∞．显然 l_∞ 不可能通过任何一个普通点 P，因为由 P 和 M_∞ 决定的直线 l_1 与由 P 和 M_∞^* 决定的直线 m_1 是两条不同的普通直线，如果 P，M_∞ 和 M_∞^* 三点共线，则 l_1 和 m_1 是同一条直线，矛盾．因此，由 M_∞ 和 M_∞^* 决定的直线 l_∞ 是“理想直线”，我们称它为**无穷远直线**．

一个平面上只能有一条无穷远直线．假设 l_∞ 和 l_∞^* 是两条相交于 M_∞^* 的无穷远直线，另有一条通过普通点上的直线 l 与 l_∞ 和 l_∞^* 交于 $\overline{M}_\infty$ 和 M_∞，于是直线 l 上除了有 $\overline{M}_\infty$，M_∞ 两个无穷远点之外，还有普通点 P，这与前面所得的结果矛盾．

经过上述讨论，我们已经在每一族平行线上添加了一个无穷远点，而这些无穷远点的全体看成是一条不包含任何普通点的无穷远直线．于是在这个扩大的平面上，任何两个不同点确定唯一直线，任何两条不同的直线都交于唯一一个点．添加了一条无穷远直线的普通平面称为**扩大平面**.

现在,我们利用代数的方法讨论怎样表示无穷远点. 设在扩大的平面上已经建立了一个直角坐标系 $\bar{x}O\bar{y}$. 平面上的两条直线 l_1,l_2 由方程

$$u_1\bar{x}+v_1\bar{y}+w_1=0,\ u_2\bar{x}+v_2\bar{y}+w_2=0$$

表示. 若 l_1,l_2 表示同一条直线,则 $u_1:v_1:w_1=u_2:v_2:w_2$,即存在一个非零的常数 λ,满足 $(u_2,v_2,w_2)=(\lambda u_1,\lambda v_1,\lambda w_1)$. 因此,对于任意 $\lambda\neq0$,有序三数组 (u_1,v_1,w_1) 与 (u_2,v_2,w_2) 表示同一条直线.

若 l_1 与 l_2 不平行,易知这两条直线有唯一的交点 $(\bar{x},\bar{y})$:

$$\bar{x}=\frac{\begin{vmatrix}v_1 & w_1\\ v_2 & w_2\end{vmatrix}}{\begin{vmatrix}u_1 & v_1\\ u_2 & v_2\end{vmatrix}},\bar{y}=\frac{\begin{vmatrix}w_1 & u_1\\ w_2 & u_2\end{vmatrix}}{\begin{vmatrix}u_1 & v_1\\ u_2 & v_2\end{vmatrix}},\quad \begin{vmatrix}u_1 & v_1\\ u_2 & v_2\end{vmatrix}\neq0. \tag{5.1.1}$$

因此

$$\bar{x}:\bar{y}:1=\begin{vmatrix}v_1 & w_1\\ v_2 & w_2\end{vmatrix}:\begin{vmatrix}w_1 & u_1\\ w_2 & u_2\end{vmatrix}:\begin{vmatrix}u_1 & v_1\\ u_2 & v_2\end{vmatrix}. \tag{5.1.2}$$

若 l_1 与 l_2 平行但不重合,则三数组 (u_1,v_1,w_1) 与 (u_2,v_2,w_2) 不成比例,但 (u_1,v_1) 与 (u_2,v_2) 成比例. 这在(5.1.2)中表现为右边的第三个行列式为0,但其余的至少有一个不为零,这就是无穷远点的情况. 在这种情况下,(5.1.1)是无意义的,而(5.1.2)就提供了无穷远点的表示方法.

规定三数组 $(x,y,z)\neq(0,0,0)$ 表示一个点的坐标,任何与 (x,y,z) 成比例的三数组 $(\lambda x,\lambda y,\lambda z)$,$\lambda\neq0$ 表示同一个点. 我们把过去的点的坐标 $(\bar{x},\bar{y})$ 改写成为三数组 (x,y,z) 的形式,用 $(x,y,1)$ 或 $(\lambda x,\lambda y,\lambda)$,$\lambda\neq0$ 表示. 这样一个点 (x,y,z) 在原来的坐标下就是 $(\bar{x},\bar{y})$,其中 $\bar{x}=\dfrac{x}{z}$,$\bar{y}=\dfrac{y}{z}$,$z\neq0$. 从这里也可以知道,一个普通点在现在的三元数组中,第三个数 $z\neq0$,而无穷远点,在现在的三数组中,可以表示为 $(x,y,0)$,其中 x,y 至少有一个不为0.

若 (u_1,v_1,w_1) 和 (u_2,v_2,w_2) 表示两条不同的直线,则由(5.1.2)可知,它们的交点的坐标为: $\left(\begin{vmatrix}v_1 & w_1\\ v_2 & w_2\end{vmatrix},\begin{vmatrix}w_1 & u_1\\ w_2 & u_2\end{vmatrix},\begin{vmatrix}u_1 & v_1\\ u_2 & v_2\end{vmatrix}\right)$,不管这两条直线是相交还是平行.

这样,在扩大的平面上的任何一点,都可以由 (x,y,z)(x,y,z 不全为零)表示;反之,任何除去 $(0,0,0)$ 外的三元数组 (x,y,z) 都表示一个扩大平面上的点,并且成比例的三数组表示相同的点. 无穷远直线上的点仅仅是那些满足方程 $z=0$ 的点. 这个方程可以写成 $0\cdot x+0\cdot y+1\cdot z=0$,所以表示无穷远直线的三数组 (u,v,w) 是 $(0,0,1)$.

§5.2 射影平面

为了便于对上述扩大平面上点的表示进行一般化处理,从而给出**射影平面**的定义,我们用 (x_1,x_2,x_3) 来代替 (x,y,z). 对于直线,我们用 (ξ_1,ξ_2,ξ_3) 来代替 (u,v,w). 对

于任意给定的两个实数 λ 和 μ，以及任意两个三元数组 $a=(a_1,a_2,a_3)$，$b=(b_1,b_2,b_3)$，规定①

$$\lambda a+\mu b=(\lambda a_1+\mu b_1,\lambda a_2+\mu b_2,\lambda a_3+\mu b_3), \tag{5.2.1}$$

$$a\cdot b=a_1b_1+a_2b_2+a_3b_3=\sum_{i=1}^{3}a_ib_i, \tag{5.2.2}$$

$$a\times b=\left(\begin{vmatrix}a_2 & a_3\\ b_2 & b_3\end{vmatrix},\begin{vmatrix}a_3 & a_1\\ b_3 & b_1\end{vmatrix},\begin{vmatrix}a_1 & a_2\\ b_1 & b_2\end{vmatrix}\right). \tag{5.2.3}$$

这样，显然有

$$a\cdot b=b\cdot a, \tag{5.2.4}$$

$$\begin{aligned}(\lambda a+\mu b)\cdot(\lambda'a'+\mu'b')=&\lambda\lambda'(a\cdot a')+\lambda\mu'(a\cdot b')\\&+\lambda'\mu(a'\cdot b)+\mu\mu'(b\cdot b'),\end{aligned} \tag{5.2.5}$$

$$\begin{aligned}(\lambda a+\mu b)\times(\lambda'a'+\mu'b')=&\lambda\lambda'(a\times a')+\lambda\mu'(a\times b')\\&+\lambda'\mu(b\times a')+\mu\mu'(b\times b').\end{aligned} \tag{5.2.6}$$

若另有 $c=(c_1,c_2,c_3)$，规定

$$|a,b,c|=\begin{vmatrix}a_1 & a_2 & a_3\\ b_1 & b_2 & b_3\\ c_1 & c_2 & c_3\end{vmatrix}.$$

于是

$$a\cdot(b\times c)=(a\times b)\cdot c=|a,b,c|.$$

设 $x(x_1,x_2,x_3)$ 是任意的三元数组，用 $[x]$ 表示所有的三元数组 $\lambda x(\lambda\neq 0)$ 的类②，即 $[x]=\{y=\lambda x,\lambda\neq 0\}$. 显然，如果两个类有相同的三元数组，则它们是相同的. 若 x 和 y 属于同一类时，用 $x\sim y$ 表示，否则就记为 $x\not\sim y$，每一类(除 $0=(0,0,0)$ 外)都含有无穷多不同的三元数组，并且被其中的任一三元数组所唯一决定.

定义 5.2.1 除零类 $[0]$ 外，所有的类 $[x]$ 的集合，称为**射影平面**(或**二维射影空间**). 类 $[x]$ 称为射影平面上的一个点.

我们用 $[x]$，$[y]$，… 表示射影平面上的点，用 $x=(x_1,x_2,x_3)$ 表示点 $[x]$ 中一个代表元 x 的坐标. 在下面读者将会发现，在不引起误解的情况下，我们有时也会用 x 表示点 $[x]$，以后不再一一说明.

在上节中我们已经提供了一个射影平面的例子. 但对于普通的欧氏平面上的度量性质，如两点间的距离、图形的面积、两直线的夹角等，以及一些仿射性质，如直线的平行、直线上的三点的分比等，在射影平面上都没有定义.

我们这里讨论的数 x_i，$i=1,2,3$ 都是实数，这样得到的平面称为实射影平面，用 P^2 或 RP^2 表示. 若 x_i，$i=1,2,3$ 都是复数，则得到的平面称为复射影平面，用 CP^2 表示. 对

---

① 这里我们将 $a,b,\cdots$ 看成 3 维欧氏空间中的向量，它们的运算满足第 1 章中在直角坐标系下向量的运算公式.

② 这里的类以及下一节出现的类就是在其他数学课程(如点集拓扑、抽象代数等)中定义的等价类，但是我们并不打算在这里介绍等价类的性质，有兴趣的读者可以参考相关的教材.

于复射影平面,我们将在以后的课程(如微分流形,黎曼几何)中进一步讨论.

除了上节的扩大的欧氏平面是 P^2 的一个模型外,还有如下常见的例子.

例 5.2.1 在过普通三维欧氏空间$\mathbb{R}^3$ 的原点$(0,0,0)$ 的直线 L 上任取一点$(x_1,x_2,x_3)\neq(0,0,0)$,则

$$L\cap(\mathbb{R}^3-\{(0,0,0)\})=\{(\lambda x_1,\lambda x_2,\lambda x_3)\mid\lambda\in\mathbb{R},\lambda\neq0\}$$

记

$$[(x_1,x_2,x_3)]=\{(\lambda x_1,\lambda x_2,\lambda x_3)\mid\lambda\in\mathbb{R},\lambda\neq0\}$$

则

$$\{[(x_1,x_2,x_3)]\mid(x_1,x_2,x_3)\in\mathbb{R}^3-\{(0,0,0)\}\}$$

就是一个实射影平面 RP^2,这个例子中相当于我们将$\mathbb{R}^3$ 内 $L\cap(\mathbb{R}^3-\{(0,0,0)\})$ 的全部点"压缩"成 RP^2 内一个点.

例 5.2.2 设 $S^2(1)$ 是球心在原点的单位球面. 对球面上任何一点(x_1,x_2,x_3),定义

$$[(x_1,x_2,x_3)]=\{(x_1,x_2,x_3),(-x_1,-x_2,-x_3)\}$$

则$\{[(x_1,x_2,x_3)]\mid(x_1,x_2,x_3)\in S^2(1)\}$ 也是一个实射影平面. 这个实射影平面中的任何一个点就是由单位球面的两个对径点叠合而得.

在射影平面上的一条直线定义为满足形如

$$\xi_1x_1+\xi_2x_2+\xi_3x_3=0,\text{或 } x\cdot\xi=0 \tag{5.2.9}$$

的线性方程的点 x 的轨迹,其中系数 $\xi=(\xi_1,\xi_2,\xi_3)\neq0$. 三数组$(\xi_1,\xi_2,\xi_3)$ 和 $\lambda\xi=(\lambda\xi_1,\lambda\xi_2,\lambda\xi_3)$ 表示同一条直线,所以直线(5.2.9) 可以用$[\xi]$ 表示,ξ 是直线$[\xi]$ 的一个代表元. 有时我们也简称直线 ξ,这一点,与射影平面上点的情况相类似.

两条直线 $\xi\cdot x=0,\eta\cdot x=0$ 的交点为 $x=\xi\times\eta$;两点 x,y 的连线 $\xi=x\times y$. 三点 x,y,z 共线的充要条件是 $|x,y,z|=0$;三直线 ξ,η,ζ 共点的充要条件是 $|\xi,\eta,\zeta|=0$. 这些结论,可直接由第 1 章向量的结论得到.

5.2 习 题

1. 在三维笛卡儿空间中,过原点的直线的方向数构成一类三数组,过原点的平面方程的系数也构成一类三数组. 证明:若这两类三数组分别取做"点"和"直线",它们定义一个二维射影空间.

2. 证明点 $a^*=(2,3,-2),b^*=(1,2,-4),c^*=(0,1,-6)$ 共线. 求 λ 和 μ,使得 $a^*=\lambda b^*+\mu c^*$,求 b 和 c 的代表b'^* 和c'^*,使得 $a^*=b'^*-c'^*$.

3. 设 ξ,η,ζ,φ 分别是直线 $x_1-x_3=0,x_2+x_3=0,2x_1+x_2-x_3=0,x_1+x_2+2x_3=0$,运用三数组符号,求直线$(\xi\times\eta)\times(\zeta\times\varphi)$,并写出它的方程.

§5.3 射影坐标

由上节知，给定射影平面上的任意两个不同点[y]和[z]，这两点就决定唯一的直线 $y\times z$，若点[x]在[y]和[z]所决定的直线 $y\times z$ 上，则 $|x,y,z|=0$. 这意味着存在两个实数 λ,μ 满足

$$x=\lambda y+\mu z. \tag{5.3.1}$$

在(5.3.1)中，我们分别选取了点[y]和[z]的代表元 y 和 z. 若在[y]，[z]中取另外的代表元 $y'=\lambda' y, z'=\mu' y$，则 $x'=\lambda y'+\mu z'$ 仍然是直线 $y\times z$ 上的一点，但一般 x' 与 x 不同(坐标不同). 为了得到唯一的点的表示，我们采用以下的记号. [y]表示类，y 是[y]中一个变动的三元数组，y^* 表示[y]中取定的一个三元数组. 于是对于类[x]，[y]和[z]，[y]$\neq$[z]，x^*,y^*,z^* 表示三个类中取定的三个代表元，则当 x 在 $y\times z$ 上时，存在唯一的数组 λ,μ 满足

$$x^*=\lambda y^*+\mu z^*. \tag{5.3.2}$$

[x]中任意一个成员 σx^*，$\sigma\neq0$，满足 $\sigma x^*=\sigma\lambda y^*+\sigma\mu z^*$，所以系数比仍为 λ/μ. 因此这个比确定了点[x]，于是可以作为点[x]在直线 $\xi=y\times z$ 上的坐标. 反之，对于任何不等于(0,0)的数对(λ,μ)，$\lambda y^*+\mu z^*$ 是 $y\times z$ 上的一个点. 当 λ 和 μ 的比值 $\lambda:\mu$ 不变时，表示同一个点. 因此一旦取定了[y]和[z]的代表元 y^*,z^*，点[x]就确定了比值 $\lambda:\mu$，而且[x]的固定代表 x^* 不仅确定比值 $\lambda:\mu$，还确定 λ,μ 两个数本身. 除去(0,0)的数对(λ,μ)称为直线 $\xi=y\times z$ 上的点的**射影坐标**. 显然，数对($\sigma\lambda,\sigma\mu$)，$\sigma\neq0$，与(λ,μ)表示相同的点. 我们用类[(λ,μ)]表示这样的点，具有坐标 λ,μ 的射影直线 ξ 称为**一维射影空间**，[y]和[z]称为**射影坐标的基点**. 此时，[y]，[z]的射影坐标分别为[(1,0)]和[(0,1)].

这样一个点的射影坐标可由 y^* 和 z^*(或者它们的相同倍数 σy^* 和 σz^*)来确定. 但是当我们用 $\bar{y}^*=\sigma y^*$，$\bar{z}^*=\tau z^*$，($\tau\neq\sigma$)来代替 y^*,z^* 时，尽管 y,z 的坐标仍是[(1,0)]，[(0,1)]，但是其余点的射影坐标发生了变化. 例如，由(5.3.2)

$$x^*=\lambda y^*+\mu z^*=\frac{\lambda}{\sigma}\bar{y}^*+\frac{\mu}{\tau}\bar{z}^*. \tag{5.3.3}$$

这里，$\lambda:\mu\neq\left(\dfrac{\lambda}{\sigma}\right):\left(\dfrac{\mu}{\tau}\right)$. 这说明使 y 和 z 有坐标[(1,0)]和[(0,1)]的坐标系不是唯一的. 如果我们还要求 ξ 上的一个第三点 u 有坐标[(1,1)]，就可唯一地决定 y^*,z^*，从而唯一地决定了射影坐标系. 因为总有 u,y 和 z 的代表元 u^*,y^*,z^* 满足

$$u^*=y^*+z^*.$$

如果还有 $\sigma_1,\sigma_2,\sigma_3$(全不为零)，满足

$$\sigma_1u^*=\sigma_2y^*+\sigma_3z^*,$$

则由 $y\not\sim z$ 可以导出 $\sigma_1=\sigma_2=\sigma_3$，从而 y^*,z^* 和 $\sigma_2y^*,\sigma_3z^*(=\sigma_2z^*)$ 是同一个坐标系.

这就得出如下结论：在直线上给定三个不同的点 y,z 和 u，有且仅有一个射影坐标系以 y[(1,0)]，z[(0,1)]和 u[(1,1)]为基点.

下面考虑在同一直线上的两个射影坐标系之间的坐标变换公式. 设(λ,μ)是x点关于y^*和z^*的坐标,而$(\bar{\lambda},\bar{\mu})$是同一点$x$关于$\bar{y}^*,\bar{z}^*$的坐标,即

$$x^* = \lambda y^* + \mu z^* = \bar{\lambda}\bar{y}^* + \bar{\mu}\bar{z}^*. \tag{5.3.4}$$

设y^*和z^*关于$\bar{y}^*$和$\bar{z}^*$的坐标分别是(a_{11},a_{21})和(a_{12},a_{22}),即

$$\rho y^* = a_{11}\bar{y}^* + a_{21}\bar{z}^*, \rho z^* = a_{12}\bar{y}^* + a_{22}\bar{z}^*, \rho \neq 0. \tag{5.3.5}$$

由于$y \neq z$,所以$\begin{vmatrix} a_{11} & a_{12} \\ a_{21} & a_{22} \end{vmatrix} \neq 0$. 将(5.3.5)代入(5.3.4),得

$$x^* = \bar{\lambda}\bar{y}^* + \bar{\mu}\bar{z}^* = \frac{1}{\rho}(\lambda a_{11} + \mu a_{12})\bar{y}^* + \frac{1}{\rho}(\lambda a_{21} + \mu a_{22})\bar{z}^*.$$

由此得

$$\begin{cases} \rho\bar{\lambda} = \lambda a_{11} + \mu a_{12} \\ \rho\bar{\mu} = \lambda a_{21} + \mu a_{22} \end{cases}, \quad \begin{vmatrix} a_{11} & a_{12} \\ a_{21} & a_{22} \end{vmatrix} \neq 0, \rho \neq 0. \tag{5.3.6}$$

这就是同一条直线上的两个射影坐标系之间的坐标变换公式. 反之,若λ和μ是射影坐标,则由(5.3.6)式可以确定$\bar{\lambda},\bar{\mu}$也是射影坐标.

在射影平面上过一个公共点的直线形成一个线束,若x是公共点,就称为线束x. 在以上的讨论中,若将直线ξ换成定点x,ξ上的定点y和z换成过x的定直线η和ζ,ξ上的动点x,换成过x点的动直线ξ,则由同样的讨论可得:若η和ζ是过x的不同直线,而η^*,ζ^*是两直线η和ζ的两个取定的代表元,则对于任意$(\lambda,\mu) \neq (0,0)$,

$$\xi = \lambda\eta^* + \mu\zeta^*$$

是线束x中的一般直线,λ,μ是ξ在线束x中的射影坐标. 不同比值$\lambda:\mu$表示线束x中不同直线,若λ,μ变化时,$\lambda:\mu$保持不变,则ξ只是在类$[\xi]$中变化. $[(\lambda,\mu)] = \{(\sigma\lambda,\sigma\mu) \mid \sigma \neq 0\}$称为线束$x$中的直线$\xi$关于$\eta^*,\zeta^*$的射影坐标. 在线束$x$中,类似于直线(点列)的情形,有且仅有一个坐标系使得线束中给定的三条不同的直线分别用$[(1,0)]$,$[(0,1)]$,$[(1,1)]$表示. 这三条直线称为射影坐标系的基线. 在这样的射影坐标系下,直线的射影坐标唯一确定.

在射影平面上,也能以同样的方式引入射影坐标系. 在射影平面上,取定四点,其中任意三点不共线,则必定有唯一的射影坐标系,使得这四点分别有坐标$[(1,0,0)]$,$[(0,1,0)]$,$[(0,0,1)]$和$[(1,1,1)]$. 这四点称为坐标系的四个基点,第四个点称为单位点. 在这个射影坐标下,平面上的任意一点,有三元数组(λ,μ,ν)确定,比值$\lambda:\mu:\nu$是唯一的. 因此,称$[(\lambda,\mu,\nu)]$为这个点在该射影坐标系下的射影坐标.

若射影平面上有两个射影坐标系$[p_1],[p_2],[p_3],[p_4]$和$[\bar{p}_1],[\bar{p}_2],[\bar{p}_3],[\bar{p}_4]$,相应的代表元分别取为$p_1^*,p_2^*,p_3^*,p_4^*$和$\bar{p}_1^*,\bar{p}_2^*,\bar{p}_3^*,\bar{p}_4^*$,其中$p_4^*$和$\bar{p}_4^*$分别为两个射影坐标下的单位点. $\{p_1^*,p_2^*,p_3^*\}$与$\{\bar{p}_1^*,\bar{p}_2^*,\bar{p}_3^*\}$之间有关系式

$$p_i^* = a_{1i}\bar{p}_1^* + a_{2i}\bar{p}_2^* + a_{3i}\bar{p}_3^*, \quad (i = 1,2,3) \tag{5.3.7}$$

其中

$$|A| = |a_{ij}| = \begin{vmatrix} a_{11} & a_{12} & a_{13} \\ a_{21} & a_{22} & a_{23} \\ a_{31} & a_{32} & a_{33} \end{vmatrix} \neq 0.$$

点 x 关于坐标系 $\{p_1^*, p_2^*, p_3^*\}$ 的坐标为 $[(x_1, x_2, x_3)]$，关于坐标系 $\{\bar{p}_1^*, \bar{p}_2^*, \bar{p}_3^*\}$ 的坐标为 $[(x_1', x_2', x_3')]$，则有如下的坐标变化公式

$$\rho x_i' = \sum_{k=1}^{3} a_{ik} x_k, \qquad i = 1,2,3, \tag{5.3.8}$$

其中 ρ 是只与 (x_1, x_2, x_3) 有关，而与 (x_1', x_2', x_3') 无关的非零常数.

在坐标系 $\{p_1^*, p_2^*, p_3^*\}$ 中直线的方程为 $\xi \cdot x = 0$，经变换(5.3.8)后，变成 $\{\bar{p}_1^*, \bar{p}_2^*, \bar{p}_3^*\}$ 下的方程

$$\xi' \cdot x' = 0,$$

其中 ξ 与 ξ' 之间有如下的关系：

$$\sigma \xi_i' = \sum_{k=1}^{3} A_{ik} \xi_k, \qquad i = 1,2,3, \tag{5.3.9}$$

其中，$\mathbf{A}_{ik}$ 是矩阵 $\mathbf{A} = (a_{ij})$ 中元素 a_{ik} 的代数余子式，σ 是一个非零常数.

下面我们利用射影坐标系来证明 Pappus(公元 3 世纪) 定理.

例 5.3.1 (Pappus 定理) 设 A_1, B_1, C_1 与 A_2, B_2, C_2 为同一平面内两直线 ξ_1 与 ξ_2 的两组点，$B_1C_2 \times B_2C_1 = L$，$C_1A_2 \times C_2A_1 = M$，$A_1B_2 \times A_2B_1 = N$. 则三点 L, M, N 共线 (L, M, N 所在的直线称为 Pappus 线).

证明 在射影平面 RP^2 上建立射影坐标系，使得点 B_1 的射影坐标为 $[(1,0,0)]$，点 C_1 的射影坐标为 $[(0,1,0)]$，点 B_2 的射影坐标为 $[(0,0,1)]$，点 C_2 的射影坐标为 $[(1,1,1)]$. 这样点 A_1, B_1, C_1 所在直线 l_1 的射影坐标是 $[(1,0,0) \times (0,1,0)] = [(0,0,1)]$，点 A_2, B_2, C_2 所在直线 l_2 的射影坐标是 $[(0,0,1) \times (1,1,1)] = [(-1,1,0)]$. 现在我们可以假设点 A_1 的射影坐标是 $[(x_1, y_1, 0)]$，点 A_2 的射影坐标是 $[(x_2, x_2, y_2)]$，则可以计算得到点 B_1 与 C_2 的连线的射影坐标为 $[(1,0,0) \times (1,1,1)] = [(0,-1,1)]$，点 C_1 与点 B_2 的连线的射影坐标为 $[(0,1,0) \times (0,0,1)] = [(1,0,0)]$. 由此可计算得出点 $L = B_1C_2 \times B_2C_1$ 的射影坐标为 $[(0,-1,1) \times (1,0,0)] = [(0,1,1)]$. 按照类似的方法，我们可以求出点 $M = C_1A_2 \times C_2A_1$ 的射影坐标为 $[(x_1x_2, y_1x_2 - y_2(y_1 - x_1), x_1y_2)]$，点 $N = A_1B_2 \times A_2B_1$ 的射影坐标为 $[(-x_1x_2, -y_1x_2, -y_1y_2)]$. 由于

$$\begin{vmatrix} 0 & 1 & 1 \\ x_1x_2 & y_1x_2 - y_2(y_1 - x_1) & x_1y_2 \\ -x_1x_2 & -y_1x_2 & -y_1y_2 \end{vmatrix} = 0,$$

所以 3 点 L, M, N 共线. □

5.3 习 题

1. 若一直线的基点为 $(1,-1,2)$，$(3,2,1)$，$(0,-1,1)$. 求 $(5,2,3)$ 的射影坐标. 若 $(1,1,0)$，$(-1,2,-3)$，$(1,-3,4)$ 是第二个坐标的基点. 求这两个坐标系的关系方程.

2. 证明：若 λ, μ 是一直线上的射影坐标，$\bar{\lambda}, \bar{\mu}$ 由(3.6)定义，则 $\bar{\lambda}, \bar{\mu}$ 是射影坐标.

3. 证明：若 $d_1 \times a, d_2 \times b, d_3 \times c$ 共点于 e，则 $(d_1 \times d_2) \times (a \times b)$，$(d_2 \times d_3) \times (b \times c)$，$(d_3 \times d_1) \times (c \times a)$ 共线(Desargues 定理).

4. 证明：若 a_1, a_2, a_3, b 是四边形点集，$c_i = (b \times a_i) \times (a_j \times a_k)$，这里 i, j, k 取值 $(1,2,3)$，$(2,3,1)$ 和 $(3,2,1)$，则三点 $(c_i \times c_j) \times (a_i \times a_j)$ 共线.

5. 若 $(1,2,1)$，$(1,1,0)$，$(2,1,1)$，$(0,1,7)$ 是一个坐标系的四个基点. 求 $(1,1,1)$ 的坐标.

6. 求由 $\xi'_1 = 2\xi_1 - \xi_2 + \xi_3$，$\xi'_2 = 4\xi_1 + 2\xi_2 - 6\xi_3$，$\xi'_3 = \xi_1 + \xi_2 - 3\xi_3$ 诱导的点的坐标变换，并求它的逆变换.

§5.4 射影几何的内容 对偶原理

在平面射影几何里，若 $x \cdot \xi = 0$，则点 x 和直线 ξ 称为是结合的. 平面射影几何就是研究关于点与直线相结合所表达的各种关系. 一个仅仅由点、直线以及点与直线相结合所表达的命题，称为射影命题. 例如，当从平面 π 外一点 w 出发，作平面 π 到另一平面 π' 的投射，如图 5-2，π 上的一点 A 以及与 A 结合的直线 ξ，被投射到 π' 上 A'，及与 A' 结合的直线 ξ'. 因此，射影命题经投影后，仍是射影命题. 又如勾股定理，含有长度和角度概念，因此不是射影命题.

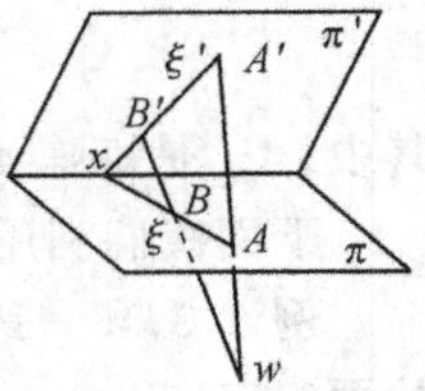

图 5-2

下面我们介绍两个例子. 第一个是 Desargues (1593 – 1662) 定理.

定理 5.4.1 若两个三角形的对应顶点的连线共点，则对应边的交点共线.

证明 设 Δxyz 和 $\Delta x'y'z'$ 的对应点的连线是

$\alpha \sim x \times x'$，$\beta \sim y \times y'$，$\gamma \sim z \times z'$

这三条直线 α, β, γ 交于一点 w. 三对对应边分别为 $\xi \sim y \times z$，$\xi' \sim y' \times z'$；$\eta \sim z \times x$，$\eta' \sim z' \times x'$；$\zeta \sim x \times y$，$\zeta' \sim x' \times y'$. 对应边的交点 $P = \eta \times \eta'$，$Q = \xi \times \xi'$，$R = \zeta \times \zeta'$，如图 5-3 所示. 我们要证明 P, Q, R 三点共线，下面分两种情况证明.

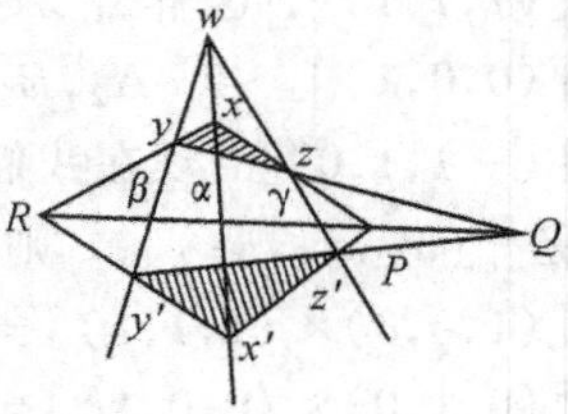

图 5-3

(1) 点 w 重合于这两个三角形的某个顶点. 不妨设点 w 重合于点 x(如图 5-4)，这时候点 x 与 y 的连线就是点 y' 与 y 的连线. y, y' 与 w 在同一直线上，点 y' 在 x 与 y 的连线. 点 y' 也在 x' 与 y' 的连线上，从而点 y' 就是 $\zeta(\sim x \times y)$ 与 $\zeta'(\sim x' \times y')$ 的交点，即 $y' \sim R$. 同理可知 $z' \sim P \sim \eta \times \eta'$. 现在 $Q \sim \xi \times \xi'$，所以，Q 在 $\xi' \sim y' \times z'$ 上，从而 $P(z')$，$R(y')$，Q 共线于 ξ'.

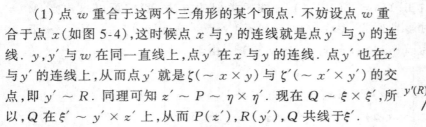

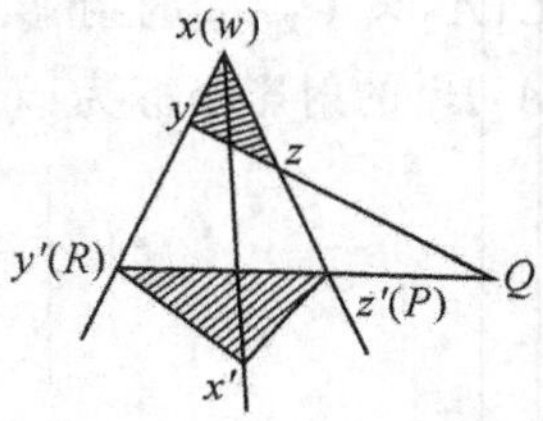

图 5-4

(2) 点 w 不重合于这两个三角形中的任意一个顶点. 记 x^*，y^*，z^*；x'^*，y'^*，z'^* 分别为 x, y, z；x', y', z' 的一个取定的代表元，存在非零的实数 $\lambda, \lambda', \mu, \mu', \nu, \nu'$，满足

$$w^* = \lambda x^* - \lambda' x'^* = \mu y^* - \mu' y'^* = \nu z^* - \nu' z'^*$$

由此可知

$$\lambda x^* - \mu y^* = \lambda' x'^* - \mu' y'^*$$

上述的左边表示点 x 与 y 的连线 ζ 上的一点，右边表示点 x' 与 y' 连线上的一点. 因此等式表示 $\zeta \times \zeta'$，即 R 点. 同理，我们有

$$\lambda x^* - \nu z^* = \lambda' x'^* - \nu' z'^* \sim \eta \times \eta' \sim P$$
$$\mu y^* - \nu z^* = \mu' y'^* - \nu' z'^* \sim \xi \times \xi' \sim Q$$

由于

$$1(\lambda x^* - \mu y^*) - 1(\lambda x^* - \nu z^*) + 1(\mu y^* - \nu z^*) = 0$$

这表明 P,Q,R 三点共线. Desargues 定理证明完毕. □

Desargues 定理的代数形式是：$|x\times x', y\times y', z\times z'| = 0 \Rightarrow$

$$|(y\times z)\times(y'\times z'), (z\times x)\times(z'\times x'), (x\times y)\times(x'\times y')| = 0. \tag{5.4.1}$$

在(5.4.1)中若用直线 ξ,η 和 ζ 依次代替 x,y 和 z，所设的定理依然成立，即由 $|\xi\times\xi', \eta\times\eta', \zeta\times\zeta'| = 0$ 可得

$$|(\eta\times\zeta)\times(\eta'\times\zeta'), (\zeta\times\xi)\times(\zeta'\times\xi'), (\xi\times\eta)\times(\xi'\times\eta')| = 0 \tag{5.4.2}$$

若令 $\eta\times\zeta \sim x, \eta'\times\zeta' \sim x'$，等等，就可以得到下面 Desargues 定理的逆定理.

定理 5.4.2 若两个三角形对应边交点共线，则对应顶点的连线共点.

在给出第二个例子之前，我们先介绍所谓"第四调和点"的概念. 在直线 ξ 上，给定三个不同的点 x,y,u. 以这三个点为基点[(1,0)],[(0,1)],[(1,1)]的射影坐标系下，若存在以[(1,−1)]为射影坐标的点 v，则称 v 为直线 ξ 上三点 x,y,u 的**第四调和点**.

第二个例子是 Desargues 定理的一个推论：在直线 ξ 上，对给定的三个不同的已知点 x,y,u，存在唯一的第四调和点 v. 这个第四调和点的作法如下：如图 5-5 所示，在直线 ξ 外任取一点 w，在 $x\times w$ 上任取不同于 x 和 w 的点 z，设 $y\times z$ 与 $u\times w$ 交于 t，$x\times t$ 和 $y\times w$ 交于 s，则 $z\times s$ 与 ξ 的交点就是 v.

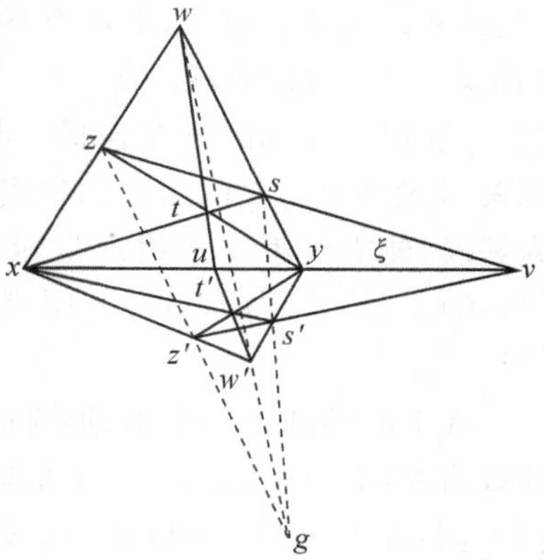

图 5-5

这里，v 的确定与 w,z 的选取无关. 事实上，另取 w' 和 z'，由此得到 t' 和 s'. 三角形 w,s,t 和 w',s',t' 的对应边交于点 x,y 和 u.

由 Desargues 定理的逆定理，这两个三角形对应顶点的连线 $w\times w', s\times s', t\times t'$ 交于一点 g，考虑三角形 w,z,t 和 w',z',t'，同样得出三直线 $w\times w', s\times s'$ 和 $t\times t'$ 交于一点. 这一点必定是 g，现在三角形 z,w,s 和 z',w',s' 满足 Desargues 定理的条件，点 $x\sim(w\times z)\times(w'\times z')$，$y\sim(w\times s)\times(w'\times s')$，所以最后一对对应边 $z\times s$ 和 $z'\times s'$ 必在 $x\times y\sim\xi$ 上. 但 $z\times s$ 与 ξ 交于 v，由此得出 $v'\sim\xi\times(z'\times s')\sim v$.

为了解析地证明第四调和点的唯一性，我们选取坐标系 w[(1,0,0)]，x[(0,1,0)]，y[(0,0,1)] 和 t[(1,1,1)]，则

直线 $\xi = [(0,1,0)\times(0,0,1)] = [(1,0,0)]$，

点 w 和 t 的连线 $w\times t = [(1,0,0)\times(1,1,1)] = [(0,-1,1)]$

点 $u = [(1,0,0)\times(0,-1,1)] = [(0,1,1)]$

点 x 与点 w 的连线 $x\times w = [(0,1,0)\times(1,0,0)] = [(0,0,1)]$

点 y 与点 t 的连线 $y\times t = [(0,0,1)\times(1,1,1)] = [(-1,1,0)]$

点 $z=[(0,0,-1)\times(-1,1,0)]=[(1,1,0)]$

点 w 与点 y 的连线 $w\times y=[(1,0,0)\times(0,0,1)]=[(0,-1,0)]$

点 x 与点 t 的连线 $x\times t=[(0,1,0)\times(1,1,1)]=[(1,0,-1)]$

点 $s=[(0,-1,0)\times(1,0,-1)]=[(1,0,1)]$

点 z 与点 s 的连线 $z\times s=[(1,1,0)\times(1,0,1)]=[(1,-1,-1)]$

点 $v=[(1,0,0)\times(1,-1,-1)]=[(0,1,-1)]$

这样在直线 ξ:$x_1=0$ 上建立射影坐标系，使得 x,y,u 的射影坐标分别是$[(1,0)]$，$[(0,1)]$，$[(1,1)]$，则从上面的计算可以看出，点 v 的射影坐标是$[(1,-1)]$，所以点 v 就是直线 ξ 上关于点 x,y,u 的第四调和点. 它只与点 x,y,u 的位置有关，与 w 和 z 的位置无关.

用纯代数的语言，对于给定的共线的三点 x,y 和 u 的第四调和点 v 的唯一性，可叙述如下：设 x,y,u 为三个不同点，且 $|x,y,u|=0$. 取 w^i，$i=1,2$，使 $|w^i,x,y|\neq 0$；取 z^i，$i=1,2$，使得 z^i 异于 w^i 和 x，但 $|w^i,z^i,x|=0$，$i=1,2$. 令 $t^i=(w^i\times u)\times(z^i\times y)$，$s^i=(t^i\times x)\times(w^i\times y)$，$i=1,2$. 则 $|x\times y,z^1\times s^1,z^2\times s^2|=0$.

现在我们将点 x,y,u,w^i,z^i,t^i,s^i 依次换为线 $\xi,\eta,\zeta,\psi^i,\varphi^i,\tau^i,\sigma^i$，上述代数式子同样成立. 其几何意义是(如图 5-6)：设 ξ,η,ζ 为线束 x 的不同直线，取任意不过 x 点的直线 ψ，取 φ 为过点 $\xi\times\psi$ 而又异于 ψ,ξ 的直线. 点 $\eta\times\varphi$ 与 $\psi\times\zeta$ 确定一直线 τ，点 $\xi\times\tau$ 与 $\psi\times\eta$ 确定一直线 σ，于是连接 x 与 $\varphi\times\sigma$ 的直线 ω 与 ψ,φ 的选取无关，ω 称为 ξ,η,ζ 的第四调和线. 如果以线束 x 中的直线 ξ,η,ζ 为基线，建立线束 x 的射影坐标系，并设它们的射影坐标分别为$[(1,0)]$，$[(0,1)]$，$[(1,1)]$，则容易证明由上述方法得到的第四调和线 ω 的射影坐标为$[(1,-1)]$.

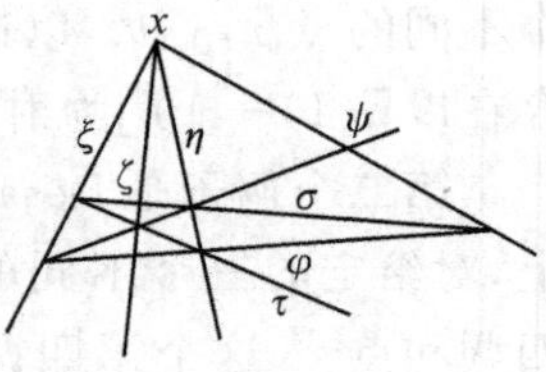

图 5-6

在上面的两个例子中，形式地交换点和直线的位置，就产生了新的几何定理. 由于点和线有共同的代数形式，一个射影命题中涉及的点与直线的结合关系：$x\cdot\xi=0$ 关于 x 和 ξ 的地位是对等的. 所以在一个射影定理内把点和线交换后，并不影响命题的正确性. 但一般来说，改变了几何内容，得到了新的射影定理. 这个原理称为对偶原理.

对偶原理 如果一个射影定理中点和直线的位置互换以后，我们就得到了另一个新定理. 这个新定理称为原定理的"对偶定理".

注意 这个原理，在欧氏几何中并不成立. 在研究一个定理的对偶定理以前，我们可以列举如下的对偶对象：

点(线束)	直线(点列)
共线点(与一直线结合的点)	共点线(与一点结合的直线)
直线 $x\times y$ 连接 x,y	点 $\xi\times\eta$ 是直线 ξ,η 的交
(直线与 x,y 的结合)	(点与 ξ,η 的结合)

直线作为点的轨迹　　　　　　　　　　线束通过一个点

虽然对偶原理在欧氏几何中并不成立，有的欧氏定理的对偶命题也成立，但需要单独加以证明. 也常有这样的情况发生，即一个很难理解的定理，但其对偶定理却易于接受. 例如第四调和线的作图比第四调和点的作图难得多.

5.4 习 题

1. 根据基本的结合关系 $x \cdot \xi = 0$，完整叙述笛沙格定理，并叙述它的对偶命题.

2. 不直接用对偶原则，证明第四调和线的唯一性.

3. 若在线束 x 中，φ 是 ξ, η, ζ 的第四调和线，不在此线束中的直线 α 截四直线于点 a, b, c, d，证明 d 是 a, b, c 的第四调和点.

§5.5 交 比

射影平面上的直线(点列)和线束，称为射影平面上的一维射影图形. 本节先讨论一维射影图形上四点(线)的交比的性质和一维射影图形上的射影变换，再讨论二维射影图形(即射影平面)上的射影变换.

5.5.1 交比的定义和性质

设$[y]$，$[z]$，$[u]$，$[v]$为射影直线 ξ 上不同四点，y, z, u, v 分别为这四点的代表，则 $u = \lambda_1 y + \lambda_2 z$，$v = \mu_1 y + \mu_2 z$. 我们定义这四点按这样的顺序的交比为

$$R(y, z; u, v) = \frac{\mu_1}{\mu_2} \Big/ \frac{\lambda_1}{\lambda_2} = \frac{\mu_1 \lambda_2}{\mu_2 \lambda_1}. \tag{5.5.1}$$

首先说明这样定义的四点的比值，与四个点的代表元的选取无关. 设 $\bar{y} = \sigma y$，$\bar{z} = \delta z$ 为$[y]$，$[z]$的另外两个代表，则

$$u = \frac{\lambda_1}{\sigma}\bar{y} + \frac{\lambda_2}{\delta}\bar{z},\quad v = \frac{\mu_1}{\sigma}\bar{y} + \frac{\mu_2}{\delta}\bar{z},$$

从而

$$\frac{\dfrac{\mu_1}{\sigma}}{\dfrac{\mu_2}{\delta}} \Bigg/ \frac{\dfrac{\lambda_1}{\sigma}}{\dfrac{\lambda_2}{\delta}} = \frac{\mu_1}{\mu_2} \Big/ \frac{\lambda_1}{\lambda_2}.$$

此即说明四点的交比与点的代表元选取无关. 我们还要说明这四点的交比与坐标系的选择无关. 设新的坐标系由变换

$$x'_i = \sum_{k=1}^{3} a_{ik} x_k, \qquad i = 1, 2, 3, \qquad |a_{ik}| \neq 0$$

得到. 令

$$y' = (y_1', y_2', y_3'),\ z' = (z_1', z_2', z_3'),\ u' = (u_1', u_2', u_3'),\ v' = (v_1', v_2', v_3')$$

表示$[y]$,$[z]$,$[u]$,$[v]$在新的坐标下的代表元. 于是

$$y'_i = \sum_{k=1}^{3} a_{ik} y_k$$

$$z'_i = \sum_{k=1}^{3} a_{ik} z_k$$

$$u'_i = \sum_{k=1}^{3} a_{ik} u_k = \sum_{k=1}^{3} a_{ik}(\lambda_1 y_k + \lambda_2 z_k)$$

$$= \lambda_1 \sum_{k=1}^{3} a_{ik} y_k + \lambda_2 \sum_{k=1}^{3} a_{ik} z_k = \lambda_1 y'_i + \lambda_2 z'_i$$

$$v'_i = \sum_{k=1}^{3} a_{ik} u_k = \sum_{k=1}^{3} a_{ik}(\lambda_1 y_k + \lambda_2 z_k)$$

$$= \mu_1 \sum_{k=1}^{3} a_{ik} y_k + \mu_2 \sum_{k=1}^{3} a_{ik} z_k = \mu_1 y'_i + \mu_2 z'_i$$

这样,四点可以写为

$$y', z', \lambda_1 y' + \lambda_2 z', \mu_1 y' + \mu_2 z'.$$

按照交比的定义,这四点的交比不变.

对偶地,我们可以定义一个线束中四线的交比. 设η,ζ,φ,ψ是线束$[a]$中四条不同直线,且$\varphi = \lambda_1\eta + \lambda_2\zeta$,$\psi = \mu_1\eta + \mu_2\zeta$,则四线在给定的顺序下的交比的定义为

$$R(\eta,\zeta;\varphi,\psi) = \frac{\mu_1}{\mu_2} \Big/ \frac{\lambda_1}{\lambda_2} = \frac{\mu_1\lambda_2}{\mu_2\lambda_1}.$$

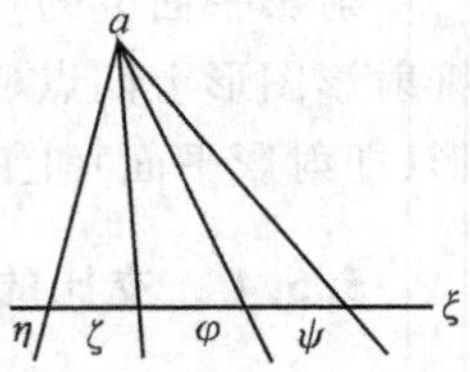

图 5-7

由于在代数上点和直线的表达式相同,因此有关四个共线点的交比的性质,对于共点四直线的交比,同样成立. 即共点四线的交比与这四条直线的代表元的选取,也与坐标系的选取无关(图 5-7).

点与直线的交比有如下关系:

定理 5.5.1 设η,ζ,φ,ψ是共点于a的四条不同直线,直线ξ分别与这四条直线相交于四个不同的点y,z,u,v,则

$$R(y,z;u,v) = R(\eta,\zeta;\varphi,\psi)$$

证明 令$u = \lambda_1 y + \lambda_2 z$,$v = \mu_1 y + \mu_2 z$. 由于交比与代表元选取无关,我们取$\eta = a \times y$,$\zeta = a \times z$,则

$$\varphi = a \times u = a \times (\lambda_1 y + \lambda_2 z) = \lambda_1(a \times y) + \lambda_2(a \times z) = \lambda_1\eta + \lambda_2\zeta$$

$$\psi = a \times v = a \times (\mu_1 y + \mu_2 z) = \mu_1(a \times y) + \mu_2(a \times z) = \mu_1\eta + \mu_2\zeta$$

所以

$$R(y,z;u,v) = \frac{\mu_1\lambda_2}{\mu_2\lambda_1} = R(\eta,\zeta;\varphi,\psi).$$ □

下面我们来研究交比所具有的性质. 首先,对于不同点$y,z,u = \lambda_1 y + \lambda_2 z, v = \mu_1 y + \mu_2 z$,我们有

$$R(y,z;v,u) = \frac{\mu_2\lambda_1}{\mu_1\lambda_2} = \frac{1}{R(y,z;u,v)}. \tag{5.5.3}$$

又因为 u,v 不同，$\delta = \begin{vmatrix} \lambda_1 & \lambda_2 \\ \mu_1 & \mu_2 \end{vmatrix} = \mu_2\lambda_1 - \mu_1\lambda_2 \neq 0$，从而有

$$y = \frac{\mu_2}{\delta}u - \frac{\lambda_2}{\delta}v, \qquad z = -\frac{\mu_1}{\delta}u + \frac{\lambda_1}{\delta}v.$$

所以

$$R(u,v;y,z) = \left(-\frac{\mu_1}{\delta}\right)\left(-\frac{\lambda_2}{\delta}\right)\Big/\left(-\frac{\mu_2}{\delta}\right)\left(-\frac{\lambda_1}{\delta}\right) = \frac{\mu_1\lambda_2}{\mu_2\lambda_1} = R(y,z;u,v) \tag{5.5.4}$$

又

$$z = -\frac{\lambda_1}{\lambda_2}y + \frac{1}{\lambda_2}u$$

$$v = \mu_1 y + \mu_2 z = \mu_1 y + \mu_2(-\frac{\lambda_1}{\lambda_2}y + \frac{1}{\lambda_2}u)$$

$$= (\mu_1 - \frac{\lambda_1\mu_2}{\lambda_2})y + \frac{\mu_2}{\lambda_2}u$$

利用交比的定义，有

$$R(y,u;z,v) = \frac{(\mu_1 - \frac{\lambda_1\mu_2}{\lambda_2})\frac{1}{\lambda_2}}{\frac{\mu_2}{\lambda_2}(-\frac{\lambda_1}{\lambda_2})} = 1 - \frac{\mu_1\lambda_2}{\mu_2\lambda_1} = 1 - R(y,z;u,v) \tag{5.5.5}$$

由(5.5.3)(5.5.4)和(5.5.5)，我们可得到如下

定理 5.5.2 对于不同共线的四点(共点的四线)的交比 $R(y,z;u,v) = \alpha$，有如下性质：

(1) $R(y,z;u,v) = R(u,v;y,z) = R(z,y;v,u) = R(v,u;z,y) = \alpha$

(2) $R(z,y;u,v) = R(u,v;z,y) = R(y,z;v,u) = R(v,u;y,z) = \dfrac{1}{\alpha}$

(3) $R(y,u;z,v) = R(z,v;y,u) = R(u,y;v,z) = R(v,z;u,y) = 1 - \alpha$

(4) $R(z,u;y,v) = R(y,v;z,u) = R(u,z;v,y) = R(v,y;u,z) = 1 - \dfrac{1}{\alpha}$

(5) $R(y,u;v,z) = R(v,z;y,u) = R(u,y;z,v) = R(z,v;u,y) = \dfrac{1}{1-\alpha}$

(6) $R(z,u;v,y) = R(v,y;z,u) = R(u,z;y,v) = R(y,v;u,z) = \dfrac{\alpha}{\alpha - 1}$

这样对于任意给定的四点 y,z,u,v 的全部不同排列共有 $4! = 24$ 个，对应的 24 个交比的值中，最多可以给出 6 个不同的交比的值. 对与共点的不同四线，也有类似的性质. 如果 v 是关于共线三点 y,z,u 的第四调和点，则由上节知，

$$u = y + z, \quad v = y - z,$$

$$R(y,z;u,v) = -1. \tag{5.5.6}$$

当 u 是 v,y,z 的第四调和点时，我们也说 u,v 点对调和分割点对 y,z；或者点对 y,z 调和分割 u,v. 若 y,z 和 u 是直线上射影坐标系的基点，即 $y = [(1,0)]$，$z = [(0,1)]$，$u = [(1,1)]$. v 是坐标为 $[(\lambda_1,\lambda_2)]$ 的第四点，则 $u = y + z$，$v = \lambda_1 y + \lambda_2 z$，于是有

$$R(y,z;u,v)=\frac{\lambda_1}{\lambda_2}, \tag{5.5.7}$$

所以，$R(y,z;u,v)$ 的值就确定了 v.

根据(5.5.7)，我们可以把四点的交比推广到有两个点重合的情况，因为 $u=y+z$，我们定义

$$R(y,z;u,u)=R(y,y;u,v)=1.$$

因为 z 的坐标是(0,1)，令

$$R(y,z,u,z)=R(z,y;z,u)=0.$$

因为 y 的坐标是(1,0)，取

$$R(y,z;u,y)=R(u,y;y,z)=\infty.$$

为了得到一般的射影坐标下交比的表达式，我们假设 a,b,c 为直线 ξ 的三个基点，y,z,u,v 在这个射影坐标系分别为 $(y_1,y_2),(z_1,z_2),(u_1,u_2),(v_1,v_2)$. 利用解线性方程组的方法，容易求得

$$u=\frac{\begin{vmatrix}u_1 & u_2\\ z_1 & z_2\end{vmatrix}}{\begin{vmatrix}y_1 & y_2\\ z_1 & z_2\end{vmatrix}}y+\frac{\begin{vmatrix}y_1 & y_2\\ u_1 & u_2\end{vmatrix}}{\begin{vmatrix}y_1 & y_2\\ z_1 & z_2\end{vmatrix}}z,$$

$$v=\frac{\begin{vmatrix}v_1 & v_2\\ z_1 & z_2\end{vmatrix}}{\begin{vmatrix}y_1 & y_2\\ z_1 & z_2\end{vmatrix}}y+\frac{\begin{vmatrix}y_1 & y_2\\ v_1 & v_2\end{vmatrix}}{\begin{vmatrix}y_1 & y_2\\ z_1 & z_2\end{vmatrix}}z.$$

因此

$$R(y,z;u,v)=\frac{\begin{vmatrix}z_1 & z_2\\ v_1 & v_2\end{vmatrix}\begin{vmatrix}y_1 & y_2\\ u_1 & u_2\end{vmatrix}}{\begin{vmatrix}y_1 & y_2\\ v_1 & v_2\end{vmatrix}\begin{vmatrix}z_1 & z_2\\ u_1 & u_2\end{vmatrix}}. \tag{5.5.8}$$

如果用非齐次坐标

$$\bar{y}=\frac{y_1}{y_2}$$

来表示点 y，相应地，z,u,v 的非齐次坐标为 $\bar{z},\bar{u},\bar{v}$，则四点的交比为

$$R(y,z;u,v)=\frac{(\bar{u}-\bar{y})(\bar{v}-\bar{z})}{(\bar{u}-\bar{z})(\bar{v}-\bar{y})} \tag{5.5.9}$$

例 5.5.1 在射影平面上，给定 $\Delta A_1A_2A_3$. 设 P_1,P_2,P_3 依次在三边 A_2A_3,A_3A_1,A_1A_2 上，但都不与 A_1,A_2,A_3 重合，Q_1,Q_2,Q_3 依次为三边所在直线上关于 A_2,A_3,P_1；A_3,A_1,P_2；A_1,A_2,P_3 的第四调和点. 则 P_1,P_2,P_3 共线的充要条件是 A_1Q_1,A_2Q_2,A_3Q_3 共点.

证明 如图 5-8，取 A_1,A_2,A_3 为平面射影坐标系的三个基点[(1,0,0)]，[(0,1,0)]，[(0,0,1)]. 设 P_1,P_2,P_3 的坐标依次为[$(0,\lambda_1,\mu_1)$]，[$(\mu_2,0,\lambda_2)$]，[$(\lambda_3,$

$-\mu_3,0)]$，则三点 P_1,P_2,P_3 共线的充要条件是

$$\begin{vmatrix} 0 & \lambda_1 & \mu_1 \\ \mu_2 & 0 & \lambda_2 \\ \lambda_3 & \mu_3 & 0 \end{vmatrix} = \lambda_1\lambda_2\lambda_3 + \mu_1\mu_2\mu_3 = 0$$

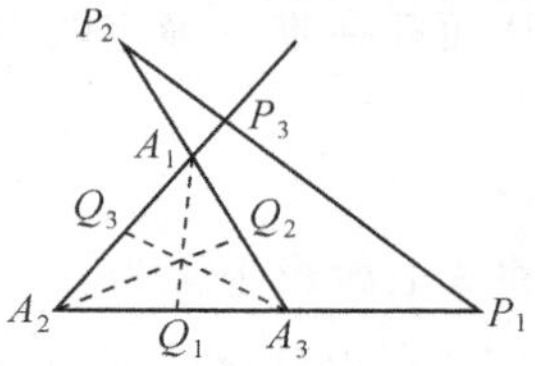

图 5-8

另一个方面，Q_1,Q_2,Q_3 三点的坐标依次为 $[(0,\lambda_1,-\mu_1)]$，$[(-\mu_2,0,\lambda_2)]$，$[(\lambda_3,-\mu_3,0)]$. 因此

$$A_1Q_1 = [(1,0,0)\times(0,\lambda_1,-\mu_1)] = [(0,\mu_1,\lambda_1)]$$
$$A_2Q_2 = [(0,1,0)\times(-\mu_2,0,\lambda_2)] = [(\lambda_2,0,\mu_2)]$$
$$A_3Q_3 = [(0,0,1)\times(\lambda_3,-\mu_3,0)] = [(\mu_3,\lambda_3,0)]$$

三线共点的充要条件是

$$\begin{vmatrix} 0 & \mu_1 & \lambda_1 \\ \lambda_2 & 0 & \mu_2 \\ \mu_3 & \lambda_3 & 0 \end{vmatrix} = \lambda_1\lambda_2\lambda_3 + \mu_1\mu_2\mu_3 = 0$$

这与 P_1,P_2,P_3 三点共线的条件一致. □

5.5.2 一维射影变换

定义 5.5.1 射影直线 ξ 到 ξ' 的一个变换 π，如果对应点的射影坐标 $x(\lambda_1,\lambda_2)$ 和 $x'(\lambda_1',\lambda_2')$ 之间满足

$$\begin{cases} \rho\lambda_1' = a_{11}\lambda_1 + a_{12}\lambda_2 \\ \rho\lambda_2' = a_{21}\lambda_1 + a_{22}\lambda_2 \end{cases}, \quad \rho\begin{vmatrix} a_{11} & a_{12} \\ a_{21} & a_{22} \end{vmatrix} \neq 0 \tag{5.5.10}$$

则称变换 π 为 ξ 到 ξ' 的射影变换，简称**射影**.

首先，很容易可以说明任意的两个射影 $\pi_1:\xi_1\to\xi_2$，$\pi_2:\xi_2\to\xi_3$ 的乘积，仍然是射影，即 $\pi_2\circ\pi_1:\xi_1\to\xi_3$ 仍是射影. 因此直线到自身的射影变换的全体构成一个群.

其次，我们可以证明，把直线 ξ 上任意指定的三个不同点分别变为 ξ' 上三个不同点的射影存在且唯一，即我们有

定理 5.5.3 将一条直线 ξ 上任意指定的三个不同的点 y,z,u 依次映为射影直线 ξ' 上任意指定的三个不同的点 y',z',u' 的射影变换 π 存在且唯一.

证明 在 ξ 上取 y,z,u 作为射影坐标系的三个基点 $[(1,0)]$，$[(0,1)]$，$[(1,1)]$. 在 ξ' 上取以 y',z',u' 为基点的射影坐标系，即 $y'=[(1,0)]$，$z'=[(0,1)]$，$u'=[(1,1)]$. 设 π 为从 ξ 到 ξ' 的形如(5.5.10)的射影变换. 将三对对应点的射影坐标分别代入(5.5.10)的两边，有

$$\begin{cases} \rho_1 = a_{11} \\ 0 = a_{21} \end{cases}, \quad \begin{cases} 0 = a_{12} \\ \rho_2 = a_{22} \end{cases}, \quad \begin{cases} \rho_3 = a_{11} + a_{12} \\ \rho_3 = a_{21} + a_{22} \end{cases}$$

由此解得

$$\rho_1 = a_{11},\rho_2 = a_{22},a_{11} = \rho_3 = a_{22}$$

即

$$a_{11} = a_{22} = \rho_1 = \rho_2 = \rho_3 \neq 0$$

从而存在唯一确定的射影

$$\begin{cases}\rho\lambda_1{}' = \lambda_1 \\ \rho\lambda_2{}' = \lambda_2\end{cases}$$

将 ξ 上射影坐标为$[(\lambda_1,\lambda_2)]$的点映为ξ'上射影坐标为$[(\lambda_1,\lambda_2)]$的点. □

利用对偶原理,我们立刻可以将直线上的射影对偶地导出线束上的射影. 我们也可以类似地叙述直线到线束之间的射影变换或线束到直线之间的射影变换.

在 5.5.1 节中,我们已经证明了直线上四点的交比在坐标系的变换下是不变的. 我们现在还可以说明一直线上的四个点的交比在射影变换下是不变的. 即

定理 5.5.4 在一条射影直线ξ到一条射影直线ξ'的射影变换π下,对应四点的交比保持不变.

证明 设 y,z,u,v 是 ξ 上四点,对应的射影坐标分别是$[(y_1,y_2)]$,$[(z_1,z_2)]$,$[(u_1,u_2)]$,$[(v_1,v_2)]$,在射影变换 π

$$\begin{cases}\rho\lambda_1{}' = a_{11}\lambda_1 + a_{12}\lambda_2 \\ \rho\lambda_2{}' = a_{21}\lambda_1 + a_{22}\lambda_2\end{cases},\quad \rho\begin{vmatrix}a_{11} & a_{12}\\ a_{21} & a_{22}\end{vmatrix}\neq 0$$

下变为直线ξ'上四点 $y'[(y_1{}',y_2{}')]$,$z'[(z_1{}',z_2{}')]$,$u'[(u_1{}',u_2{}')]$,$v'[(v_1{}',v_2{}')]$.

$$\rho_y\rho_z\begin{vmatrix}y_1{}' & y_2{}'\\ z_1{}' & z_2{}'\end{vmatrix} = \rho_y\rho_z\begin{vmatrix}y_1{}' & z_1{}'\\ y_2{}' & z_2{}'\end{vmatrix} = \begin{vmatrix}a_{11} & a_{12}\\ a_{21} & a_{22}\end{vmatrix}\begin{vmatrix}y_1 & z_1\\ y_2 & z_2\end{vmatrix},$$

其中 ρ_y,ρ_z 分别为由$[(y_1,y_2)]$,$[(z_1,z_2)]$决定的非零常数. 类似可得出其他的四个行列式

$$\rho_y\rho_u\begin{vmatrix}y_1{}' & y_2{}'\\ u_1{}' & u_2{}'\end{vmatrix},\ \rho_y\rho_v\begin{vmatrix}y_1{}' & y_2{}'\\ v_1{}' & v_2{}'\end{vmatrix},\ \rho_z\rho_u\begin{vmatrix}z_1{}' & z_2{}'\\ u_1{}' & u_2{}'\end{vmatrix},\ \rho_y\rho_z\begin{vmatrix}z_1{}' & z_2{}'\\ v_1{}' & v_2{}'\end{vmatrix}$$

利用公式(5.5.8)即可以证得

$$R(y,z;u,v) = R(y',z';u',v').$$ □

定理 5.5.4 说明了交比是一个射影不变量. 由(5.5.7)我们容易证明

定理 5.5.5 直线 ξ 到ξ'的保持交比不变的一一映射是射影. (留作练习)

定理 5.5.6 点 v 是 y,z,u 的第四调和点的充要条件是 $R(y,z;u,v)=-1$.

更进一步,我们有

定理 5.5.7 直线 ξ 到ξ'的一个把第四调和点变为第四调和点的一一映射 π 一定是射影变换.

证明略. 有兴趣的读者可参见参考书(如[8]).

5.5.3 二维射影变换(直射)

我们现在考虑射影平面 P^2 到射影平面P'^2 的点与点之间的对应关系.

定义 5.5.2 射影平面 P^2 到射影平面P'^2 的点与点之间的映射 π,如果对应点的射影坐标满足 $\pi[(x_1,x_2,x_3)] = [(x_1{}',x_2{}',x_3{}')]$,其中

$$\rho x_i{}' = \sum_{k=1}^{3} a_{ik}x_k,\quad i=1,2,3,\quad \rho|a_{ik}|\neq 0, \tag{5.5.11}$$

则射影 $\pi: P^2 \to P'^2$ 称为**直射变换**,简称**直射**. 有时也称之为射影平面到射影平面的**射影变换**.

从定义 5.5.2,我们容易看出,直射变换经过射影平面 P^2(或P'^2)上的坐标变换,仍为直射变换,并且直射变换是既单又满的映射. 因此,它的逆变换π':

$$\tau x_i = \sum_{k=1}^{3} A_{ki} x_k' \tag{5.5.12}$$

仍是直射,其中 A_{ik} 是 a_{ik} 在方阵(a_{ik})中的代数余子式.

直射还有以下性质.

定理 5.5.8 直射 $\pi: P^2 \to P'^2$ 将射影直线 $\xi \subset P^2$ 上的点映为 $\pi(\xi) \subset P'^2$ 上的点,即直射保持点与直线的结合性.

证明 设直线 $\xi = [(\xi_1, \xi_2, \xi_3)]$. 直线 ξ 的方程为

$$\xi_1 x_1 + \xi_2 x_2 + \xi_3 x_3 = 0, \tag{5.5.13}$$

其中 $x = [(x_1, x_2, x_3)]$ 为 ξ 上的一点. 在直射 $\pi: P^2 \subset P'^2$ 下,$\pi(x) = [(x_1', x_2', x_3')]$ 满足(5.5.11)(或(5.5.12)). 利用(5.5.12),(5.5.13)变为

$$\sum_{i=1}^{3} \xi_i \sum_{k=1}^{3} A_{ki} x_k' = 0$$

令

$$\xi_k' = \sum_{i=1}^{3} A_{ki} \xi_i,$$

则

$$\sum_{k=1}^{3} \xi_k' x_k' = 0.$$

记直线 $\xi' = [(\xi_1', \xi_2', \xi_3')]$,则 $\pi(x)$ 在直线ξ'上. □

定理 5.5.9 直射 $\pi: P^2 \to P'^2$ 限制在 P^2 中的直线 ξ 上,成为 ξ 到 $\pi(\xi)$ 的射影变换.

证明 不失一般性,假定 $x_3 = 0$ 和 $x_3' = 0$ 是直射变换的一对对应直线. 利用直射变换公式(5.5.11),直线 $x_3 = 0$ 上的点$[(x_1, x_2, 0)]$变为 $x_3' = 0$ 上的点$[(x_1', x_2', 0)]$,我们有

$$\begin{cases} \rho x_1' = a_{11} x_1 + a_{12} x_2 \\ \rho x_2' = a_{21} x_1 + a_{22} x_2. \\ 0 = a_{31} x_1 + a_{32} x_2 \end{cases} \tag{5.5.14}$$

由(5.5.14)的第三式知,$a_{31} = a_{32} = 0$. 因为$|a_{ij}| \neq 0$,所以 $a_{33} \neq 0$,并且

$$\begin{vmatrix} a_{11} & a_{12} \\ a_{21} & a_{22} \end{vmatrix} \neq 0.$$

所以当 π 限制在直线 $x_3 = 0$ 上时,我们从(5.5.14)的第一、二式就得

$$\begin{cases} \rho x_1' = a_{11} x_1 + a_{12} x_2 \\ \rho x_2' = a_{21} x_1 + a_{22} x_2 \end{cases}.$$

此即为直线 $x_3 = 0$ 到$x'_3 = 0$ 的射影变换. □

由此可以推出,平面 P^2 到P'^2 的直射变换保持共线的点的交比不变. 对偶地,也保持

共点四线的交比不变.

类似于一维射影变换的情形(见定理 5.5.3),在二维射影变换中,我们有

定理 5.5.10 给定两个射影平面 P^2 和 P'^2,并且在 P^2 中任意给定四个不同点 $[x_1]$,$[x_2]$,$[x_3]$,$[x_4]$,其中无三点共线;在 P'^2 中任意给定四个不同的点 $[x_1']$,$[x_2']$,$[x_3']$,$[x_4']$,其中也无三点共线. 则从 P^2 到 P'^2 存在唯一的直射 π,使得 $[x_i]$ 对应于 $[x_i']$ $(i=1,2,3,4)$.

这个定理叫做 Mobius 定理. 定理的证明从略,请读者自证.

5.5 习 题

1. 证明:点 $x=(1,4,1)$,$y=(0,1,1)$ $z=(2,2,-4)$ 共线于 ξ,求 ξ 上的点 w,使得 $R(x,y;z,w)=-4$.

2. 设 x,y,u,v 是欧氏平面内 ξ 上的四个不同点. p 是这平面内不在 ξ 上的点,(x,y) 表示 $p\times x$,$p\times y$ 之间两个角较小者,证明:
$$|R(x,y;u,v)|=\sin(x,u)\sin(y,v)\csc(x,v)\csc(y,u).$$

3. 证明:交比有少于 6 个不同值的充要条件是某一顺序的点构成调和集.

4. 设 p_1,p_2,p_3 是三角形的顶点,g_i,g_i' 是 p_i,$i=1,2,3$ 的对边上的点,$k_i=R(g_i,g_i';p_j,p_k)$,这里 i,j,k 分别取值 $(1,2,3)$,$(2,3,1)$,$(3,1,2)$. 证明:若 g_1,g_2,g_3 共线,则 g_1',g_2',g_3' 共线的充要条件是 $k_1k_2k_3=1$.

5. 证明定理 5.5.5.

6. 证明:存在 ξ 到自身的一个射影把不同点 a,b,c,d 分别变成 b,a,c,d 的充要条件是这四个点构成调和点集.

§5.6 透 视

定义 5.6.1 如果一个点列与一个线束的元素之间建立了一个一一对应,且对应元素是结合的,则这个对应叫做**透视对应**,简称**透视**.

如图 5-9,点列 $\xi(A,B,C,D,\cdots)$ 与线束 $S(a,b,c,d,\cdots)$ 是透视的,我们将这样的透视记为
$$\xi(A,B,C,D,\cdots)\underset{\wedge}{=}S(a,b,c,d,\cdots).$$

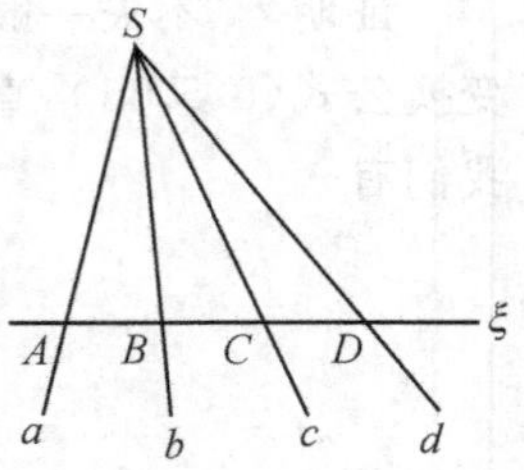

图 5-9

显然点列与线束之间的透视关系具有对称性. 由上节的定理 5.5.1 知,点列 $\xi(A,B,C,D,\cdots)$ 上任何四点的交比与线束 $S(a,b,c,d,\cdots)$ 中对应四直线的交比相等,因此由上节定理 5.5.5 知,透视是一种特殊的射影变换.

定义 5.6.2 如图 5-10,点列 ξ 与 ξ' 对应点的连线交于一点 S,也就是这两个点列与同一线束 S 成透视对应,则称这两个点列为**透视点列**,点 S 称为**透视中心**,记为
$$\xi(A,B,C,D,\cdots)\overset{S}{\underset{\wedge}{=}}\xi'(A',B',C',D',\cdots).$$

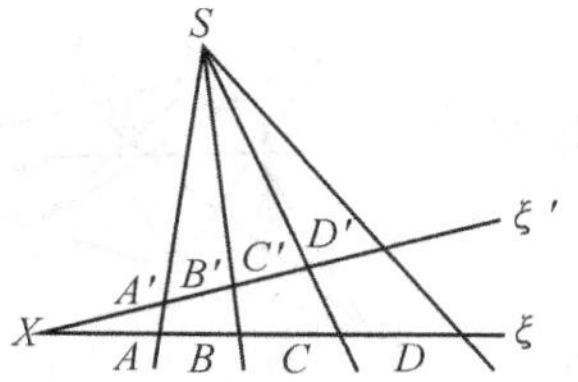

图 5-10

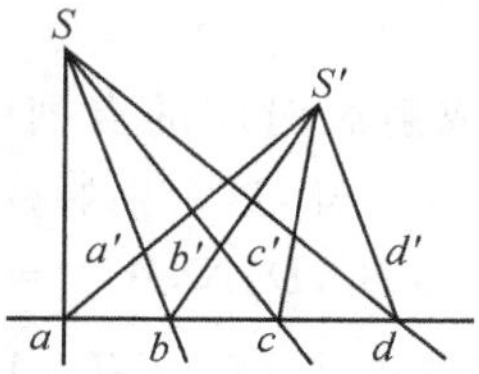

图 5-11

定义 5.6.3 如图 5-11,线束 S 与S' 对应直线的交点在一直线ξ上,也就是说这两个线束与同一点列成透视,则称这两个线束成为**透视线束**. 直线 ξ 称为**透视轴**,记为

$$S(a,b,c,d,\cdots) \overset{(\xi)}{\underset{\wedge}{=}} S'(a',b',c',d',\cdots).$$

显然点列与点列、线束与线束的透视关系都具有对称性,由定理 5.5.1 及定理 5.5.5 可知,这样的透视都是射影变换.

思考题 透视与透视的乘积是否仍为透视?

我们已经知道,透视是一种特殊的射影. 那么一个射影在什么情况下是透视呢?

我们首先考虑,如果两个点列 ξ 与ξ' 之间,存在一个透视对应 π,其中 S 为透视中心,X 为ξ 与ξ' 的交点. 因为直线 SX 与两直线ξ,ξ' 交于同一点 X,所以在 π 下,X 是自对应点,如图 5-10.

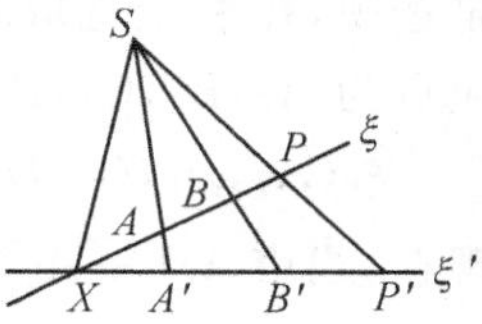

图 5-12

反过来,设点列 ξ 与ξ' 之间的射影对应 π,$\pi(P)=P'$,使 ξ 与ξ' 的交点X 成为自对应点,即 $\pi(X)=X$. 在 ξ 上任取两点 A,B,设其对应点分别为 $A'=\pi(A)$,$B'=\pi(B)$. 令 AA' 与 BB' 交于点 S,SP 与 ξ' 交于点 P^*. 如图 5-12,设对应 $\pi^*(P)=P^*$ 是以 S 为透视中心的点列$\xi(P)$ 到 $\xi'(P')$ 的透视对应,则 π^* 是射影. 但是在 π^* 下,三点 A,B,X 分别对应于 A',B',X. 于是射影变换 π 与 π^* 有三对对应点完全相同. 由定理 5.5.3 知,$\pi=\pi^*$,从而P' 与 P^* 重合. 因此 π 是透视.

综上所述,我们有

定理 5.6.1 两个点列间的射影变换是透视的充要条件是这两条直线的交点是自对应点.

对偶地,我们有

定理 5.6.2 两个线束间的射影变换是透视的充要条件是这两个线束的中心的连线是自对应直线.

下面我们对本章第 3 节中的例题(Pappus 定理) 用另一种方法进行证明.

例 5.6.1 设 A_1,B_1,C_1 与 A_2,B_2,C_2 为同一平面内两直线 ξ_1 与 ξ_2 的两组点,

$$B_1C_2\times B_2C_1=L,\ C_1A_2\times C_2A_1=M,\ A_1B_2\times A_2B_1=N,$$

如图 5-13. 则三点 L,M,N 共线.

证明 如图 5-13,

$$(B_1,D,N,A_2) \overset{(A_1)}{\underset{\wedge}{=}} (O,C_2,B_2,A_2) \overset{(C_1)}{\underset{\wedge}{=}} (B_1,C_2,L,E)$$

所以,两个点列(B_1,D,N,A_2) 与(B_1,C_2,L,E) 之间成射影变换,我们记为

$$(B_1,D,N,A_2)\underset{\wedge}{-}(B_1,C_2,L,E)$$

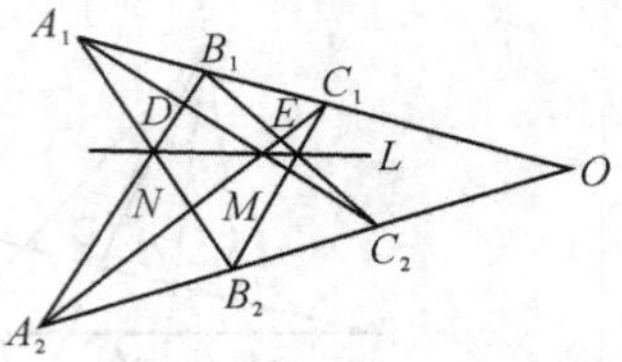

图 5-13

但是这两个成射影对应的点列中，它们的交点 B_1 是自对应点，由定理 5.6.1 知，这个射影变换是一个透视. 即

$$(B_1,D,N,A_2)\underset{\wedge}{=}(B_1,C_2,L,E)$$

因此，对应点的连线 DC_2，NL，A_2E 共点. 即 L,M,N 共线.

□

由于透视是射影，因此两个透视的乘积也是射影，但未必是透视（见思考题）. 现在我们的问题是：任何一个射影，能否用几次透视的乘积来实现？最多可以用几次？下面我们仅以直线到直线的射影为例来说明这个问题. 关于线束到线束，以及直线（点列）到线束的射影，读者完全可以得出类似的结论. 在以下证明有关射影几何的命题时，采用例 5.6.1 中证明的记号，$\underset{\wedge}{=}$ 表示透视，$\underset{\wedge}{-}$ 表示射影. 以后不再一一说明.

定理 5.6.3 两条不同直线间的非透视的射影是两个透视的乘积.

证明 设 $\pi:\xi_1\to\xi_2$ 是两条不同直线 ξ_1,ξ_2 之间的射影，但不是透视，在 ξ_1 上选取若干不同点 $A_1,B_1,C_1,D_1,\cdots$，在射影 π 下，对应点为 $A_2,B_2,C_2,D_2,\cdots$. 于是

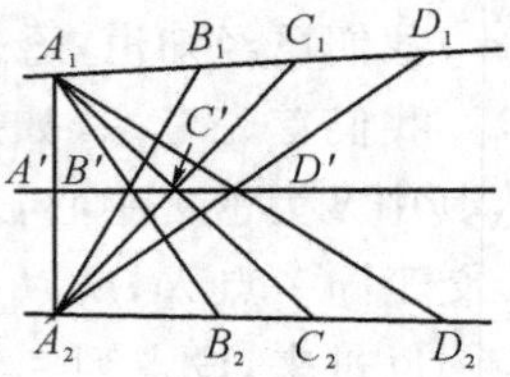

图 5-14

$\xi_1(A_1,B_1,C_1,D_1,\cdots)\underset{\wedge}{-}\xi_2(A_2,B_2,C_2,D_2,\cdots)$.

现在，线束 $A_1(A_1A_2,A_1B_2,A_1C_2,A_1D_2,\cdots)$ 与点列 $\xi_2(A_2,B_2,C_2,D_2,\cdots)$ 之间有一个自然透视

$$\pi_1:A_1(A_1A_2,A_1B_2,A_1C_2,A_1D_2,\cdots)\underset{\wedge}{=}\xi_2(A_2,B_2,C_2,D_2,\cdots).$$

同理，线束 $A_2(A_2A_2,A_2B_2,A_2C_2,A_2D_2,\cdots)$ 与点列 $\xi_1(A_1,B_1,C_1,D_1,\cdots)$ 之间也有一个透视

$$\pi_2:A_2(A_2A_1,A_2B_1,A_2C_1,A_2D_1,\cdots)\underset{\wedge}{=}\xi_1(A_1,B_1,C_1,D_1,\cdots).$$

于是两个线束 $A_1(A_1A_2,A_1B_2,A_1C_2,A_1D_2,\cdots)$ 与 $A_2(A_2A_1,A_2B_1,A_2C_1,A_2D_1,\cdots)$ 之间有一个射影 $\pi_2^{-1}\circ\pi^{-1}\circ\pi_1=\pi'$.

$$A_1(A_1A_2,A_1B_2,A_1C_2,A_1D_2,\cdots)\underset{\wedge}{-}A_2(A_2A_1,A_2B_1,A_2C_1,A_2D_1,\cdots).$$

又这两个线束中心的连线 A_1A_2 是自对应直线，由定理 5.6.2 知这个射影 π' 是透视. 如图 5-14. 因此这个透视对应直线的交点共线，记 $B'=A_1B_2\times A_2B_1$，$C'=A_1C_2\times A_2C_1$，$D'=A_1D_2\times A_2D_1$，B',C',D' 共线于 ξ'，记 $A'=\xi'\times A_1A_2$. 现在射影 $\pi:\xi_1\to\xi_2$ 可以经过透视

$$f:\xi_1(A_1,B_1,C_1,D_1\cdots)\overset{(A_2)}{\underset{\wedge}{=}}\xi'(A',B',C',D',\cdots)$$

和

$$g:\xi'(A',B',C',D',\cdots)\overset{(A_1)}{\underset{\wedge}{=}}\xi_2(A_2,B_2,C_2,D_2,\cdots)$$

来实现，即 $\pi=g\circ f$. □

如果 π 是直线 ξ 到自身的非透视的射影，即 $\pi:\xi\to\xi$. 我们可以通过一个透视 π'，将直线 ξ 映到另一条直线 ξ' 上，再利用定理 5.6.3，可得

定理 5.6.4 同一条直线上的一个非透视射影,是三个(或者更少)的透视的乘积.

5.6 习 题

1. 写出 Pappus 定理的对偶定理及其证明.

2. 已知 $x_1' = x_1\cos\alpha + x_2\sin\alpha, x_2' = -x_1\sin\alpha + x_2\cos\alpha, x_3' = x_3$ 是透射,求 α 的值.

3. 如果三角形 ABC 的边 BC, CA, AB 分别通过在同一直线上的三点 P, Q, R,又顶点 B, C 各在一条定直线上。求证:顶点 A 也在一条定直线上.

§5.7 配 极

本节我们考虑一种特殊的二维射影变换. 从代数的观点来看,直射(5.5.11)是一个把三元数组变为另一个三元数组的齐次线性变换. 若把原来的三元数组看成是点的坐标,而把像的三元数组看成是线的坐标,即这个射影改写为

$$\rho\xi'_i = \sum_{k=1}^{3} a_{ik}x_k, \qquad |a_{ik}| \neq 0, \qquad i = 1,2,3. \tag{5.7.1}$$

这样定义了一个从射影平面中 P^2 的点到射影平面 P'^2 中的直线的到上的映射,这个映射称为**逆射影变换**,简称**逆射**. 有些书上也称**对射**. 逆射一般来说没有直射重要,但一些特殊的逆射是非常重要的,它与二次曲线有密切的联系.

设 $\pi: P^2 \to P'^2$ 是由(5.7.1)定义的逆射,由 π 可诱导出 P^2 的直线到 P'^2 的点的逆射. 事实上,设直线 $\xi' = [(\xi_1', \xi_2', \xi_3')]$ 上任意一点 $x' = [(x_1', x_2', x_3')]$,则有

$$\sum_{k=1}^{3} \xi_i' x_i' = 0.$$

利用(5.7.1),我们有

$$\sum_{i,k=1}^{3} a_{ik}x_k x_i' = 0.$$

记

$$\sigma\xi_k = \sum_{i=1}^{3} a_{ik}x_i', \qquad k = 1,2,3, \qquad \sigma \neq 0 \tag{5.7.2}$$

则上式变为

$$\sum_{k=1}^{3} \xi_k x_k = 0,$$

即点 $x = [(x_1, x_2, x_3)]$ 在直线 $\xi = [(\xi_1, \xi_2, \xi_3)]$ 上. 从(5.7.2)我们可以反解出 x_i'

$$\tau x_k' = \sum_{k=1}^{3} A_{ki}\xi_i, \qquad k = 1,2,3, \qquad \tau \neq 0 \tag{5.7.3}$$

其中 A_{ki} 是 a_{ki} 在矩阵 (a_{ij}) 中的代数余子式. 这里(5.7.3)就是由(5.7.1)诱导的从 P^2 的直线到 P'^2 的点的逆射,记这个逆射为 $\pi': P^2 \to P'^2$. (5.7.1)是(5.7.3)的逆映射 π'^{-1}. (5.7.1)的逆映射 π^{-1} 为

$$\delta x_k = \sum_{k=1}^{3} A_{ik} \xi'_i, \qquad \delta \neq 0. \tag{5.7.4}$$

易知,逆射(5.7.1)-(5.7.3)都保持点与直线的结合性. 利用这一性质,我们容易得到

定理 5.7.1 若$[a]$,$[b]$,$[c]$,$[d]$是平面上四点,其中无三点共线,$[\alpha']$,$[\beta']$,$[\gamma']$,$[\varphi']$是P'^2上的四直线,其中无三线共点,则恰好存在一个从P^2到P'^2的逆射π,使得$\pi([a])=[\alpha']$,$\pi([b])=[\beta']$,$\pi([c])=[\gamma']$,$\pi([d])=[\varphi']$. 每一个P^2上的点到P'^2上的直线的保持点与直线结合性的一一映射$x\to\xi'$都是逆射.

现在我们考虑$P^2=P'^2$的情形. $\pi:P^2\to P^2$,$\pi':P^2\to P^2$分别为满足(5.7.1)(5.7.3)的逆射,于是$\pi'\circ\pi$也是从P^2的点到P^2的点1-1到上的映射即直射,一般来说,$\pi'\circ\pi\neq id_{P^2}$.

定义 5.7.1 设$\pi:P^2\to P^2$是满足(5.7.1)的逆射,$\pi':P^2\to P^2$是由π诱导的满足(5.7.3)的逆射,则满足$\pi'\circ\pi=id_{P^2}$的逆射π称为P^2上的一个配极. 点x称为像直线ξ的极点,而直线ξ称为原像x的极线.

下面我们求出一个逆射(5.7.1)成为配极的重要条件. 假设我们有配极$\pi:P^2\to P^2$,满足

$$\rho\xi_i = \sum_{j=1}^{3} a_{ij}x_j, \quad \sigma x_i = \sum_{k=1}^{3} A_{ik}\xi_k, \quad \sigma\rho\,|a_{ij}|\neq 0 \tag{5.7.5}$$

则

$$\begin{aligned}\rho\sigma\sum_{i=1}^{3} a_{ij}x_i &= \rho\sum_{i,k=1}^{3} a_{ij}A_{ik}\xi_k = \rho\sum_{k=1}^{3}\Delta\delta_{jk}\xi_k \\ &= \rho\Delta\xi_j = \Delta\sum_{i=1}^{3} a_{ji}x_i\end{aligned}$$

这里$\Delta=|a_{ij}|$, δ_{jk}为 Kronecker 符号,即

$$\delta_{jk} = \begin{cases}1, j=k,\\ 0, j\neq k.\end{cases}$$

因此我们有

$$\sum_{i=1}^{3}\left(a_{ij}-\frac{\Delta}{\rho\sigma}a_{ji}\right)x_i = 0, \qquad j=1,2,3$$

由于$a_{ij}-\frac{\Delta}{\rho\sigma}a_{ji}$,$(i,j=1,2,3)$是不依赖于$x_1,x_2,x_3$的常数,而$x_1,x_2,x_3$是任意不全为零的数,所以我们有

$$a_{ij} = \frac{\Delta}{\rho\sigma}a_{ji}. \tag{5.7.6}$$

连续两次运用(5.7.6),我们有

$$a_{ij} = \left(\frac{\Delta}{\rho\sigma}\right)^2 a_{ij}.$$

由于a_{ij}不全为零,所以

$$\frac{\Delta}{\rho\sigma} = \pm 1.$$

如果$\frac{\Delta}{\rho\sigma}=-1$,则由(5.7.6)知$a_{ij}=-a_{ji}$,由此可导致$\Delta=0$. 与已知$\pi$是配极,从而是逆

射(5.7.1)矛盾. 因此$\frac{\Delta}{\rho\sigma} = 1$. 于是

$$a_{ij} = a_{ji}, \quad i,j = 1,2,3. \tag{5.7.7}$$

反之,当(5.7.7)成立之时,容易知道

$$\rho\sigma x_i = \rho\sum_{k=1}^{3}A_{ik}\xi_k = \sum_{j,k=1}^{3}A_{ik}a_{kj}x_j \overset{(5.7.7)}{=} \sum_{j,k=1}^{3}A_{ik}a_{jk}x_j$$
$$= \Delta\sum_{j,k=1}^{3}\delta_{ij}x_j = \Delta x_i$$

由定义 5.7.1 知,π 是配极. 由此我们得

定理 5.7.2 定义在射影平面 P^2 上的逆射(5.7.5)是配极的充要条件是(5.7.5)中变换的系数矩阵(a_{ij})是对称矩阵.

当 π 是 P^2 上的配极时,如果直线 $\eta = [(\eta_1, \eta_2, \eta_3)]$ 是点 $y = [(y_1, y_2, y_3)]$ 的极线,则

$$\rho\eta_i = \sum_{j=1}^{3}a_{ij}y_j, \quad i = 1,2,3.$$

如果点 $x = [(x_1, x_2, x_3)]$ 在直线 η 上,则称点 x 共轭于点 y. 极线 η 是共轭于点 y 的所有点的轨迹. 由点 x 在 η 上,我们就有 x 与 y 共轭的条件是

$$\sum_{i,j=1}^{3}a_{ij}x_iy_j = 0. \tag{5.7.8}$$

利由对称性 $a_{ij} = a_{ji}$ 可得 y 也是共轭于 x. 记

$$\zeta_j = \sum_{j=1}^{3}a_{ij}y_j,$$

则直线 $\zeta = [\zeta_1, \zeta_2, \zeta_3)]$ 是点 $x = [(x_1, x_2, x_3)]$ 的极线. (5.7.8)式说明 y 点在 x 点的极线上. 因此,当 x 在 y 点的极线上时,y 也在 x 的极线上. 由(5.7.8)知,一个点 x 的共轭于自己(简称自共轭)的充要条件为

$$\sum_{i,j=1}^{3}a_{ij}x_ix_j = 0. \tag{5.7.9}$$

由于自共轭点满足一个二次方程,它们图像构成一条二次曲线.

现在我们介绍有关配极的对偶情形. 若直线 ξ 经过直线 η 的极点 y,则称直线 ξ 共轭于直线 η,线束 y 是与 η 共轭的直线的轨迹. ξ 与 η 共轭的条件是

$$\sum_{i,j=1}^{3}A_{ik}\xi_i\eta_k = 0. \tag{5.7.10}$$

这样,ξ 是自共轭直线的充要条件是

$$\sum_{i,j=1}^{3}A_{ik}\xi_i\xi_k = 0. \tag{5.7.11}$$

(5.7.11)是关于直线 ξ 的二次方程. 我们称方程(5.7.11)所表示的曲线为二次曲线(5.7.9)的二级曲线. 这时方程(5.7.9)习惯上称为**二阶曲线**. 在(5.7.11)中,A_{ij} 是方阵(a_{ij})的元素 a_{ij} 的代数余子式.

我们考虑配极 $\pi: P^2 \to P^2$ 将线束 x 映为点列 ξ,点 x 和直线 ξ 互为极点和极线. 若 y,

z, u, v 是 ξ 上的任意四点，$\eta, \zeta, \varphi, \psi$ 分别是它们的极线，即

$$\eta_i = \sum_{j=1}^{3} a_{ij} y_j,\ \zeta_i = \sum_{j=1}^{3} a_{ij} z_j,\ \varphi_i = \sum_{j=1}^{3} a_{ij} u_j,\ \psi_i = \sum_{j=1}^{3} a_{ij} v_j.$$

这里我们已经选择了四线 $\eta, \zeta, \varphi, \psi$ 中合适的齐次坐标，使得(5.7.5)的系数 ρ 都取 1. 设 $u = \lambda_1 y + \lambda_2 z, v = \mu_1 y + \mu_2 z$，则易知

$$\varphi = \lambda_1 \eta + \lambda_2 z,\ \psi = \mu_1 \eta + \mu_2 \zeta.$$

于是

$$R(y, z; u, v) = R(\eta, \zeta; \varphi, \psi).$$

若 ξ 不是自共轭的，则 ξ 不通过 x 点，因此 ξ 与 $\eta, \zeta, \varphi, \psi$ 交于 y', z', u', v'. 由上述结果和定理 5.5.1 可得

$$R(y, z; u, v) = R(y', z'; u', v').$$

若点 w 在 ξ 上，w' 是 ξ 与 w 的极线的交点，如图 5-15，则映射 $f: w \to w'$ 是 $\xi \to \xi$ 的射影. 这个射影将 ξ 上的每一个点映为与它共轭的点，于是这个映射的象与原像互为共轭点对. 类似地，射影 f 诱导了一个以 ξ 的极点 x 为中心的线束上的射影 g: 线束 $x \to$ 线束 x，g 将过 x 的直线 η 映为与 η 共轭的直线 $g(\eta)$.

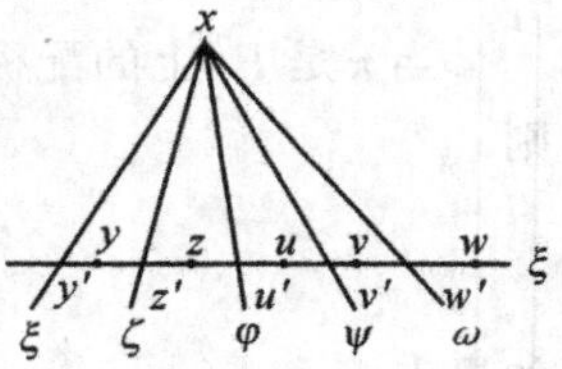

图 5-15

如果 ξ 上二次曲线 C 有两个交点 u, v，则这两个交点是自共轭点. 设在 ξ 上有一对互为共轭的对应点对 z 和 z'，则由上知 $f(z) = z', f(z') = z$. 因此

$$R(u, v; z, z') = R(u, v; z', z) = \frac{1}{R(u, v; z, z')}.$$

从而

$$R(u, v; z, z') = \pm 1.$$

但是由于 u, v, z, z' 是互不相同的四个点，所以 $R(u, v; z, z') \neq 1$. 这就说明 u, v 与 z, z' 是两对调和点对. 我们将这个结论叙述为

定理 5.7.3 设 ξ 与二次曲线 C 交于两个点 u, v，则 ξ 上的任意一对共轭点对 z, z' 调和分割 u, v.

现在我们还可以证明

定理 5.7.4 自共轭点 x 的极线上只有一个自共轭点.

证明 用反证法，如果 ξ 上还通过另一个自共轭点 y. 由于 x 是自共轭点，所以 $x \in \xi$. 设 y 的极线是 η. 由于 y 是自共轭点，所以 $y \in \eta$，又 x 与 y 共轭，所以 $x \in \eta$. 即 $\eta = x \times y$. 但 $\xi = x \times y$，所以 $\eta = \xi$. 由于配极是一一的，所以 $x = y$. 这与假设矛盾. □

定理 5.7.4 说明自共轭点的极线，过这个点，且与二次曲线只交于这个点. 因此我们把过自共轭点 x 的极线称为点 x 处的二次曲线的切线. 定理 5.7.4 的对偶，还说明切线是一条自共轭线.

若直线 ξ 上有两个自共轭点 y, z，我们可以证明 ξ 上除了这两个自共轭点之外，不会有第三个自共轭点. 事实上，我们可以取一个射影坐标系 $y[(1,0,0)], z = [(0,0,1)]$,

则 ξ 的方程为 $x_2 = 0$. 二次曲线 C 的方程为

$$\sum_{i,j=1}^{3} a_{ij}x_ix_j = 0, \qquad a_{ij} = a_{ji}, \qquad j = 1,2,3 \tag{5.7.12}$$

由于 y,z 都在 C 上,将它们的坐标代入(5.7.12),可得

$$a_{11} = a_{33} = 0$$

(5.7.12) 变为

$$a_{22}x_2^2 + 2a_{12}x_1x_2 + a_{13}x_1x_3 + a_{23}x_2x_3 = 0 \tag{5.7.13}$$

假定直线 ξ 上另有一个异于 y,z 的点 $w[(w_1,0,w_3)]$ 在 C 上. 显然 $w_1w_3 \neq 0$. 将 w 点坐标代入(5.7.13) 得

$$a_{13}x_1x_3 = 0.$$

从而有 $a_{13} = 0$. (5.7.13) 变为

$$a_{22}x_2^2 + 2a_{12}x_1x_2 + 2a_{23}x_2x_3 = 0.$$

这时

$$|a_{ij}| = \begin{vmatrix} 0 & a_{12} & 0 \\ a_{12} & a_{22} & a_{23} \\ 0 & a_{23} & 0 \end{vmatrix} = 0.$$

这与已知矛盾. 因此两个自共轭点的连线与二次曲线 C 只交于这两个自共轭点.

到目前为止,我们已经知道,直线对于二次曲线来说,可以分为三类:切线,与曲线 C 相交于两点的割线,与 C 不相交的直线.

方程为(5.7.9) 的二次曲线 C 的对偶情形是二级曲线(5.7.11). 上面叙述的结论在二级曲线时,有相应的结论. 特别需要指出,二级曲线(5.7.11) 实际上是由二次曲线(5.7.9) 的切线形成的"包络".

5.7 习　题

1. 已知配极 $\xi_1 = 2x_1 - x_3, \xi_2 = x_2 + x_3, \xi_3 = -x_1 + x_2$,求自共轭点的轨迹. 并求直线 $\varepsilon = (1,1,1)$ 的极点.

2. 在射影平面上有 5 点,其中任意 3 点不共线,求证:有且仅有一条二次曲线通过这 5 点.

3. 如果一个四边形内接于一条二次曲线. 求证:它的 3 对对边的交点形成一个自共轭三角形.

4. 在射影平面上,有一条二次曲线 C,不在二次曲线上的点 A 和 B 是关于这条二次曲线共轭的两点. 过点 A 的一条射影直线交这条二次曲线于点 Q 和 R. 如果 BQ 和 BR 分别再交这条二次曲线于点 S 和 P. 求证:A,P,S 三点共线.

5. 在射影平面上,有一条二次曲线 C,点 P 和 Q 是这条二次曲线 C 上两个给定点. 通过点 P 作一条动直线 L,动点 X 是动直线 L 关于这条二次曲线的极点. 记动点 Y 是动直线 L 与直线 QX 的交点. 求证:动点 Y 在一条二次曲线上.

6. 求确定二次曲线 $x_1^2 - x_2^2 - x_3^2 = 0$ 的配极,把直线划分为无切线点和二切线点.

7. 设 $\omega(x,y)=\sum_{i,k}a_{ik}x_iy_k$，$a_{ik}=a_{ki}$，验证

$$\omega(\lambda x+\mu y,\lambda x+\mu y)=\lambda^2\omega(x,x)+2\lambda\mu\omega(x,y)+\mu^2\omega(y,y).$$

8. 利用第 7 题证明：若 $\omega(x,x)=0$ 表二次曲线 C，则 $x\times y$ 是 C 的割线、切线和不相交线，取决于 $\omega(x,x)\cdot\omega(y,y)-\omega^2(x,y)<0,=0,>0$.

9. 利用第 8 题证明：若 y 是二次曲线 $\omega(x,x)=0$ 的二切线点，则从 y 向这条二次曲线所引的切线组成的退化的二次曲线具有方程 $\omega(x,x)\cdot\omega(y,y)-\omega^2(x,y)=0$.

10. 利用第 9 题，求从点 $(4,3,0)$ 所作 $2x_1^2+4x_2^2-x_3^2=0$ 的切线.

11. 在射影平面上，有一条二次曲线 C. 3 点 P,Q,R 在二次曲线 C 上. 求证：共轭于射影直线 PQ 的任一直线 L 必交射影直线 PR 和 QR 于共轭点.

§5.8 Steiner 定理和 Pascal 定理

在这一节中我们介绍二次曲线的两个重要的定理：Steiner (1796—1863) 定理和 Pascal (1623—1662) 定理.

定理 5.8.1 (Steiner) 若 a 和 a' 是二次曲线 C 上的两个不同的点，z 是 C 上的一个动点，则由线束 a 到线束 a' 的映射 $\pi(a\times z)=a'\times z$ 是一个非透视的射影. 这里，我们约定 $\pi(a\times a')=a'$ 处的切线，$\pi(a$ 的切线$)=a'\times a$.

证明 如图 5-16，在射影平面上建立一个射影坐标系，使得 $a=[(1,0,0)]$，$a'=[(0,0,1)]$. 设 b 为 C 在 a,a' 两点处切线的交点，并且令 $b=[(0,1,0)]$. 在 C 上任取一个异于 a,a' 的点 e 作为单位点 $[(1,1,1)]$. 若二次曲线 C 的方程设为

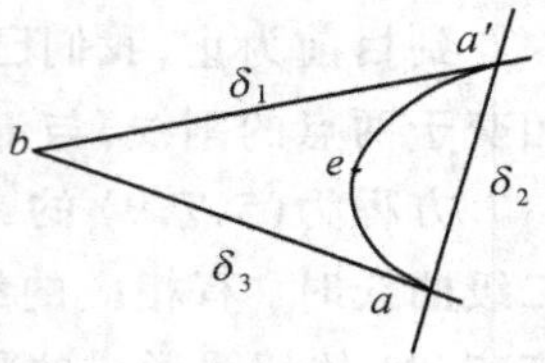

图 5-16

$$\sum_{i,j=1}^{3}a_{ij}x_ix_j=0,\qquad a_{ij}=a_{ji},$$

则由 a,a' 在曲线 C 上，可导出

$$a_{11}=a_{33}=0.$$

设 δ_1,δ_3 分别为 a,a' 的极点(即切线). 它们的坐标分别为

$$\delta_1=[(0,0,1)\times(0,1,0)]=[(1,0,0)]$$
$$\delta_3=[(1,0,0)\times(0,1,0)]=[(0,0,1)]$$

再用配极公式(5.7.9)，我们可以求得

$$a_{12}=a_{23}=0.$$

这时，二次曲线 C 的方程变为

$$a_{22}x_2^2+2a_{13}x_1x_3=0.$$

由 e 点在曲线 C 上，得

$$a_{22}+2a_{13}=0,\quad 即\ a_{22}=-2a_{13}$$

又由于

$$|a_{ij}|=\begin{vmatrix}0&0&a_{13}\\0&a_{22}&0\\a_{13}&0&0\end{vmatrix}=-a_{13}^2a_{22}\neq 0.$$

所以二次曲线的方程可以简化为

$$x_2^2-x_1x_3=0. \tag{5.8.1}$$

对于 C 上任一异于 a,a' 的点 $z=[(z_1,z_2,z_3)]$，显然 z_1,z_2,z_3 都不为零(否则，由 $z_2^2=z_1z_3$ 可以导出矛盾). 由 $z_2^2=z_1z_3$ 得

$$\frac{z_2}{z_1}=\frac{z_3}{z_2}. \tag{5.8.2}$$

另一方面，直线

$$\begin{aligned}a\times z&=[(1,0,0)\times(z_1,z_2,z_3)]=[(0,-z_3,z_2)]\\&=-z_3\delta_2+z_2\delta_3\end{aligned}$$

这里 $\delta_2=a\times a'=[(0,1,0)]$，又直线

$$\begin{aligned}a'\times z&=[(0,0,1)\times(z_1,z_2,z_3)]=[(-z_2,z_1,0)]\\&=-z_2\delta_1+z_1\delta_2\end{aligned}$$

从而

$$\pi(-z_3\delta_2+z_2\delta_3)=-z_2\delta_1+z_1\delta_2.$$

利用已知条件，我们又有

$$\pi(\delta_2)=\delta_1,\pi(\delta_3)=\delta_2,\pi(\delta_2+\delta_3)=\delta_1+\delta_2.$$

于是关于线束 a，交比

$$R(\delta_2,\delta_3;\delta_2+\delta_3,-z_3\delta_2+z_2\delta_3)=-\frac{z_3}{z_2}$$

关于线束a'，交比

$$R(\delta_1,\delta_2;\delta_1+\delta_2,-z_2\delta_1+z_1\delta_2)=-\frac{z_2}{z_1}$$

由(5.8.2)知，π 保持交比. 因此 π 是一个射影变换，又 $a\times a'$ 不是自对应直线，所以 π 不是透视. □

定理 5.8.2 (Steiner 逆定理) 设两个不同线束之间有一个非透视的射影，则对应线交点的轨迹是一条二次曲线.

证明 设 π 是线束 a 到a' 的射影. 取射影坐标系 $a=[(1,0,0)]$，$a'=[(0,0,1)]$，记 $\delta_2=a'\times a$，$\pi(\delta_2)=\delta_1$，$\pi^{-1}(\delta_2)=\delta_3$。设 $\delta_1\times\delta_3=b=[(0,1,0)]$. 由于 π 非透视，δ_1、δ_3 都不与 δ_2 重合. 在线束$[a]$ 中取一条异于 δ_2,δ_3 的直线，该直线与对应直线的交点必定不在直线 δ_1,δ_2 或 δ_3 上. 设该交点为 e 射影坐标为$[(1,1,1)]$. 此时，$a\times e=[(0,-1,0)]$，$\delta_1=a'\times b=[(1,0,0)]$，$a'\times e=[(-1,1,0)]$，$\delta_3=a\times b=[(0,0,1)]$. 在轨道上取一个定点 $g=[(-1,1,-1)]$，于是 π 把 $a\times g$ 映为 $a'\times g$，即

$$a\times g=[(1,0,0)\times(-1,1,-1)]=[(0,1,1)]=\delta_2+\delta_3$$

$$\pi(a\times g)=a'\times g=[(0,0,1)\times(-1,1,-1)]=[(1,1,0)]=\delta_1+\delta_2$$

由于 π 保持交比的值，所以 π 把 $\mu\delta_2-\lambda\delta_3$ 变为 $\mu\delta_1-\lambda\delta_2$. 这两条直线方程分别为

$$\mu x_2-\lambda x_3=0,\mu x_1-\lambda x_2=0.$$

这两条直线的交点满足

$$x_2^2 - x_1 x_3 = 0.$$

这是一条二次曲线. □

利用 Steiner 定理,可以得到二次曲线的一系列性质.

性质 1 设 A,B,C,D 是二次曲线上的四点,X 是其上的一个动点,则交比

$$R(XA, XB, XC, XD) = \text{定值}. \tag{5.8.3}$$

反之,已知 A,B,C,D, 其中任意三点不共线,那么满足(5.8.3)的点 X 的轨迹是一条二次曲线.

性质 2 任何三点都不共线的五点,恰好在唯一的一条二次曲线上.

性质 3 四点和通过其中一点的切线,或者三点和通过其中两点的切线,都唯一地决定一条二次曲线.

上述性质的证明留给读者.

下面我们利用 Steiner 定理来证明 Pascal 定理.

定理 5.8.3 (Pascal) 一条二次曲线的内接六角形的三对对边的交点在一条直线上.

证明 设 a_1,a_2,a_3,a_4,a_5,a_6 是二次曲线 C 的内接六角形的顶点. 如图 5-17 所示. 令 $l_{ij} = a_i \times a_j (i,j = 1,2,3,4,5,6; i \neq j)$, $a = l_{12} \times l_{45}, b = l_{23} \times l_{56}, c = l_{34} \times l_{61}$. 需要证明 a,b,c 三点共线.

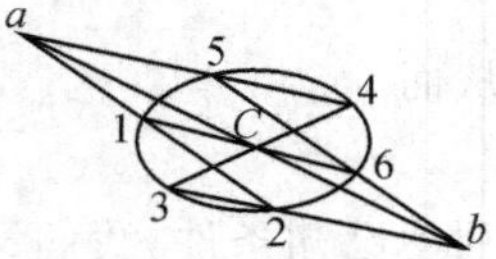

图 5-17

根据 Steiner 定理,线束 a_1 和线束 a_5 之间的映射

$$a_1 \times z \to a_5 \times z, \qquad \forall z \in \boldsymbol{C}$$

是射影变换. 所以有

$$R(l_{12}, l_{13}; l_{14}, l_{16}) = R(l_{52}, l_{53}; l_{54}, l_{56}) \tag{5.8.4}$$

利用线束 a_1 到直线 l_{34} 的透视,有

$$\begin{aligned} R(l_{12}, l_{13}; l_{14}, l_{16}) &= R(l_{12} \times l_{34}, l_{13} \times l_{34}; l_{14} \times l_{34}, l_{16} \times l_{34}) \\ &= R(l_{12} \times l_{34}, a_3; a_4, c) \end{aligned}$$

利用线束 a_5 到直线 l_{23} 之间的透视,有

$$\begin{aligned} R(l_{52}, l_{53}; l_{54}, l_{56}) &= R(l_{52} \times l_{23}, l_{53} \times l_{23}; l_{54} \times l_{23}, l_{56} \times l_{23}) \\ &= R(a_2, a_3; l_{54} \times l_{23}, b) \end{aligned}$$

结合(5.8.4)式,我们有

$$R(l_{12} \times l_{34}, a_3; a_4, c) = R(a_2, a_3; l_{54} \times l_{23}, b)$$

从而

$$l_{34}(l_{12} \times l_{34}, a_3; a_4, c) \underset{\wedge}{-} l_{23}(a_2, a_3; l_{54} \times l_{23}, b).$$

由于 l_{34} 到 l_{23} 的射影变换中,a_3 是自对应点. 所以这个射影变换是一个透视. 由透视的性质知,对应点的连线共点. 现在

$$(l_{12} \times l_{34}) \times a_2 = l_{12},$$

$$a_4 \times (l_{54} \times l_{23}) = l_{54},$$

而 $l_{12} \times l_{54} = a$,因此 a,b,c 共线. □

Pascal 定理的对偶是 Brianchon(1785—1864) 定理.

定理 5.8.4 (Brianchon) 二次曲线的外切六边形的三对对应顶点的连线共点.

5.8 习　题

1. 求线束 a:(1,0,1) 和线束 b:(1,1,0) 之间被二次曲线 $x_1^2 - x_2^2 - x_3^2 = 0$ 所确定的射影，验证它不是透视，且验证这个射影在 a 处的切线对应于线束 b 中的 $a \times b$.

2. 若一个四点形在一条二次曲线上，则三对对边的交点组成一个自极三角形(即这个三角形每个顶点是其对边的极点).

3. 求过点(1,0,1),(0,1,1),(0, −1,1) 且以 $x_1 - x_3 = 0$ 和 $x_2 - x_3 = 0$ 为切线的二次曲线.

4. 证明：若把二次曲线 C 上的四个定点和 C 上的一个动点连成直线，则这四条直线的交比是常数. 写出对偶命题.

5. 证明 Pascal 定理的逆命题.

6. 已知二次曲线上的四个点和其中一个点上的切线，求作另三点上的切线.

7. 写出切于 $\delta_1, \delta_2, \delta_3$ 的二次曲线在点坐标系里和线坐标系里的一般形式.

8. Pappus 定理是关于退化的点二次曲线的 Pascal 定理. 类似地叙述关于二次曲线 Brianchon 定理.

9. 在射影平面上，设有 3 个顶点都变动的三角形，其中两个顶点分别在两条定直线上移动. 三角形的 3 边各通过一个定点，这里 3 个定点中无一点在上述两条定直线上，这两条定直线的焦点与上述 3 个定点组成的 4 点中无 3 点共线. 求证：上述变动的三角形的第三顶点必在一条二次曲线上，而且这条二次曲线通过 3 个定点中的两个定点.

§5.9　非欧几何简介

5.9.1　射影测度

从欧氏几何的观点看，在 §5.1 中介绍的扩大的欧氏平面上，除去无穷远直线，平面上的任何两点的距离都是存在的. 平行线也存在，任何两条平行线交于无穷远直线. 从射影几何的角度来看，在这个平面上，平行性和距离两者都不存在，无穷远直线的特殊性也完全消失了. 在这两个极端之间，如果我们在平面上特殊化一条直线，把它当作无穷远直线，但不引进距离的概念，这样所得的平面，既不是欧氏的，也不是射影平面. 我们称它为仿射平面. 研究仿射平面的性质，构成仿射平面几何的内容. 在第四章中，我们利用变换群的观点，来说明欧氏几何与仿射几何的关系. 我们同样可以用射影变换群的观点来说明射影几何与其他几何的关系.

可以证明射影平面 P^2 上的直射变换

$$\rho x_i' = \sum_{k=1}^{3} a_{ik} x_k, \quad i = 1,2,3, \quad \rho \left| a_{ik} \right| \neq 0. \tag{5.9.1}$$

的全体构成一个变换群. 事实上，我们容易证明：

(1) 恒同变换 $\rho x_i' = x_i (i = 1,2,3)$ 属于这个集合；

(2) 对于任一变换(5.9.1)，它有逆变换

$$\tau x_k = \sum_{k=1}^{3} A_{ik} x_i{}', \ k = 1,2,3,$$

其中矩阵(A_{ik})是矩阵(a_{ik})的伴随矩阵；

(3) 若另有一变换

$$\sigma x_j{}'' = \sum_{k=1}^{3} b_{ji} x_i{}', \quad j = 1,2,3, \quad \sigma \left| b_{ji} \right| \neq 0,$$

则这个变换与变换(5.9.1) 的乘积

$$\rho\sigma x_j{}'' = \sum_{i=1}^{3} b_{ji} \left(\sum_{k=1}^{3} a_{ik} x_k \right) = \sum_{k=1}^{3} \left(\sum_{k=1}^{3} b_{ji} a_{ik} \right) x_k$$
$$\triangleq \sum_{k=1}^{3} c_{jk} x_k$$

满足

$$\left| c_{jk} \right| = \left| b_{ji} \right| \left| a_{ik} \right| \neq 0, \ \rho\sigma \neq 0.$$

因此这个乘积仍然属于由(5.9.1) 定义的直射变换的集合中. 由(1),(2),(3) 可知 P^2 上的直射变换的全体构成一个群,这个群称为射影变换群. 射影几何就是研究在射影变换群下的不变性质的几何.

一般地,群 G 的一个子集H,如果按照 G 中元素的乘法,也构成一个群,那么 H 称为 G 的一个子群. 例如在由(5.9.1) 定义的射影变换群中,将直射变换限制为把 $x_3 = 0$ 变为 $x_3 = 0$ 的直射

$$\begin{cases} \rho x_1{}' = a_{11}x_1 + a_{12}x_2 + a_{13}x_3 \\ \rho x_2{}' = a_{21}x_1 + a_{22}x_2 + a_{23}x_3, \\ \rho x_3{}' = a_{33}x_3 \end{cases} \quad a_{33} \cdot \rho \begin{vmatrix} a_{11} & a_{12} \\ a_{21} & a_{22} \end{vmatrix} \neq 0, \tag{5.9.2}$$

并将 $x_3 = 0$ 看作无穷远直线,对其余点引入非齐次坐标

$$x = \frac{x_1}{x_3}, \quad y = \frac{x_2}{x_3},$$

则(5.9.2) 可化为

$$\begin{cases} x' = a_1 x + a_2 y + a_3 \\ y' = b_1 x + b_2 y + b_3 \end{cases}, \quad \begin{vmatrix} a_1 & a_2 \\ b_1 & b_2 \end{vmatrix} \neq 0. \tag{5.9.3}$$

变换(5.9.3) 全体就构成仿射变换群. 因此仿射变换群是射影变换群的子群.

若对变换(5.9.3) 再加上限制

$$\begin{vmatrix} a_1 & a_2 \\ b_1 & b_2 \end{vmatrix} = \pm 1,$$

这种变换的全体也构成一个群,称为等积仿射群. 它是仿射变换群的子群.

若我们取一种特殊形式的等积仿射变换

$$\begin{cases} x' = x\cos\theta - y\sin\theta + a \\ y' = \pm x\sin\theta \pm y\cos\theta + b, \end{cases} \tag{5.9.4}$$

则这种变换的全体也构成一个子群,称为运动群. 它也是等积仿射群的子群. (5.9.4) 式的齐次坐标表达式为

$$\begin{cases}\rho x_1' = x_1\cos\theta - x_2\sin\theta + ax_3\\ \rho x_2' = \pm x_1\sin\theta \pm x_2\cos\theta + bx_3.\\ \rho x_3' = x_3\end{cases} \tag{5.9.5}$$

容易直接验证,变换(5.9.5)把满足

$$x_1^2 + x_2^2 = 0,\quad x_3 = 0 \tag{5.9.6}$$

的图形变成自身. 在变换(5.9.5)下,图形(5.9.6)上有两个点 $I(1,i,0)$ 和 $J(1,-i,0)$,它们或者保持不动,或者互换. 这两个共轭虚点,称为**圆点**. 因此运动群中的任一变换(5.9.5)是使(5.9.6)不变的等积仿射变换. 反之,任何一个使(5.9.6)不变的等积仿射变换,必定可写成(5.9.5)的形式(请读者自证).

在射影平面 P^2 上射影变换群的子群的另一个重要的例子是非欧运动群,它是把一条二次曲线 C 变到自身的直射变换的全体. 讨论 P^2 上非欧运动群下不变的几何性质,就构成了非欧几何的内容,因此非欧几何是射影几何的子几何.

在射影平面上取定一条直线,使之特殊化,就导出了仿射平面,从而恢复了平行的概念. 用什么方式来恢复"度量"的概念呢?我们需要用"度量"这个概念计算两点间的距离和两直线间的夹角.

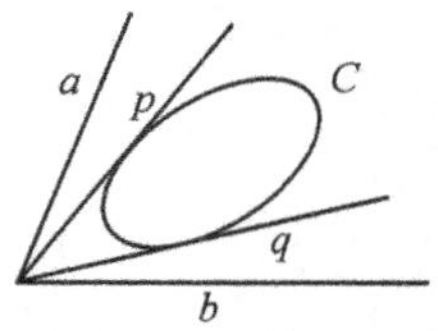

图 5-18

现在我们用以下方式来定义射影测度.

在射影平面 P^2 内取一非退化的二次曲线 C,另选定一非零的常数 k. 从任意两直线 a,b 的交点出发,作这条二次曲线的切线 p,q(如图 5-18),则

$$\theta(a,b) = k\log R(a,b;p,q) \tag{5.9.7}$$

是二直线 a,b 的函数,根据交比 R 的性质,函数 θ 满足以下的性质

(1) $\theta(a,a) = 0$

(2) $\theta(b,a) = -\theta(a,b)$, $(a \neq b)$

(3) $\theta(a,b) + \theta(b,c) = \theta(a,c)$

其中直线 a,b,c 交于一点. 我们引入以下定义:

定义 5.9.1 由(5.9.7)式定义的函数 $\theta(a,b)$ 称为二直线 a,b 的所成的角的**射影测度**,预先取定的非退化的二次曲线 C 称为这个测度的**绝对形**,k 称为**测度系数**.

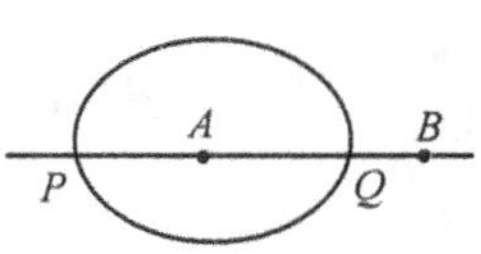

图 5-19

对偶地,我们可以定义两点间的距离的射影测度. 在射影平面 P^2 内取定一条非退化的二次曲线 C,再取定一非零常数 k. 设任意两点 A,B 的连线与二次曲线 C 交于 P,Q 两点(如图 5-19),则

$$d(A,B) = k\log R(A,B;P,Q) \tag{5.9.8}$$

是两点 A,B 的函数,这个函数与 A,B 两点的次序有关,且满足以下性质:

(1) $d(A,A) = 0$

(2) $d(B,A) = -d(A,B)$, (当 $A \neq B$ 时)

(3) $d(A,B) + d(B,C) = d(A,C)$, 其中 A,B,C 三点共线.

由此我们可以引入以下定义:

定义 5.9.2 由(5.9.8)定义的射影平面 P^2 上点的二元函数 $d(A,B)$ 称为两点 A,

B 间距离的射影测度. 预先取定的非退化的二次曲线 C 叫做这个测度的绝对形, k 称为**测度系数**.

利用交比的性质(见 §5.5 及习题)容易证明:

定理 5.9.1 如果射影平面上两直线的交点在绝对形上, 那么它们的交角的射影测度为零.

定理 5.9.2 射影平面上任何一点到绝对形上任何点的距离的射影测度等于 ∞.

从定理 5.9.2 可知, 作为绝对形的二次曲线等价于仿射平面上的无穷远直线.

下面我们来求两点间的距离的射影测度. 设非退化的二次曲线 C 的方程为

$$\sum_{i,j=1}^{3} a_{ij}x_ix_j = 0, \quad a_{ij} = a_{ji}, \quad |a_{ij}| \neq 0. \tag{5.9.9}$$

$A(y_1, y_2, y_3)$, $B(z_1, z_2, z_3)$ 为射影平面 P^2 上的两点, 则直线 AB 与二次曲线 C 的两个交点 P, Q 的坐标可以写为 $\rho x_i = y_i + \lambda z_i$, $i = 1,2,3$. 由 P, Q 在二次曲线 C 上, 我们有

$$\sum_{i,j=1}^{3} a_{ij}(y_i + \lambda z_i)(y_j + \lambda z_j) = 0.$$

记

$$U = \sum_{i,j=1}^{3} a_{ij}y_iy_j, \quad V = \sum_{i,j=1}^{3} a_{ij}y_iz_j, \quad W = \sum_{i,j=1}^{3} a_{ij}z_iz_j,$$

则上述关于 λ 的方程变为

$$U + 2\lambda V + \lambda^2 W = 0.$$

解此方程得

$$\lambda = \frac{-V \pm \sqrt{V^2 - UW}}{W}. \tag{5.9.10}$$

所以

$$R(A, B; P, Q) = \frac{\lambda_1}{\lambda_2} = \left[\frac{V - \sqrt{V^2 - UW}}{V + \sqrt{V^2 - UW}}\right]^{\pm 1}$$

这里, 指数上的 ± 1 可以选取一种. 于是由(5.9.8), 我们可以求得

$$\begin{aligned} d(A, B) &= \pm k \log \frac{V - \sqrt{V^2 - UW}}{V + \sqrt{V^2 - UW}} \\ &= \pm 2k \log \frac{V - \sqrt{V^2 - UW}}{\sqrt{UW}}. \end{aligned} \tag{5.9.11}$$

类似地, 我们可以求出相交两直线夹角的射影测度.

我们考察相应于二次曲线 C 的二级曲线(见 § 5. 7. 2 (5.7. 11))

$$\sum_{i,j=1}^{3} A_{ij}\xi_i\xi_j = 0. \tag{5.9.12}$$

设 $a(\eta_1, \eta_2, \eta_3)$, $b(\xi_1, \xi_2, \xi_3)$ 为射影平面 P^2 的两直线, 相交于 M, 由 M 作二次曲线 C 的切线 p, q, 则 p, q 的坐标可以设为 $\tau\xi_i = \eta_i + \lambda\zeta_i$, $i = 1,2,3$. 由于 p, q 都是 C 的切线, 因此满足

$$\sum_{i,j=1}^{3} A_{ij}(\eta_i + \lambda\zeta_i)(\eta_j + \lambda\zeta_j) = 0 .$$

记

$$u=\sum_{i,j=1}^{3}A_{ij}\eta_i\eta_j,\quad v=\sum_{i,j=1}^{3}A_{ij}\eta_i\zeta_j,\quad w=\sum_{i,j=1}^{3}A_{ij}\zeta_i\zeta_j$$

则有

$$u+2\lambda v+w\lambda^2=0$$

解得

$$\lambda=\frac{-v\pm\sqrt{v^2-uw}}{w}.$$

所以有

$$R(a,b;p,q)=\frac{\lambda_1}{\lambda_2}=\left(\frac{v-\sqrt{v^2-uw}}{v+\sqrt{v^2-uw}}\right)^{\pm1},$$

$$\theta(A,B)=\pm 2k\log\frac{v-\sqrt{v^2-uw}}{\sqrt{uw}} \tag{5.9.13}$$

射影测度的概念是 Cayley(1821—1895) 于 1859 年首先建立的. 在前面我们引入的射影平面上,包含了实和虚两元素. 在实际讨论时,我们并没有刻意区别. 同样二次曲线有实和虚两种情况. 若绝对形为实二次曲线,则可以构成罗巴切夫斯基(1793—1856) 几何,简称为罗氏几何(或双曲几何);若绝对形为虚二次曲线,则可以构成椭圆几何. 罗氏几何和椭圆几何统称为非欧几何. 非欧几何可以通过射影平面上的射影测度导出,而射影测度由交比(射影概念) 定义,因此非欧几何可以从射影几何导出.

5.9.2 非欧几何

非欧几何的研究是从对欧几里得平行公理(第五公设) 的研究开始的. 人们试图用其他公理去推出平行公理,结果都没有成功. 又有人试图用其他公理代替平行公理,最后才导致非欧几何的创立.

欧几里得平行公理:在平面上通过一直线外一点 A,只能引一条直线与直线平行.

罗巴切夫斯基和 Bolyai(1802—1860) 于 1830 年左右创立了一种新的几何学,它除了平行公理以外,满足欧氏几何的一切公理,而平行公理换成如下的公理(罗氏平行公理):

在平面上,通过一直线 l 外的一点 A 存在两直线与该直线不相交.

罗氏几何是非欧几何的一种. 1871 年,Klein(1849—1925) 利用 Cayley 创立的射影测度的概念来说明非欧几何学,构成了罗氏几何的 Klein 模型.

在射影平面上取定一条实非退化的二次曲线 C(如图 5-20) 为绝对形,我们规定绝对形 C 内部的点叫做双曲点,绝对形的弦叫做双曲直线. 因为绝对形 C 上的点不是双曲几何的点,所以双曲直线是开的. 根据这样的规定,任意两个双曲点决定唯一一条双曲直线.

现在我们利用公式(5.9.7) 和(5.9.8) 定义的角度和距离,说明双曲点关于这样的角度和距离所具有的一些基本性质.

由定理 5.9.2 知任何一个双曲点到绝对形上的点的距离无限大,并且由定理 5.9.1,我们称交点在绝对形上的两直线为平行直线. 设直线 l 交双曲线 C 于 A_1,A_2 两点,过直

线 l 外的一点 P，可引两条直线 PA_1，PA_2 与直线 l 平行，这就实现了罗氏平行公理.

根据这样的讨论，我们建立了罗巴切夫斯基几何的射影模型，这个模型称为 Klein 模型. 以下我们就在 Klein 模型上计算三角形三内角之和.

从 P 点引直线 l 的垂线 PM（如图 5-20），$\angle A_1PM$ 和 $\angle A_2PM$ 称为平行角. 我们可以证明 $\angle A_1PM = \angle A_2PM = \theta$，并且 θ 是 P 到 l 的距离 $d = d(P, M)$ 的函数 $\theta = \theta(d)$.

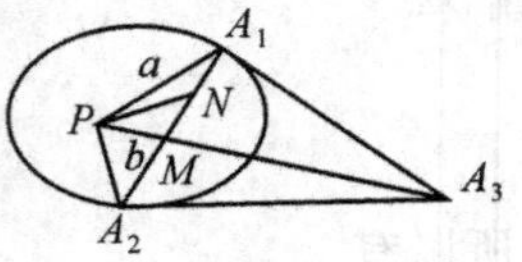

图 5-20

选取合适的坐标系 $A_1(1,0,0)$，$A_2(0,0,1)$，$A_3(0,1,0)$，使得二次曲线 C 的方程为：$x_1x_3 - x_2^2 = 0$（见 § 5.8）. 这里点 A_3 为二次曲线上两点 A_1，A_2 的切线（即极线）的交点. 相应的二级曲线为 $4\xi_1\xi_3 - \xi_2^2 = 0$. 任何一个双曲点$[(x_1, x_2, x_3)]$都满足：

$$x_1x_3 - x_2^2 > 0$$

从而 $P(a_1, a_2, a_3)$ 的坐标满足 $a_1a_3 - a_2^2 > 0$. 直线 $PA_1 = a:(0, a_3, -a_2)$，直线 $PA_2 = (a_2, -a_1, 0)$，直线 $l = A_1A_2:(0,1,0)$，直线 $PA_3 = PM = b:(-a_3, 0, a_1)$. 自 P 点向二次曲线 C 所作的切线为虚直线.

所以(5.9.13) 中 $v^2 - uw < 0$. 其中 $u = \sum A_{ij}\eta_i\eta_j = -a_3^2$，$w = \sum A_{ij}\zeta_i\zeta_j = -4a_1a_3$，$v = \sum A_{ij}\eta_i\zeta_j = 2a_2a_3$. 故

$$v^2 - uw = 4a_2^2a_3^2 - 4a_1a_3^3 = 4a_3^3(a_2^2 - a_1a_3) < 0.$$

由于 $\theta = \theta(a, b) = \theta(PA_1, PM)$ 为实数，我们在(5.9.13) 中取 $k = \frac{\mathrm{i}}{2}$. 这时（只取其中一个角）

$$\theta(a,b) = \mathrm{i}\log\frac{2a_2a_3 - \sqrt{4a_3^2(a_2^2 - a_1a_3)}}{\sqrt{4a_1a_3^3}}$$

$$= \mathrm{i}\log\frac{a_2a_3 - \mathrm{i}\sqrt{a_3^2(a_1a_3 - a_2^2)}}{\sqrt{a_1a_3^3}}.$$

所以

$$\mathrm{e}^{-\mathrm{i}\theta} = \frac{a_2a_3 - \mathrm{i}\sqrt{a_3^2(a_1a_3 - a_2^2)}}{\sqrt{a_1a_3^3}}.$$

因此

$$\cos\theta = \frac{a_2a_3}{\sqrt{a_1a_3^3}} = \frac{a_2}{\sqrt{a_1a_3}}. \tag{5.9.14}$$

我们同样可以计算两点 $P(a_1, a_2, a_3)$ 和 $M(a_1, 0, a_3)$ 之间的距离. 利用(5.9.10)，$U = \sum a_{ij}y_iy_j = -a_2^2 + a_1a_3$，$W = \sum a_{ij}z_iz_j = a_1a_3$，$V = \sum a_{ij}y_iz_j = a_1a_3$. 由于两实点的距离是实数，所以 $V^2 - UV > 0$. 取 $k = \frac{\alpha}{2}$，α 是实数，则

$$d(P,M) = \alpha\log\frac{a_1a_3 - \sqrt{a_1a_3a_2^2}}{\sqrt{a_1a_3(a_1a_3 - a_2^2)}}$$

$$= \alpha\log\frac{\sqrt{a_1a_3} - a_2}{\sqrt{a_1a_3 - a_2^2}}$$

从而

$$e^{\frac{d}{\alpha}} = \frac{\sqrt{a_1a_3} - a_2}{\sqrt{a_1a_3 - a_2^2}}.$$

由此可计算出

$$\cosh\frac{d}{\alpha} = \frac{\sqrt{a_1a_3}}{\sqrt{a_1a_3 - a_2^2}}, \quad \sinh\frac{d}{\alpha} = \frac{a_2}{\sqrt{a_1a_3 - a_2^2}},$$

或

$$\tanh\frac{d}{\alpha} = \frac{a_2}{\sqrt{a_1a_3}}. \tag{5.9.15}$$

比较(5.9.14),(5.9.15) 可知

$$\tanh\frac{d}{\alpha} = \cos\theta,$$

$$\tan\frac{\theta}{2} = \frac{\sin\theta}{1+\cos\theta} = e^{-\frac{d}{\alpha}}.$$

所以

$$\theta(d) = 2\arctan(e^{-\frac{d}{\alpha}}). \tag{5.9.16}$$

事实上可以证明这个结果与坐标系的选取无关. 同时可以看到当 $d \to 0$ 时,$\theta(d) \to \frac{\pi}{2}$. 当 p 取非零有限值时,$\theta = \theta(d) < \frac{\pi}{2}$.

现在我们来计算三角形的三内角和. 先看图 5-20 中直角三角形 NPM. 当 N 由 A_1 移向 M 时,$\angle MNP$ 由 0 增加到$\frac{\pi}{2}$,同时 $\angle NPM$ 由$\theta(d)$ 减少到 0,但由于 $\theta(d) < \frac{\pi}{2}$,所以 $\angle MNP$ 增加的幅度$(0,\frac{\pi}{2})$ 大于 $\angle NPM$ 减少的幅度$(\theta(d),0)$,从而三角形 ΔNPM 的三内角和

$$\begin{aligned}&\angle MNP + \angle NPM + \angle NMP \\ &= \angle MNP + \angle NPM + \frac{\pi}{2} \\ &< \frac{\pi}{2} + \frac{\pi}{2} = \pi.\end{aligned}$$

所以绝对形内,任何一个直角三角形的三内角和小于 π.

因为任何三角形都可以看成两个直角三角形构成,所以绝对形内(罗氏几何中) 任何一个三角形的三内角和小于 π.

最后我们简要地介绍一下椭圆几何.

取虚的非退化的二次曲线 C 为绝对形. 在射影平面 P^2 上取(5.9.7),(5.9.8) 定义的射影测度. 我们规定射影平面上的点为点,直线为直线. 这时射影平面上的点和直线关于这个射影测度,也构成一种几何,我们称这种几何为椭圆几何. 它具有以下的性质.

由于 C 上没有实点,因此任何两实直线的交点均不在 C 上,在这种几何里,没有平行线. 所以过直线外一点,不存在与已知直线平行的直线. 对于任意两点 $A(y_1,y_2,y_3)$,

$B(z_1,z_2,z_3)$ 的连线,它与给定的虚二次曲线(绝对形)C 的交点 P,Q 也是虚的. 如图 5-21,设 P,Q 两点的坐标为 $y_i+\lambda_1 z_i$ 和 $y_i+\lambda_2 z$, $i=1,2,3$,其中 λ_1,λ_2 是共轭虚数. 为了使由(5.9.11)得到的两点间的距离是实数,在(5.9.11)中,取 $k=\frac{\mathrm{i}\alpha}{2}$,$\alpha$ 为实数. 则由(5.9.11)得

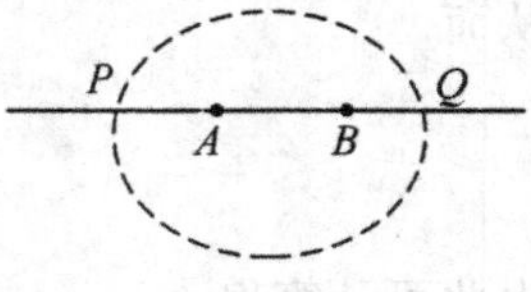

图 5-21

$$d(A,B)=\mathrm{i}\alpha\log\frac{V-\sqrt{V^2-UW}}{\sqrt{UW}}$$
$$=\mathrm{i}\alpha\log\frac{V\pm\mathrm{i}\sqrt{UW-V^2}}{\sqrt{UW}}.$$

所以

$$\mathrm{e}^{-\mathrm{i}\frac{d}{\alpha}}=\frac{V+\mathrm{i}\sqrt{UW-V^2}}{\sqrt{UW}},\quad \mathrm{e}^{\mathrm{i}\frac{d}{\alpha}}=\frac{V-\mathrm{i}\sqrt{UW-V^2}}{\sqrt{UW}}.$$

从而

$$\cos\frac{d}{\alpha}=\frac{V}{\sqrt{UW}}.$$

取定 A 点,当 B 点与 A 点重合时,$U=V=W$,所以 $d=0$. 当 B 点移动到 A 点的极线上时,$V=\sum a_{ij}y_iz_j=0$. 这时,$\cos\frac{d}{\alpha}=0$, $d=\frac{\alpha\pi}{2}$. 所以 A 点到它的极线上的点之间的距离等于常数$\frac{\alpha\pi}{2}$. 当 B 继续移动,与 A 点的距离达到 $\alpha\pi$ 时,$\left|\cos\frac{d}{\alpha}\right|=1$. 这时 $V^2=UW$. 由此可得

$$\mathrm{e}^{-\mathrm{i}\frac{d}{\alpha}}=\mathrm{e}^{\mathrm{i}\frac{d}{\alpha}}.$$

所以 $d=0$. 此即说明 B 点又返回到 A 点. 这一现象说明,在椭圆几何里,没有无穷远点. 并且所有的直线都是封闭的,它们的长度为 $\alpha\pi$.

考察由二实直线 a,b 的交点 A 所引的二次曲线的两条切线 p,q. 由于二次曲线是虚的,所以两条切线 p,q 也是虚的. 为了使 a,b 的交角 $\theta(a,b)$ 是实数,在(5.9.7),或者(5.9.13)中取 $k=\frac{\mathrm{i}}{2}$,则由(5.9.13)得:

$$\theta(a,b)=\pm\,\mathrm{i}\log\frac{v-\sqrt{v^2-uw}}{\sqrt{uw}}=\pm\,\mathrm{i}\log\frac{v\pm\mathrm{i}\sqrt{uw-v^2}}{\sqrt{uw}}.$$

现在我们就取

$$\theta(a,b)=\mathrm{i}\log\frac{v+\mathrm{i}\sqrt{uw-v^2}}{\sqrt{uw}}.$$

由此可以解得

$$\mathrm{e}^{-\mathrm{i}\theta}=\frac{v+\mathrm{i}\sqrt{uw-v^2}}{\sqrt{uw}},\quad \mathrm{e}^{\mathrm{i}\theta}=\frac{v-\mathrm{i}\sqrt{uw-v^2}}{\sqrt{uw}}.$$

因此

$$\cos\theta = \frac{v}{\sqrt{uw}}.$$

当 $v = 0$ 时,即当 a 与 b 互为共轭时,$\cos\theta = 0$, $\theta = \frac{\pi}{2}$. 所以共轭直线彼此垂直.

现在在平面 P^2 上任取一点 A,A 的关于绝对形 C 的极线为 a. 在直线 a 上分别取两个不同的点 B,D,分别作这两点关于绝对形 C 的极线 b,d,则这两条直线都通过 A 点,如图 5-22. 这样我们就得到一个自共轭三角形 ABD,这个三角形中每个内角都是 $\frac{\pi}{2}$,所以三角形的三内角和为 $\frac{3\pi}{2}$. 一般地,可以证明,在椭圆几何里,任何的一个三角形的三内角之和大于 π,这正是椭圆几何与欧氏几何、罗氏几何的最重要的区别.

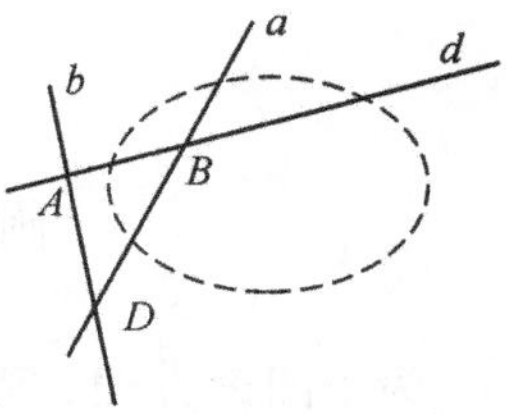

图 5-22

附　录

附录一　第3章定理3.5.1的证明

为了阅读方便,现将第三章中的一些记号在这里重新写一下.在空间直角坐标系 $\{O,\ e_1,\ e_2,\ e_3\}$ 中,二次曲面 S 的方程为

$$F(x,y,z)=a_{11}x^2+2a_{12}xy+a_{22}y^2+2a_{13}xz+2a_{23}yz+a_{33}z^2+2a_{14}x+2a_{24}y+2a_{34}z+a_{44}=0,\quad (6.1)$$

其中 $a_{11},a_{12},a_{22},a_{13},a_{23},a_{33}$ 是不为零的实数. a_{14},a_{24},a_{34} 与 a_{44} 都为实数.

记

$$\boldsymbol{A}=\begin{bmatrix}a_{11}&a_{12}&a_{13}\\a_{12}&a_{22}&a_{23}\\a_{13}&a_{32}&a_{33}\end{bmatrix},\qquad \boldsymbol{Y}=\begin{bmatrix}x\\y\\z\end{bmatrix},\qquad \boldsymbol{\alpha}=\begin{bmatrix}a_{14}\\a_{24}\\a_{34}\end{bmatrix},$$

则 $\boldsymbol{A}$ 为实对称矩阵,即 $\boldsymbol{A}^{\mathrm T}=\boldsymbol{A}$,其中 $\boldsymbol{A}^{\mathrm T}$ 表示矩阵 $\boldsymbol{A}$ 的转置.

二次曲面方程的矩阵表示为

$$F(x,y,z)=[x,y,z,1]\overline{\boldsymbol{A}}\begin{bmatrix}x\\y\\z\\1\end{bmatrix}=[Y^{\mathrm T},1]\overline{\boldsymbol{A}}\begin{bmatrix}\boldsymbol{Y}\\1\end{bmatrix}=0.\qquad (6.2)$$

其中实对称矩阵 $\overline{\boldsymbol{A}}=[a_{ij}]_{4\times4}=\begin{bmatrix}\boldsymbol{A}&\boldsymbol{\alpha}\\\boldsymbol{\alpha}^{\mathrm T}&a_{44}\end{bmatrix}$称为二次曲面 S 的矩阵.

引进记号

$$I_1=a_{11}+a_{22}+a_{33}=:\mathrm{tr}A(\text{称之为 } A \text{ 的迹}),$$

$$I_2=\begin{vmatrix}a_{11}&a_{12}\\a_{12}&a_{22}\end{vmatrix}+\begin{vmatrix}a_{11}&a_{13}\\a_{13}&a_{33}\end{vmatrix}+\begin{vmatrix}a_{22}&a_{23}\\a_{23}&a_{33}\end{vmatrix},$$

$$I_3=\begin{vmatrix}a_{11}&a_{12}&a_{13}\\a_{12}&a_{22}&a_{23}\\a_{13}&a_{23}&a_{33}\end{vmatrix},$$

$$I_4=\begin{vmatrix}a_{11}&a_{12}&a_{13}&a_{14}\\a_{12}&a_{22}&a_{23}&a_{24}\\a_{13}&a_{23}&a_{33}&a_{34}\\a_{14}&a_{24}&a_{34}&a_{44}\end{vmatrix},$$

$$K_1=\begin{vmatrix}a_{11}&a_{14}\\a_{14}&a_{44}\end{vmatrix}+\begin{vmatrix}a_{22}&a_{24}\\a_{24}&a_{44}\end{vmatrix}+\begin{vmatrix}a_{33}&a_{34}\\a_{34}&a_{44}\end{vmatrix},$$

$$K_2=\begin{vmatrix}a_{11}&a_{12}&a_{14}\\a_{12}&a_{22}&a_{24}\\a_{14}&a_{24}&a_{44}\end{vmatrix}+\begin{vmatrix}a_{11}&a_{13}&a_{14}\\a_{13}&a_{33}&a_{34}\\a_{14}&a_{34}&a_{44}\end{vmatrix}+\begin{vmatrix}a_{22}&a_{23}&a_{24}\\a_{23}&a_{33}&a_{34}\\a_{24}&a_{34}&a_{44}\end{vmatrix}.$$

定理 3.5.1

(1) I_1，I_2，I_3，I_4在坐标轴的旋转和平移下均不变；

(2) K_1，K_2在坐标轴的旋转下是不变的；

(i) 当 $I_3=I_4=0$ 时，K_2 在坐标轴的平移下不变；

(ii) 当 $I_2=I_3=I_4=K_2=0$ 时，K_1 在坐标轴的平移下不变.

称 I_1，I_2，I_3，I_4 为二次曲面的不变量，K_1，K_2 称为二次曲面的半不变量.

证明　(1)I_1，I_2，I_3 在坐标轴的旋转和平移下不变性质在第三章 3.5.2 节中加以说明，下面只要说明 I_4 在坐标轴的旋转和平移下不变.设点坐标变换为

$$\boldsymbol{Y}=\boldsymbol{C}\boldsymbol{Y}^*+\boldsymbol{Y}_0, \tag{6.3}$$

其中　$\boldsymbol{Y}=[x,y,z]^{\mathrm T}$，　$\boldsymbol{Y}^*=[x^*,y^*,z^*]^{\mathrm T}$，　$\boldsymbol{Y}_0=[x_0,y_0,z_0]^{\mathrm T}$，　$\boldsymbol{C}=[c_{ij}]_{3\times3}$为正交矩阵.由(6.3)得

$$F(x^*,y^*,z^*)=[\boldsymbol{Y}^{*\mathrm T},\ 1]\bar{\boldsymbol{B}}\begin{bmatrix}\boldsymbol{Y}^*\\1\end{bmatrix}, \tag{6.4}$$

其中 $\bar{\boldsymbol{B}}=\begin{bmatrix}\boldsymbol{A}^*&\boldsymbol{\alpha}^*\\\boldsymbol{\alpha}^{*\mathrm T}&a_{44}^*\end{bmatrix}$，$\boldsymbol{A}^*=\boldsymbol{C}^{\mathrm T}\boldsymbol{A}\boldsymbol{C}$，$\boldsymbol{\alpha}^*=\boldsymbol{C}^{\mathrm T}\boldsymbol{A}\boldsymbol{Y}_0+\boldsymbol{C}^{\mathrm T}\boldsymbol{\alpha}$，$a_{44}^*=\boldsymbol{Y}_0^{\mathrm T}\boldsymbol{A}\boldsymbol{Y}_0+2\boldsymbol{\alpha}^{\mathrm T}\boldsymbol{Y}_0+a_{44}$. 又

$$I_4^*=|\bar{\boldsymbol{B}}|=\begin{vmatrix}\boldsymbol{C}^{\mathrm T}&0\\\boldsymbol{Y}_0^{\mathrm T}&1\end{vmatrix}\begin{vmatrix}\boldsymbol{A}&\boldsymbol{\alpha}\\\boldsymbol{\alpha}^{\mathrm T}&a_{44}\end{vmatrix}\begin{vmatrix}\boldsymbol{C}&\boldsymbol{Y}_0\\0&1\end{vmatrix}=|\boldsymbol{C}^{\mathrm T}||\bar{\boldsymbol{A}}||\boldsymbol{C}|=|\bar{\boldsymbol{A}}|=I_4,$$

于是 I_4 是直角坐标变换下的不变量.

(2) 引进二次型

$$\bar{F}(x,y,z)=a_{11}x^2+2a_{12}xy+a_{22}y^2+2a_{13}xz+2a_{23}yz$$
$$+a_{33}z^2+2a_{14}xt+2a_{24}yt+2a_{34}zt+a_{44}t^2,$$

设点坐标变换公式为

$$\boldsymbol{Y}=\boldsymbol{C}\boldsymbol{Y}^*,$$

其中 $\boldsymbol{C}$ 为正交矩阵.

类似于(1)，$\bar{\boldsymbol{A}}=[a_{ij}]_{4\times4}$ 在上述变换下变为

$$\bar{\boldsymbol{B}}=\begin{bmatrix}\boldsymbol{C}^{\mathrm T}\boldsymbol{A}\boldsymbol{C}&\boldsymbol{C}^{\mathrm T}\boldsymbol{\alpha}\\\boldsymbol{\alpha}^{\mathrm T}\boldsymbol{C}&a_{44}\end{bmatrix}=\begin{bmatrix}\boldsymbol{C}^{\mathrm T}&0\\0&1\end{bmatrix}\bar{\boldsymbol{A}}\begin{bmatrix}C&0\\0&1\end{bmatrix}.$$

于是 $\bar{\boldsymbol{B}}$ 的特征多项式

$$\bar{f}(\lambda)=|\bar{\boldsymbol{B}}-\lambda\boldsymbol{E}|=|\bar{\boldsymbol{A}}-\lambda\boldsymbol{E}|.$$

与 $\bar{\boldsymbol{A}}$ 的特征多项式相同，上面的多项式按照 λ 的多项式展开可得$K_1=K_1^*$，　$K_2=K_2^*$.

注意，一般来说 K_1，K_2 在坐标轴平移下是要改变的.但是当 $I_3=I_4=0$时，K_2在坐

标轴平移下不变.事实上,令坐标轴平移下点坐标变换公式为

$$\boldsymbol{Y} = \boldsymbol{Y}^* + \boldsymbol{Y}_0, \quad \text{其中 } \boldsymbol{Y}_0 = [x_0, y_0, z_0]^{\mathrm{T}}.$$

在此变换下,由(6.4)得

$$\overline{\boldsymbol{B}} = \begin{bmatrix} \boldsymbol{A} & \boldsymbol{A}\boldsymbol{Y}_0 + \boldsymbol{\alpha} \\ \boldsymbol{Y}_0^{\mathrm{T}}\boldsymbol{A} + \boldsymbol{\alpha}^{\mathrm{T}} & \boldsymbol{Y}_0^{\mathrm{T}}\boldsymbol{A}\boldsymbol{Y}_0 + 2\boldsymbol{\alpha}^{\mathrm{T}}\boldsymbol{Y}_0 + a_{44} \end{bmatrix}.$$

记 $\boldsymbol{\alpha}^* = \boldsymbol{A}\boldsymbol{Y}_0 + \boldsymbol{\alpha}$, $a_{44}^* = \boldsymbol{Y}_0^{\mathrm{T}}\boldsymbol{A}\boldsymbol{Y}_0 + 2\boldsymbol{\alpha}^{\mathrm{T}}\boldsymbol{Y}_0 + a_{44}$.直接计算得

$$\alpha^* = \begin{bmatrix} a_{11}x_0 + a_{12}y_0 + a_{13}z_0 + a_{14} \\ a_{12}x_0 + a_{22}y_0 + a_{23}z_0 + a_{24} \\ a_{13}x_0 + a_{23}z_0 + a_{33}z_0 + a_{34} \end{bmatrix}, \quad a_{44}^* = F(x_0, y_0).$$

因此

$$\begin{aligned} a_{ij}^* &= a_{ij} \qquad (1 \leqslant i,\ j \leqslant 3); \\ a_{14}^* &= a_{11}x_0 + a_{12}y_0 + a_{13}z_0 + a_{14} =: F_1(x_0, y_0); \\ a_{24}^* &= a_{12}x_0 + a_{22}y_0 + a_{23}z_0 + a_{24} =: F_2(x_0, y_0); \\ a_{34}^* &= a_{13}x_0 + a_{23}y_0 + a_{33}z_0 + a_{34} =: F_3(x_0, y_0). \end{aligned}$$

令 $\quad F_4(x_0, y_0) = a_{14}x_0 + a_{24}y_0 + a_{34}z_0 + a_{44}$,这样有

$$a_{44}^* = F(x_0, y_0) = x_0F_1 + y_0F_2 + z_0F_3 + F_4.$$

(i) 当 $I_3 = I_4 = 0$ 时,则 $\overline{\boldsymbol{A}}$ 的秩 $r(\overline{\boldsymbol{A}}) \leqslant 3$,于是 $\overline{\boldsymbol{A}}$ 的伴随矩阵 $\overline{\boldsymbol{A}}^*$ 的秩 $r(\overline{\boldsymbol{A}}^*) \leqslant 1$.

若 $r(\overline{\boldsymbol{A}}^*) = 0$,则 $\overline{\boldsymbol{A}}^* = 0$.于是 $\overline{\boldsymbol{A}}_{ij} = 0(1 \leqslant i, j \leqslant 4)$,其中 $\overline{\boldsymbol{A}}_{ij}$ 是 $\overline{\boldsymbol{A}}$ 的第 i 行、第 j 列位置元素的代数余子式.

若 $r(\overline{\boldsymbol{A}}^*) = 1$,则 $\overline{\boldsymbol{A}}^*$ 的各行对应位置元素均成比例.又 $\overline{\boldsymbol{A}}_{44} = I_3 = 0$,故 $\overline{\boldsymbol{A}}_{14} = \overline{\boldsymbol{A}}_{24} = \overline{\boldsymbol{A}}_{34} = 0$.总之

$$\overline{\boldsymbol{A}}_{14} = \overline{\boldsymbol{A}}_{24} = \overline{\boldsymbol{A}}_{34} = \overline{\boldsymbol{A}}_{44} = 0. \tag{6.5}$$

下面计算 K_2^*,由 K_2 定义得

$$K_2 = \overline{\boldsymbol{A}}_{11} + \overline{\boldsymbol{A}}_{22} + \overline{\boldsymbol{A}}_{33}.$$

则 $K_2^* = \overline{\boldsymbol{A}}_{11}^* + \overline{\boldsymbol{A}}_{22}^* + \overline{\boldsymbol{A}}_{33}^*$.其中 $\overline{\boldsymbol{A}}_{ii}^*(i = 1, 2, 3)$ 为 $\overline{\boldsymbol{A}}$ 的第 i 行、第 i 列位置元素的代数余子式 $\overline{\boldsymbol{A}}_{ii}$ 在坐标轴平移后所对应的量.先计算

$$\overline{\boldsymbol{A}}_{11}^* = \begin{vmatrix} a_{22}^* & a_{23}^* & a_{24}^* \\ a_{23}^* & a_{33}^* & a_{34}^* \\ a_{24}^* & a_{34}^* & a_{44}^* \end{vmatrix} = \begin{vmatrix} a_{22} & a_{23} & F_2 \\ a_{23} & a_{33} & F_3 \\ F_2 & F_3 & x_0F_1 + y_0F_2 + z_0F_3 + F_4 \end{vmatrix},$$

将上面行列式的第一列的 $-y_0$ 倍与第二列的 $-z_0$ 倍的和加到第三列,然后再将第一行的 $-y_0$ 倍与第二行的 $-z_0$ 倍加到第三行得

$$\begin{aligned} \overline{\boldsymbol{A}}_{11}^* &= \begin{vmatrix} a_{22} & a_{23} & a_{12}x_0 + a_{24} \\ a_{23} & a_{33} & a_{13}x_0 + a_{34} \\ a_{12}x_0 + a_{24} & a_{13}x_0 + a_{34} & a_{11}x_0^2 + 2a_{14}x_0 + a_{44} \end{vmatrix} \\ &= I_3x_0^2 - 2\overline{\boldsymbol{A}}_{14}x_0 + \overline{\boldsymbol{A}}_{11}. \end{aligned} \tag{6.6}$$

同理可计算得

$$\bar{A}_{22}^{*} = I_3 y_0^2 - 2\bar{A}_{24} y_0 + \bar{A}_{22}, \tag{6.7}$$

$$\bar{A}_{33}^{*} = I_3 z_0^2 - 2\bar{A}_{34} z_0 + \bar{A}_{33}. \tag{6.8}$$

由于 $\bar{A}_{14} = \bar{A}_{24} = \bar{A}_{34} = I_3 = 0$，则由(6.6)—(6.8)得，$K_2^* = K_2$.

(ii) 当 $I_2 = I_3 = I_4 = K_2 = 0$ 时，设 $\lambda_1, \lambda_2, \lambda_3$ 为 A 的所有特征值，则 $f(\lambda) = |\lambda \boldsymbol{E} - \boldsymbol{A}| = \lambda^3 - I_1\lambda^2 + I_2\lambda - I_3$，又

$$f(\lambda) = (\lambda - \lambda_1)(\lambda - \lambda_2)(\lambda - \lambda_3) = \lambda^3 - (\lambda_1 + \lambda_2 + \lambda_3)\lambda^2 + (\lambda_1\lambda_2 + \lambda_1\lambda_3 + \lambda_2\lambda_3)\lambda - \lambda_1\lambda_2\lambda_3,$$

因此 $I_1 = \lambda_1 + \lambda_2 + \lambda_3, I_2 = \lambda_1\lambda_2 + \lambda_1\lambda_3 + \lambda_2\lambda_3, I_3 = \lambda_1\lambda_2\lambda_3$.

由于 $I_3 = 0$，则 $\lambda_1, \lambda_2, \lambda_3$ 至少有一个为零，不妨设 $\lambda_3 = 0$，再由 $I_2 = 0$，得 λ_1, λ_2 至少有一个为零，不妨设 $\lambda_2 = 0$. 由命题 3.5.2 - 命题 3.5.4 知，存在正交矩阵 $\boldsymbol{C}$，使 $\boldsymbol{C}^{-1}\boldsymbol{AC} = \begin{bmatrix} \lambda_1 & & \\ & 0 & \\ & & 0 \end{bmatrix}$，因 $\boldsymbol{A} \neq 0$，则 $\lambda_1 \neq 0$，从而 $r(\boldsymbol{A}) = 1$.

可假设

$$\boldsymbol{A} = \begin{bmatrix} a & b & c \\ ka & kb & kc \\ la & lb & lc \end{bmatrix},$$

其中 $a \neq 0, ka = b, la = c$. $k, l \in \mathbf{R}$，于是直接计算得

$$\begin{aligned} K_2 &= \bar{A}_{11} + \bar{A}_{22} + \bar{A}_{33} \\ &= -a(la_{24} - ka_{34})^2 - a(la_{14} - a_{34})^2 - a(ka_{14} - a_{24})^2. \end{aligned}$$

由 $K_2 = 0, a \neq 0$ 得 $a_{24} = ka_{14}$，$a_{34} = la_{14}$. 因而

$$\bar{\boldsymbol{A}} = \begin{bmatrix} a & b & c & a_{14} \\ ka & kb & kc & ka_{14} \\ la & lb & lc & la_{14} \\ a_{14} & ka_{24} & la_{34} & a_{44} \end{bmatrix}, \tag{6.9}$$

其中 $a \neq 0, ka = b, la = c$.

下面计算 K_1^*，先计算

$$\begin{vmatrix} a_{11}^* & a_{14}^* \\ a_{14}^* & a_{44}^* \end{vmatrix} = \begin{vmatrix} a_{11} & F_1 \\ F_1 & F(x_0, y_0) \end{vmatrix},$$

将上面行列式的第一列的 $-x_0$ 倍加到第二列，然后将第一行的 $-x_0$ 倍加到第二行得

$$\begin{aligned} \begin{vmatrix} a_{11}^* & a_{14}^* \\ a_{14}^* & a_{44}^* \end{vmatrix} &= \begin{vmatrix} a_{11} & a_{12}y + a_{13}z + a_{14} \\ a_{12}y + a_{13}z + a_{14} & a_{22}y^2 + 2a_{23}yz + 2a_{24}y + a_{33}z^2 + 2a_{34}z + a_{44} \end{vmatrix} \\ &= y^2\begin{vmatrix} a_{11} & a_{12} \\ a_{12} & a_{22} \end{vmatrix} + 2yz\begin{vmatrix} a_{11} & a_{13} \\ a_{12} & a_{23} \end{vmatrix} + 2y\begin{vmatrix} a_{11} & a_{14} \\ a_{12} & a_{24} \end{vmatrix} \\ &\quad + 2z\begin{vmatrix} a_{11} & a_{14} \\ a_{13} & a_{34} \end{vmatrix} + z^2\begin{vmatrix} a_{11} & a_{13} \\ a_{13} & a_{33} \end{vmatrix} + \begin{vmatrix} a_{11} & a_{14} \\ a_{14} & a_{44} \end{vmatrix} \end{aligned}$$

$$= \begin{vmatrix} a_{11} & a_{14} \\ a_{14} & a_{44} \end{vmatrix}, \tag{6.10}$$

其中最后一个等式用到了 $\bar{A}$ 的表达式(6.9),同理可以计算

$$\begin{vmatrix} a_{22}^* & a_{24}^* \\ a_{24}^* & a_{44}^* \end{vmatrix} = \begin{vmatrix} a_{22} & a_{24} \\ a_{24} & a_{44} \end{vmatrix}, \tag{6.11}$$

$$\begin{vmatrix} a_{33}^* & a_{34}^* \\ a_{34}^* & a_{44}^* \end{vmatrix} = \begin{vmatrix} a_{33} & a_{34} \\ a_{34} & a_{44} \end{vmatrix}. \tag{6.12}$$

由(6.10)-(6.12)得 $K_1^* = K_1$,从而结论得证. □

附录二　矩阵与行列式

本附录中我们简单介绍有关线性方程组、行列式和矩阵的知识,其中所列出的主要概念、结论都是为学习本课程所必需的.关于线性方程组、行列式和矩阵的系统理论,在高等代数中将有完整的论述.

一、矩阵

定义 1　由 mn 个数排成 m 行 n 列的表

$$\boldsymbol{A} = \begin{bmatrix} a_{11} & a_{12} & \cdots & a_{1n} \\ a_{21} & a_{22} & \cdots & a_{2n} \\ \vdots & \vdots & & \vdots \\ a_{m1} & a_{m2} & \cdots & a_{mn} \end{bmatrix}$$

叫做 m 行 n 列的矩阵,或称 $m \times n$ 矩阵.矩阵中的每个数称为矩阵的元素,也可将矩阵 $\boldsymbol{A}$ 简单地表达为 $\boldsymbol{A} = (a_{ij})_{m\times n}$,$a_{ij}$ 称为矩阵 $\boldsymbol{A}$ 的通项,其中前一个下标 i 表示所在行数,后一个下标 j 表示所在列数.行数等于列数的矩阵称为方阵,如称 $n \times n$ 矩阵为 n 阶方阵.

定义 2　给出两个矩阵 $\boldsymbol{A}$ 和 $\boldsymbol{B}$,如果它们具有相同的行数和列数,并且对应相同下标的元素相同,则这两个矩阵称为相等矩阵,并记做 $\boldsymbol{A} = \boldsymbol{B}$.也即,如果设 $\boldsymbol{A} = (a_{ij})_{m\times n}$,$\boldsymbol{B} = (b_{ij})_{m\times n}$,则 $\boldsymbol{A} = \boldsymbol{B}$ 当且仅当 $a_{ij} = b_{ij}$ 对于任何 i, j.

定义 3　将 $m \times n$ 矩阵

$$\boldsymbol{A} = \begin{bmatrix} a_{11} & a_{12} & \cdots & a_{1n} \\ a_{21} & a_{22} & \cdots & a_{2n} \\ \vdots & \vdots & & \vdots \\ a_{m1} & a_{m2} & \cdots & a_{mn} \end{bmatrix}$$

的第 i 行变成第 i 列,第 j 列变成第 j 行后得到的 $n \times m$ 矩阵

$$A^{\mathrm{T}} = \begin{bmatrix} a_{11} & a_{21} & \cdots & a_{m1} \\ a_{12} & a_{22} & \cdots & a_{m2} \\ \vdots & \vdots & & \vdots \\ a_{1n} & a_{2n} & \cdots & a_{mn} \end{bmatrix}$$

称为 A 的转置矩阵.即,如果设 $\boldsymbol{A}^{\mathrm{T}} = (b_{ij})_{n\times m}$,则有 $b_{ij} = a_{ji}$.

定义 4 (矩阵乘法)给出两个矩阵 A 和 B,如果 A 的列数和 B 的行数相同,则可定义矩阵 $\boldsymbol{A}$ 和 $\boldsymbol{B}$ 的乘积,记为 $\boldsymbol{AB}$.其定义如下,设 $\boldsymbol{A} = (a_{ij})_{m\times n}$,$\boldsymbol{B} = (b_{ij})_{n\times t}$,则

$$\boldsymbol{AB} = (c_{ij})_{m\times t}, \quad 其中\ c_{ij} = \sum_{k=1}^{n} a_{ik}b_{kj}.$$

二、行列式及其基本性质

二阶、三阶行列式是本书中经常会碰到的,它们的定义如下

$$\begin{vmatrix} a_{11} & a_{12} \\ a_{21} & a_{22} \end{vmatrix} = a_{11}a_{22} - a_{12}a_{21},$$

$$\begin{vmatrix} a_{11} & a_{12} & a_{13} \\ a_{21} & a_{22} & a_{23} \\ a_{31} & a_{32} & a_{33} \end{vmatrix} = a_{11}a_{22}a_{33} + a_{12}a_{23}a_{31} + a_{13}a_{21}a_{32} - a_{13}a_{22}a_{31} - a_{11}a_{23}a_{32} - a_{12}a_{21}a_{33}.$$

形式上二阶、三阶行列式也分别由2行2列、3行3列的元数构成,但它们与2×2、3×3矩阵是不同的概念.二阶、三阶行列式都是由它们的元数经过一些代数运算所得的数.下面我们将给出高阶行列式的定义.

定义 5 由 n 个数 $1,2,\cdots,n$ 按一定的顺序排成一有序数组 $j_1,j_2,\cdots,j_n$ 称为一个 n 阶排列.

定义 6 在一个排列 $j_1,j_2,\cdots,j_n$ 中,如果有一对数 j_i,j_k,$i<k$,但 $j_i>j_k$,则称这对数构成了排列的一个逆序.一个排列 $j_1,j_2,\cdots,j_n$ 中所有逆序的总个数称为该排列的逆序数,记为 $\tau(j_1j_2\cdots j_n)$.逆序数为偶数的排列称为偶排列,逆序数为奇数的排列称为奇排列.

定义 7 给定一 n 阶方阵

$$\boldsymbol{A} = \begin{bmatrix} a_{11} & a_{12} & \cdots & a_{1n} \\ a_{21} & a_{22} & \cdots & a_{2n} \\ \vdots & \vdots & & \vdots \\ a_{n1} & a_{n2} & \cdots & a_{nn} \end{bmatrix},$$

与之对应的一个数,记为

$$|\boldsymbol{A}| = \begin{vmatrix} a_{11} & a_{12} & \cdots & a_{1n} \\ a_{21} & a_{22} & \cdots & a_{2n} \\ \vdots & \vdots & & \vdots \\ a_{m1} & a_{m2} & \cdots & a_{mn} \end{vmatrix},$$

叫做矩阵 $\boldsymbol{A}$ 的行列式，简称 n 阶行列式，其中数 $|\boldsymbol{A}|$ 定义为

$$|\boldsymbol{A}| = \sum_{j_1 j_2 \cdots j_n} (-1)^{\tau(j_1 j_2 \cdots j_n)} a_{1j_1} a_{2j_2} \cdots a_{nj_n},$$

这里 $\sum$ 表示对所有 n 阶排列 $j_1, j_2, \cdots, j_n$ 求和.

在 n 阶行列式中任取一元素 a_{ij}，将此元素所在的第 i 行与第 j 列划去，余下来的一个 $n-1$ 阶行列式称为元素 a_{ij} 的余子式，记为 M_{ij}. 而 $(-1)^{i+j}M_{ij}$ 称为元素 a_{ij} 的代数余子式，记为 $\boldsymbol{A}_{ij}$.

下面我们将给出有关行列式的基本性质，其证明读者可参考高等代数一书.

性质 1 $|\boldsymbol{A}^{\mathrm{T}}| = |\boldsymbol{A}|$.

性质 2 把行列式的两行(或两列)对调，所得行列式与原行列式相差一个符号.

性质 3 把行列式的某一行(或一列)的所有元素同乘以某个数 k，等于用数 k 乘以原行列式.

推论 行列式的某一行(或一列)的所有元素全是零，则该行列式等于零.

性质 4 把行列式的某一行(或一列)的所有元素同乘以某个数 k，加到另一行(或另一列)的对应元素上，则所得行列式与原行列式相等.

性质 5 如果行列式某两行(或两列)的对应元素成比例，则行列式为零.

性质 6 行列式等于它的任意一行(或一列)的所有元素与它们各自对应的代数余子式的乘积之和.

注: 根据定义来计算高阶行列式，其计算量非常大，通常运用行列式性质将会使高阶行列式的计算变得简单.

例 1 证明 $\begin{vmatrix} x_2-x_1 & y_2-y_1 & z_2-z_1 \\ x_3-x_1 & y_3-y_1 & z_3-z_1 \\ x_4-x_1 & y_4-y_1 & z_4-z_1 \end{vmatrix} = -\begin{vmatrix} x_1 & y_1 & z_1 & 1 \\ x_2 & y_2 & z_2 & 1 \\ x_3 & y_3 & z_3 & 1 \\ x_4 & y_4 & z_4 & 1 \end{vmatrix}$.

证明

$$\begin{vmatrix} x_1 & y_1 & z_1 & 1 \\ x_2 & y_2 & z_2 & 1 \\ x_3 & y_3 & z_3 & 1 \\ x_4 & y_4 & z_4 & 1 \end{vmatrix} = \begin{vmatrix} x_1 & y_1 & z_1 & 1 \\ x_2-x_1 & y_2-y_1 & z_2-z_1 & 0 \\ x_3-x_1 & y_3-y_1 & z_3-z_1 & 0 \\ x_4-x_1 & y_4-y_1 & z_4-z_1 & 0 \end{vmatrix}$$

$$= -\begin{vmatrix} x_2-x_1 & y_2-y_1 & z_2-z_1 \\ x_3-x_1 & y_3-y_1 & z_3-z_1 \\ x_4-x_1 & y_4-y_1 & z_4-z_1 \end{vmatrix}.$$

三、线性方程组

一般的线性方程组是指下面 m 个 n 元一次方程组

$$\begin{cases} a_{11}x_1 + \cdots + a_{1n}x_n = b_1 \\ \qquad \vdots \\ a_{m1}x_1 + \cdots + a_{mn}x_n = b_m \end{cases}. \tag{6.13}$$

我们把上面方程组的系数所组成的矩阵

$$\boldsymbol{A}=\begin{bmatrix}a_{11} & a_{12} & \cdots & a_{1n}\\ a_{21} & a_{22} & \cdots & a_{2n}\\ \vdots & \vdots & & \vdots\\ a_{m1} & a_{m2} & \cdots & a_{mn}\end{bmatrix}$$

称为该方程组的系数矩阵,把这些系数和方程右边的常数项所组成的矩阵

$$\boldsymbol{B}=\begin{bmatrix}a_{11} & \cdots & a_{1n} & b_1\\ a_{21} & \cdots & a_{2n} & b_2\\ \vdots & \vdots & & \vdots\\ a_{m1} & \cdots & a_{mn} & b_n\end{bmatrix}$$

称为该方程组的增广矩阵.

上面方程组也可写成矩阵的形式

$$\begin{bmatrix}a_{11} & a_{12} & \cdots & a_{1n}\\ a_{21} & a_{22} & \cdots & a_{2n}\\ \vdots & \vdots & & \vdots\\ a_{m1} & a_{m2} & \cdots & a_{mn}\end{bmatrix}\begin{bmatrix}x_1\\ x_2\\ \vdots\\ x_n\end{bmatrix}=\begin{bmatrix}b_1\\ b_2\\ \vdots\\ b_m\end{bmatrix}. \tag{6.14}$$

我们下面讨论 $m=n$ 的情形,即系数矩阵 A 为 n 阶方阵.此时我们有下面的克莱姆(Gramer)法则,其证明读者可参考高等代数一书.

克莱姆(Gramer)法则

(1) 如果 $D=|A|\neq 0$,线性方程组(6.13)有唯一解

$$x_1=\frac{D_1}{D},x_2=\frac{D_2}{D},\cdots,x_n=\frac{D_n}{D},$$

其中 D_i 是将行列式 $|A|$ 中第 i 列用常数列 $\begin{bmatrix}b_1\\ b_2\\ \vdots\\ b_m\end{bmatrix}$ 替换所得到的行列式.

(2) 如果 $b_1=b_2=\cdots=b_n=0$,方程组(6.13)为齐次方程组,齐次方程组有非零解的充要条件是它的系数行列式 $|A|=0$.

例 2 解线性方程组

$$\begin{cases}x_1+x_2+x_3=a,\\ \quad x_2+x_3=b,\\ \quad x_2+2x_3=c.\end{cases}$$

解 计算三阶行列式

$$D=\begin{vmatrix}1 & 1 & 1\\ 0 & 1 & 1\\ 0 & 1 & 2\end{vmatrix}=\begin{vmatrix}1 & 1 & 1\\ 0 & 1 & 1\\ 0 & 0 & 1\end{vmatrix}=1\neq 0.$$

而

$$D_1 = \begin{vmatrix} a & 1 & 1 \\ b & 1 & 1 \\ c & 1 & 2 \end{vmatrix} = \begin{vmatrix} a-b & 0 & 0 \\ b & 1 & 1 \\ c & 1 & 2 \end{vmatrix} = a - b,$$

$$D_2 = \begin{vmatrix} 1 & a & 1 \\ 0 & b & 1 \\ 0 & c & 2 \end{vmatrix} = 2b - c,$$

$$D_3 = \begin{vmatrix} 1 & 1 & a \\ 0 & 1 & b \\ 0 & 1 & c \end{vmatrix} = c - b.$$

根据克莱姆(Gramer)法则,可得

$$x_1 = \frac{D_1}{D} = a - b,$$

$$x_2 = \frac{D_2}{D} = 2b - c,$$

$$x_3 = \frac{D_3}{D} = c - b.$$

附录三　几何基础简介

几何学的研究对象是图形,在研究这些图形时必然要用到人们的空间直观性.可是直观性也有缺乏客观性的情况,因此在明确地规定了定义和公理的基础上,排除直观,建立纯粹的合乎逻辑的几何学的思想,在古希腊时代就已经开始了.欧几里得的《几何原本》就是在这种思想的指导下完成的.虽然长期以来,《几何原本》被视为完善的逻辑体系的典范,但是随着时代的进步,人们注意到《几何原本》中的逻辑性存在许多缺陷.一个简单例子是《几何原本》第1卷命题16:

三角形的任意一个外角大于任何一个不相邻的内角.

证明　如图1,设 ABC 是一个三角形,延长 BC 到 D,则可证外角 $\angle ACD$ 大于内对角 $\angle CBA$、$\angle BAC$ 的任何一个.设 AC 被 E 点平分,连 BE 并延长至 F,使 EF 等于 BE,连 FC,延长 AC 至 G.易证三角形 ABE 全等于三角形 CFE,所以角 $\angle BAE$ 等于 $\angle ECF$,因 $\angle ECD$ 大于 $\angle ECF$,故 $\angle ACD$ 大于 $\angle BAE$.类似地,可证明 $\angle ACD$ 大于 $\angle ABC$. □

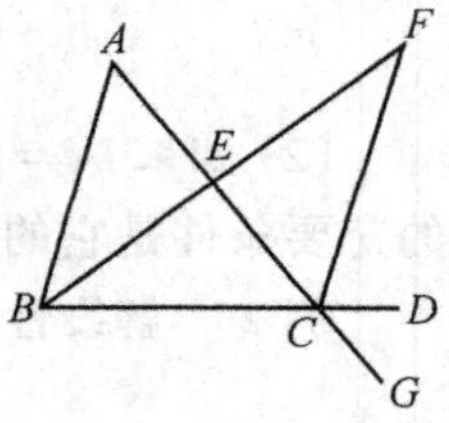

图 1

这个证明貌似逻辑严密,其实它在很大程度上依赖了直观性,问题出在"$\angle ECD$ 大于 $\angle ECF$",理论依据何在?根据公理5,整体大于部分.何谓整体?难道只许把 $\angle ECD$ 视为整体,就不准把 $\angle ECF$ 作整体吗?

这个例子说明了直观性缺乏客观性,更暴露出《几何原本》的公理体系本身的不完备.而且这样的例子在几何原本中可谓比比皆是.到19世纪后半叶,许多数学家提出了可用以代替《几何原本》公理体系的在逻辑上完善的公理体系.其中,希尔伯特提出的公理体系是考虑最周到的.希尔伯特为欧几里得几何学给出的公理体系——《几何基础》

出版后，立即引起了整个数学界的关注，并视为一部经典的著作．希尔伯特上述工作的意义远超出了几何基础的范围，以希尔伯特的工作为先导，在 20 世纪初，在数学的各个领域，形成了所谓的公理化运动，使公理化方法渗透到数学的各种理论中．公理化运动不仅使许多旧的和新的数学分支的逻辑基础得以建立，而且也确立了每个分支的数学基础．从这个意义上，我们说希尔伯特是现代公理化方法的奠基人．

1．公理法简介

公理法的内容由四个方面组成．

(1) 基本概念

基本概念是不加以定义的原始概念，它是一切定义的基础．基本概念包括“基本元素”和“基本关系”．欧氏几何的基本元素是“点”、“直线”和“平面”，基本关系有“结合关系”、“顺序关系”、“合同关系”等等．

(2) 定义

定义是揭示某个概念的本质属性，以区别于其他概念．从开始定义的一些原始概念出发，可以定义一些新的概念．在严格的逻辑演绎体系里，除了基本概念，其他的概念都必须由定义给出．

(3) 公理

所谓公理，就是作为该理论的逻辑论证的基础，而本身不加证明的命题．用公理法建立一个数学理论系统时，最重要的问题是确定该理论的公理系统．公理系统由若干条公理给出．

(4) 定理的叙述与证明

从原始概念、定义和公理出发，经逻辑推理可以证明的命题是定理．从定义、公理和已知的定理出发又可以证明新的定理，由此形成了一套数学理论．

在希尔伯特的《几何基础》中，他首次精确地提出公理体系应有相容性、独立性和完备性这三个基本问题．

(1) 相容性

一个公理体系的公理以及由此导出的所有命题，不会发生任何矛盾．这就是公理体系的相容性，也称为和谐性或无矛盾性．任何公理体系都必须是相容的，否则就不能成为公理体系．

(2) 独立性

独立性就是要求公理体系中的每一条公理都是独立的，即每一条公理都不是由其他的公理推导出来的．独立性使公理体系中的公理个数最少．严格地说，每个公理体系应当包含最少的公理．但是，有的时候，为了使系统更为简单明确，有的系统放弃了这个要求．因此，通常不将独立性作为公理体系的必要条件．

(3) 完备性

一个公理体系允许有不同的模型．如果所有的模型都是同构的，则称这个公理体系是完备的体系．所谓同构就是指两个模型的所有元素之间有一一对应关系，基本关系之间也有一一对应的关系，而且元素间的关系也构成对应．

2．欧氏几何公理体系

空间内的点、直线、平面是欧氏几何的基本对象．我们分别以 $A, B, C, \cdots$ 表示点，以

$a,b,c,\cdots$ 表示直线,以 $\alpha,\beta,\gamma,\cdots$ 表示平面.为了叙述方便,当我们说两点、三直线、四平面时,指的是互异的点、直线、平面.下面我们将按照希尔伯特的《几何基础》(第七版)(1930 年)来叙述欧氏几何公理体系.这里我们将连续公理中的第二个公理(完备公理)换为比较容易理解的康托公理.

下面是希尔伯特的五组二十条公理表.

第一组　结合公理

Ⅰ-1　通过任意给定的两点有一直线.

Ⅰ-2　通过任意给定的两点至多有一条直线.

Ⅰ-3　每一直线上至少有两点;至少有三点不同在一直线上.

Ⅰ-4　通过任意给定的不共线三点有一平面;每一平面上至少有一点.

Ⅰ-5　至多有一平面通过任意给定的不共线三点.

Ⅰ-6　若直线 a 的两点 A,B 在平面 α 上,则 a 上所有点都在平面 α 上.这时直线 a 称为在平面 α 上,或平面 α 通过或含有直线 a.

Ⅰ-7　若两平面有一公共点,则至少还有一公共点.

Ⅰ-8　至少有四点不同在一平面上.

第二组　顺序公理

Ⅱ-1　若点 B 介于两点 A,B 之间,则 A,B,C 是一直线上的互异点,且 B 也介于 C,A 之间.

Ⅱ-2　对于任意两点 A,B,直线 AB 上至少有一点 C 存在,使得 B 介于 A,C 之间.

Ⅱ-3　在共线三点中,一点介于其他两点的情况不多于一次.

Ⅱ-4　(帕须公理)设 A,B,C 是不共线三点,a 是平面 ABC 上不通过 A,B,C 中任一点的一直线,则若 a 上有一点介于 A,B 之间,那么 a 上必还有一点介于 A,C 或 B,C 之间.

第三组　合同公理

Ⅲ-1　设 A,B 为一直线 a 上两点,A' 为同一或另一直线 a' 上的点,则在 a' 上一点 A' 的给定一侧有且只有一点 B' 使线段 AB 合同于或等于线段 $A'B'$:$AB = A'B'$.并且对于每一线段,要求 $AB = BA$.

Ⅲ-2　设线段 $A'B' = AB, A''B'' = AB$,则也有 $A'B' = A''B''$.

Ⅲ-3　设 AB 和 BC 是直线 a 上没有公共内点的两线段,而 $A'B'$ 和 $B'C'$ 是同一或另一直线 a' 上两线段,也没有公共内点.如果这时有 $AB = A'B', BC = B'C'$,则也有 $AC = A'C'$.

Ⅲ-4　在平面 α 上给定角 $\angle(h,k)$,其中 h,k 是平面 α 上从 O 点出发的两射线,在同一或另一平面 α' 上给定直线 a',而且在平面 α' 上指定了关于直线 a' 的一侧.设 h' 是直线 a' 上以一点 O' 为原点的射线.那么在平面 α' 上直线 a' 的指定一侧,有且仅有一条以 O' 为原点的射线 k' 使得 $\angle(h,k) = \angle(h',k')$.每个角都要求与自身合同,即 $\angle(h,k) = \angle(h,k)$ 以及 $\angle(h,k) = \angle(k,h)$.

Ⅲ-5　设 A,B,C 是不共线三点,而 A',B',C' 也是不共线三点.如果这时有

$$AB = A'B', AC = A'C', \angle BAC = \angle B'A'C',$$

那么也就有

$$\angle ABC = \angle A'B'C', \angle ACB = \angle A'C'B'.$$

第四组　　连续公理

Ⅳ-1　(阿基米得公理)设 AB 和 CD 是任二线段,那么在直线 AB 上存在着有限个点 $A_1, A_2, \cdots, A_n$,排成如下次序:A_1 介于 A 和 A_2 之间,A_2 介于 A_1 和 A_3 之间,以下类推,并且线段 $AA_1, A_1A_2, \cdots, A_{n-1}A_n$ 都合同于线段 CD,而且 B 介于 A 和 A_n 之间(如图 2).

图 2

Ⅳ-2　(康托公理)设在一直线 a 上有一个由线段组成的无穷序列 $A_1B_1, A_2B_2, \cdots$,其中在后面的每一段都包含在前一个线段的内部,并且任意给定一线段,总有一下标 n 使得线段 A_nB_n 比它小. 那么在直线 a 上存在一点 X 落在每个线段 $A_1B_1, A_2B_2, \cdots$ 的内部(图 3).

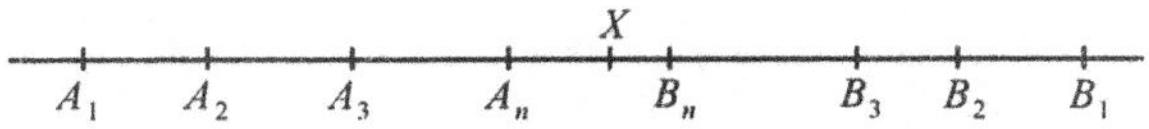

图 3

第五组　　平行公理

Ⅴ　通过直线外一点至多可引一直线平行于该直线.

注:在以上公理表中有些词句的意义(例如线段、线段的内点、一直线在其上某点的指定一侧,等等),我们没有一一给出,它们可以用"介于"的概念解释清楚.

由公理组 Ⅰ-Ⅳ 及其推论构成的几何称为绝对几何. 因此 Ⅰ-Ⅳ 是绝对几何公理体系. 在绝对几何中,中学几何课本中的很多命题成立,但是也有许多命题在绝对几何中不能证明. 例如,命题"三角形的任意一个外角大于任何一个不相邻的内角"在绝对几何中成立,但是绝对几何不能肯定"外角等于不相邻的两个内角之和",因而不能得出"三角形的内角之和等于两个直角"这一重要命题. 实际上,这样的命题都与平行线有关. 如果在绝对几何的公理体系上增加一条新的公理 —— 平行公理 Ⅴ,就构成了欧氏几何公理体系,那么上述问题就完全解决了.

3. 非欧几何公理体系

正如第五章的介绍,非欧几何是在人们力图证明欧氏平行公理 Ⅴ 的努力失败后产生的. 保留欧氏几何学的前四组公理,将其第五组公理换成罗巴切夫斯基的平行公理,就构成了非欧的罗巴切夫斯基几何学的公理体系. 即绝对几何学的公理体系加上罗巴切夫斯基平行公理,就构成罗巴切夫斯基几何的公理体系. 因此,绝对几何学的全部定理在罗巴切夫斯基几何中成立,只有那些必须用罗巴切夫斯基平行公理才能推出的结论才真正反映了罗巴切夫斯基几何学的特征.

罗巴切夫斯基平行公理 V^*　在平面上通过直线外一点,至少有两条直线与已知直线不相交.

下面列举几个与欧氏几何命题明显不同的罗巴切夫斯基几何的命题作为例子.

(1)一平面上两条不相交的直线被第三条直线所截,同位角(或内错角)不一定相等.

(2) 三角形内角和小于两个直角.

(3) 不存在相似而不全等的三角形.

(4) 三角形的三条高不一定交于一点.

欧氏平行公理与罗氏平行公理的差别在于过直线外一点是"存在唯一一条直线"还是"至少有两条直线"与已知直线不相交. 显然还有第三种可能,即"不存在直线"与已知直线不相交. 用第三种可能作为一条公理代替欧氏平行公理或罗氏平行公理,这样建立起来的几何学就是所谓的(狭义的)黎曼几何(或椭球几何)(在平面情形,在第五章中,我们称之为椭圆几何).

黎曼平行公理 $\tilde{\mathrm{V}}$ 通过直线外一点,不存在直线与已知直线不相交.

绝对几何学的公理体系添加黎曼平行公理 $\tilde{\mathrm{V}}$,就构成狭义的黎曼几何公理体系,用它们建立起来的几何体系叫做(狭义的) **黎曼几何**. 在黎曼几何中,三角形内角和大于两直角.

习题解答

第 1 章

1.1 习题

1. $\overrightarrow{OA}=\overrightarrow{EF},\overrightarrow{OB}=\overrightarrow{FA},\overrightarrow{OC}=\overrightarrow{AB},\overrightarrow{OD}=\overrightarrow{BC},\overrightarrow{OE}=\overrightarrow{CD},\overrightarrow{OF}=\overrightarrow{DE}$.

3(1)$\boldsymbol{a}\perp\boldsymbol{b}$;(2)$\boldsymbol{a}\parallel\boldsymbol{b}$;(3)$\boldsymbol{a}$与$\boldsymbol{b}$同向;(4)$\boldsymbol{a}$与$\boldsymbol{b}$同向;(5)$\boldsymbol{a}\parallel\boldsymbol{b}$,方向相反;(6)$\boldsymbol{a}\parallel\boldsymbol{b}$,方向相反.**5**. 提示:利用$\overrightarrow{OA}=\overrightarrow{OP}+\overrightarrow{PA}$.**6**. 提示:先讨论 n 为偶数情形,当 n 为奇数时则可插入相同个数个点来讨论.**7**. 提示: 利用上题结果.**8**. $\overrightarrow{OM}=\frac{1}{3}(\overrightarrow{OA}+\overrightarrow{OB}+\overrightarrow{OC})$.**9**. 提示:设 E 为角 A 的角平分线与边 BC 的交点,由$\frac{|BE|}{|EC|}=\frac{|AB|}{|AC|},\frac{|AD|}{|DE|}=\frac{|AB|}{|BE|}$,和$\overrightarrow{OD}=\overrightarrow{OA}+\overrightarrow{AD}$可推得.**10**. $\frac{|\boldsymbol{e}_1|\boldsymbol{e}_2+|\boldsymbol{e}_2|\boldsymbol{e}_1}{||\boldsymbol{e}_1|\boldsymbol{e}_2+|\boldsymbol{e}_2|\boldsymbol{e}_1|}$.**11**. $\overrightarrow{OP}=\frac{1}{3}(\overrightarrow{OA}+\overrightarrow{OB}+\overrightarrow{OC})$. **13**. 不共线.**14**. (1) 共面;(2) 共面;(3) 不共面.

1.2 习题

1. $\overrightarrow{AP}=\frac{1}{2}\boldsymbol{e}_1+\boldsymbol{e}_2-\frac{1}{2}\boldsymbol{e}_3,\overrightarrow{FD}=-\frac{1}{2}\boldsymbol{e}_1+\boldsymbol{e}_2+\frac{1}{2}\boldsymbol{e}_3$.**2**. $\boldsymbol{r}_1-\boldsymbol{r}_2+\boldsymbol{r}_3;\frac{1}{2}\boldsymbol{r}_1+\frac{1}{2}\boldsymbol{r}_3$.**3**. $\{0,-8,-2\}$.**4**. 关于 Oxy 面的对称点为$(1,2,3)$;关于 Oxz 面的对称点为$(1,-2,-3)$;关于 Oyz 面的对称点为$(-1,2,-3)$;关于 x 轴的对称点为$(1,-2,3)$;关于 y 轴的对称点为$(-1,2,3)$;关于 z 轴的对称点为$(-1,-2,-3)$;关于原点的对称点为$(-1,-2,3)$.**5**.(1) 不共面;(2) 共面.**6**. $A(-1,-2,1),B(5,4,1)$.

1.3 习题

2. (1)$2\sqrt{2}$;(2) -3. **3**. (1) $|\boldsymbol{p}|=10$;(2) $-\frac{3}{2}$;(3) -6;(4) $\frac{\pi}{3}$;(5) $\frac{7}{3}$;(6) 15, $\arccos\frac{5}{2\sqrt{133}}$. **7**. (1)$|AB|=\sqrt{2},|AC|=3,|BC|=\sqrt{3}$;(2)$\angle A=\arccos\frac{2\sqrt{2}}{3},\angle B=\arccos-\frac{\sqrt{2}}{\sqrt{3}},\angle C=\arccos\frac{5\sqrt{3}}{9}$; (3) $\left|\overrightarrow{AB}+\frac{1}{2}\overrightarrow{BC}\right|=\frac{\sqrt{19}}{2}$, $\left|\overrightarrow{BC}+\frac{1}{2}\overrightarrow{CA}\right|=\frac{1}{2}$, $\left|\overrightarrow{CA}+\frac{1}{2}\overrightarrow{AB}\right|=\frac{\sqrt{22}}{2}$;(4) $\frac{\overrightarrow{AD}}{|\overrightarrow{AD}|}=\frac{1}{2\sqrt{9+6\sqrt{2}}}(\sqrt{2},\ 2\sqrt{2}+3,\ 2\sqrt{2}+3)$,

(5) $\frac{1}{\sqrt{2}+\sqrt{3}+3}(\sqrt{2},\ 2\sqrt{2}+3,\ 2\sqrt{2}+3)$.

9. 设 O 为外接圆圆心,利用$\overrightarrow{OA_1}+\overrightarrow{OA_2}+\cdots+\overrightarrow{OA_n}=\mathbf{0}$.

1.4 习题

1.(1) $\sqrt{3}$, (2)12. **2**. $2\boldsymbol{i}+\boldsymbol{k}$. **4**. (1) $\frac{1}{2}\sqrt{14}$, (2) $\frac{1}{2}\sqrt{\frac{14}{5}},\frac{1}{2}\sqrt{\frac{14}{10}},\frac{1}{2}\sqrt{\frac{14}{27}}$. **7**.

$(1-\cos\theta)\overrightarrow{OB}\cdot\overrightarrow{OA}\dfrac{\overrightarrow{OA}}{|\overrightarrow{OA}|}+\cos\theta\overrightarrow{OB}+\dfrac{\sin\theta}{|\overrightarrow{OA}|}\overrightarrow{OA}\times\overrightarrow{OB}$

1.5 习题

2. (1) 共面；(2) 不共面，$\frac{1}{6}$，$\frac{\sqrt{3}}{3}$；(3) 不共面，$\frac{58}{3}$，$\frac{29}{7}$. **4**. (1) -7；(2)$(-46,\ 29,\ -12)$；(3)$(-7,\ 7,\ 7)$.

第 2 章

2.1 习题

1. (1) $\sqrt{(x+2)^2+(y+2)^2}-\sqrt{(x-2)^2+(y-2)^2}=2$； (2) 取直角坐标系 Oxy，开始时 P 在原点，参数方程为$\begin{cases}x=a(\theta-\sin\theta),\\ y=a(1-\cos\theta)\end{cases}$，$-\infty<\theta<\infty$，普通方程为：$x=a\arccos\dfrac{a-y}{a}-\sqrt{2ay-y^2}$；(3) 取直角坐标系 Oxy，以大圆中心为原点，开始时 P 在 x 轴的正半轴，参数方程为

$$\begin{cases}x=(a-b)\cos\theta+b\cos\dfrac{a-b}{b}\theta,\\ y=(a-b)\sin\theta-b\sin\dfrac{a-b}{b}\theta\end{cases},\ -\infty<\theta<\infty;$$

(4) 取直角坐标系 Oxy，以圆中心为原点，设圆的半径为 R，开始时 P 在 x 轴正半轴，参数方程为$\begin{cases}x=R(\cos\theta+\theta\sin\theta),\\ y=R(\sin\theta-\theta\cos\theta)\end{cases}$，$-\infty<\theta<\infty$；(5) 取直角坐标系 Oxy，以圆中心为原点，开始时 P 在 x 轴正半轴，θ 为动圆中心的径向量与 x 轴正半轴的有向角。参数方程为

$$\begin{cases}x=(a+b)\cos\theta-b\cos\left(\dfrac{a+b}{b}\right)\theta,\\ y=(a+b)\sin\theta-b\sin\left(\dfrac{a+b}{b}\right)\theta.\end{cases}$$

2. (1) 设两点为(a_1,a_2,a_3)，(b_1,b_2,b_3)，常数为 λ，方程为

$(x-a_1)^2+(y-a_2)^2+(z-a_3)^2=\lambda^2((x-b_1)^2+(y-b_2)^2+(z-b_3)^2)$；

(2) $\sqrt{(x-a_1)^2+(y-a_2)^2+(z-a_3)^2}\pm\sqrt{(x-b_1)^2+(y-b_2)^2+(z-b_3)^2}=C$；(3)$1-2(x+y)=(x-y)^2$；(4)$(x-4)^2+y^2+(z-1)^2=1$；(5)$\begin{cases}|x|=|y|\\ |y|=|z|\end{cases}$；(6)$\begin{cases}|x|=|y|\\ |y|=|z|\end{cases}$.

3. $\begin{cases}x=1+3\cos\theta\cos\varphi\\ x=2+3\sin\theta\cos\varphi\\ x=3\sin\varphi\end{cases}$，$0\leqslant\theta<2\pi$，$-\dfrac{\pi}{2}\leqslant\varphi\leqslant\dfrac{\pi}{2}$. **4**. (1) 圆周$\begin{cases}x^2+y^2=4\\ z=0\end{cases}$，$\begin{cases}x^2+z^2=4\\ y=0\end{cases}$，$\begin{cases}y^2+z^2=4\\ x=0\end{cases}$；(2) 椭圆$\begin{cases}x^2+2y^2=6\\ z=0\end{cases}$，双曲线$\begin{cases}x^2-4z^2=6\\ y=0\end{cases}$，双曲线

$\begin{cases}2y^2-4z^2=6\\x=0\end{cases}$；(3) 双曲线 $\begin{cases}x^2-2y^2=4\\z=0\end{cases}$，双曲线 $\begin{cases}x^2-3z^2=4\\y=0\end{cases}$；(4) 点，抛物线 $\begin{cases}x^2=z\\y=0\end{cases}$，抛物线 $\begin{cases}y^2=z\\x=0\end{cases}$；(5) 两相交直线 $\begin{cases}|x|=|y|\\z=0\end{cases}$，抛物线 $\begin{cases}x^2=z\\y=0\end{cases}$，抛物线 $\begin{cases}y^2=-z\\x=0\end{cases}$；(6) 原点 $(0,\ 0,\ 0)$，两相交直线 $\begin{cases}|x|=2|z|\\y=0\end{cases}$，两相交直线 $\begin{cases}|y|=2|z|\\x=0\end{cases}$.

5. (1) 对 Oxy 面 $x^2+y^2-x-2=0$，对 Oyz 面 $z^2+y^2-5z+4=0$，对 Oxz 面 $z=x+2$，$-1\leqslant x\leqslant 2$；

(2) 对 Oxy 面 $-5x+14y-2=0$，对 Oyz 面 $8y+5z-9=0$，对 Oxz 面 $4x+7z-11=0$；

(3) 对 Oxy 面 $x^2+2y^2+2y=0$，对 Oyz 面 $2y+2z+2=0$，$-1\leqslant y\leqslant 0$，对 Oxz 面 $x^2+2z^2+2z=0$.

6. (1) $\begin{cases}x=2z+1\\y=(z+3)^2\end{cases}$，(2) $\begin{cases}x=2y\\9x^2+z^2=9\end{cases}$.

2.2 习题

1. (1) $\begin{cases}x=u\\y=1\\z=v\end{cases}$，$y=1$；(2) $\begin{cases}x=u\\y=u\\z=v\end{cases}$，$x-y=0$；(3) $\begin{cases}x=u\\y=2u+2\\z=v\end{cases}$，$2x-y+2=0$；(4) $\begin{cases}x=3+u+v\\y=-5+6u-6v\\z=1+u+3v\end{cases}$，$12x-y-6z-35=0$. **2**. $\dfrac{x}{3}+\dfrac{y}{2}+\dfrac{z}{6}=1$，$\begin{cases}x=u\\y=v\\z=6-2u-3v\end{cases}$. **3**. 经过 $\left(\dfrac{1}{k},\ \dfrac{1}{k},\ \dfrac{1}{k}\right)$. **5**. $2x-y+z=4\pm\sqrt{6}$. **6**. $\dfrac{1}{2}\sqrt{b^2c^2+a^2c^2+a^2b^2}$. **7**. $6x+3y+2z=\pm 14$. **8**. (1) $\dfrac{14}{\sqrt{29}}$；(2) $\dfrac{\sqrt{2}}{2}$. **10**. (1) $\sqrt{5}\,|x+2y-z-5|=\sqrt{6}\,|2x-y-5|$；(2) $2x+2y+4z=1$. **11**. $\lambda=-\dfrac{Ax_1+By_1+Cz_1+D}{Ax_2+By_2+Cz_2+D}$.

2.3 习题

1. (1) 参数方程 $\boldsymbol{r}(t)=\{1+3t,3,-1-2t\}$，对称式方程 $\dfrac{x-1}{3}=\dfrac{y-3}{0}=\dfrac{z+1}{-2}$；(2) 参数方程 $\boldsymbol{r}(t)=\{2,-2+t,1\}$，对称式方程 $\dfrac{x-2}{0}=\dfrac{y+2}{1}=\dfrac{z-1}{0}$；(3) 参数方程 $\boldsymbol{r}(t)=\{1,1-t,-1+4t\}$，对称式方程 $\dfrac{x-1}{0}=\dfrac{y-1}{-1}=\dfrac{z+1}{4}$；(4) 参数方程 $\boldsymbol{r}(t)=\{1-t,t,1-3t\}$，对称式方程 $\dfrac{x-1}{-1}=\dfrac{y}{1}=\dfrac{z-1}{-3}$；(5) 参数方程 $\boldsymbol{r}(t)=\{1+t,1+\sqrt{2}t,1-t\}$，对称式方程 $\dfrac{x-1}{1}=\dfrac{y-1}{\sqrt{2}}=\dfrac{z-1}{-1}$.

2. (1) $\frac{x-\frac{12}{5}}{-7}=\frac{y+\frac{12}{5}}{2}=\frac{z}{5}$；(2) $\frac{x-1}{0}=\frac{y-\frac{1}{2}}{2}=\frac{z}{4}$；(3) $\frac{x+4}{1}=\frac{y-4}{0}=\frac{z}{3}$.

3. (1)$x+y-z=0$；(2)$11x+2y+z-9=0$；(3)$7y+z-3=0,7x+11z-5=0,-x+11y-4=0$. **4.** $\begin{cases}3x+8y=0\\ z=0\end{cases}$. **5.** (1)$(1,-1,4),(-\frac{9}{5},-\frac{12}{5},-3)$；(2)$(-1,2,1)$.

6. (1) $\frac{\sqrt{35}}{\sqrt{6}}$；(2) $\sqrt{3}$.

2.4 习题

1. $\frac{x-1}{0}=\frac{y-1}{1}=\frac{z-1}{2}$. **2.** (1)$D=D_1=0$；(2)$A=A_1=0$；(3) $\frac{D}{B}=\frac{D_1}{B_1}$；(4)$D=D_1=C=C_1=0$. **3.** (1) 平行；(2) 异面，$\frac{90}{\sqrt{38}}$；(3) 共面. **4.** (1) 距离 $d=\frac{2\sqrt{2}}{5}$，公垂线 $\begin{cases}7x-5y-z-14=0\\ 27x-5y+13z+10=0\end{cases}$；(2) $d=\frac{4\sqrt{170}}{17}$，公垂线$\begin{cases}61x-78y+15z+80=0\\ 7x+y-15z+11=0\end{cases}$；(3)$d=\frac{22\sqrt{69}}{69}$，公垂线$\begin{cases}11x-2y-29z+5=0\\ 53x+28y-8z+156=0\end{cases}$.

6. (1) 夹角 $\theta=\arccos\frac{72}{77}$；(2) 夹角 $\theta=\arccos\frac{17}{45}$. **7.** (1) 相交；(2) 相交；(3) 相交. **9.** (1) 相交；(2) 相交；(3) 平行. **10.** (1) 所成角为 $45°$；(2) 所成角为 $\theta=\arccos\frac{4\sqrt{435}}{87}$.

11. 轨迹为 $3Ax+3By+3Cz+D_1+D_2+D_3=0$.

2.5 习题

1. (1) 平面方程为 $5x-10y-3z-2=0$；(2) 平面方程为 $11x-8y-z+4=0$；(3) 平面方程为 $3x-4y-z=0$. **2.** (1) $7x-26y+18z=0$；(2) $12x+39y+3z-1=0$；(3) $2x+2y-2z-1=0$ 和 $9x+7y-10z=0$；(4) $6x+3y+2z-8=0$ 和 $2x-9y+6z+4=0$. **3.** 平面方程为 $6x+3y+z-6=0$ 和 $6x+3y-z-6=0$.

第 3 章

3.1 习题

1. (1)$x^2=2z$；(2)$(x-z)^2+(y+z)^2=25$；(3)$2y-2z-1=0$；(4) $25y^2+(2x+z-5)^2=25$. **2.** $x^2+y^2+z^2-xy-xz-yz-3y+3z-3=0$.

3. $(2y+2z+4)^2+(2x+z+3)^2+(2x-y+1)^2=65$.

4. $(x-y-\frac{3}{5})^2+(x-z+1)^2+(y-z+\frac{8}{5})^2=\frac{98}{25}$.

5. (1) $z^2=a^2-ax$；$x^2+y^2-ax=0$；$(\frac{a}{2}-\frac{z}{a})^2+y^2=a^2$；

(2) $\begin{cases} x = \dfrac{a}{2}(1+\cos\theta) + lu, \\ y = \dfrac{a}{2}\sin\theta + mu, \\ z = \pm a\sin\dfrac{\theta}{2} + nu. \end{cases}$ **6.** (1) $x^2 - 2(y+z-2)^2 = (z-1)^2$;

(2) $x^2+y^2+z^2 = 4(x+y+z)^2$; (3) $x^2+y^2+(z-2)^2 = 4y(2-z)$.

7. (1) $9x^2+9y^2+9z^2-10x-32z-8y+36=0$;

(2) $25(x-1)^2+25(y+1)^2+25z^2 = 2(2x+2y+z)^2$;

(3) $4x^2+y^2+z^2+4xy-4xz+8yz=0$. **8.** $xy+yz+xz=0$(以 $x=y=z$ 为轴);$xy+yz-xz=0$(以 $x=-y=z$ 为轴);$-xy+yz+xz=0$(以 $x=y=-z$ 为轴);$xy-yz+xz=0$(以 $-x=y=z$ 为轴). **9.** (1) $x^2+y^2+(z-1)^2 = 6(x-y+2z-2)^2$; (2) $y^4-4x^2+2y^2-4z^2-4x=0$; (3) $\pm y\sqrt{x^2+z^2} = a^2$或 $\pm x\sqrt{y^2+z^2} = a^2$;

(4) $x^2+y^2+z^2=1$. 10. $a=0$, $x^2+y^2+z^2+2xy+2yz-2xz-2x+2y-2z=3$. **11.** 母线为 $\begin{cases} y^2 = 2pz, \\ x=0; \end{cases}$ 轴为 y 轴.

3.2 习题

1. $\dfrac{x^2}{9}+\dfrac{y^2}{16}+\dfrac{z^2}{36}=1$. **2.** $9x^2+4y^2=5z$. **3.** (1) $x^2+2z^2=4y$; (2) $x^2-2z^2=4y$.

5. $b\sqrt{a^2+c^2}\,z \pm c\sqrt{a^2-b^2}\,y=0$. **6.** 当 $m>-\dfrac{1}{4}$ 且 $m\neq 0$ 时交线为椭圆,当 $m=0$ 时交线为抛物线.

3.3 习题

1. $\begin{cases} x=1, \\ 3y=2z \end{cases}$ 与 $\begin{cases} 6x-3y-2z+6=0, \\ 6x+3y-2z-6=0. \end{cases}$ **2.** $\begin{cases} 2x=z, \\ y=0 \end{cases}$ 与 $\begin{cases} 2x+z-2=0, \\ 4x-y-2z=0. \end{cases}$

3. $\begin{cases} 2x+3y=-12, \\ -2x+3y=3z. \end{cases}$ **5.** $\dfrac{x^2}{a^2}+\dfrac{y^2}{b^2}-\dfrac{z^2}{c^2}=1$ 且 $x^2+y^2+z^2=a^2+b^2-c^2$. **6.** $\dfrac{x^2}{18}-\dfrac{y^2}{8}=2z$. **7.** $4x^2-9y^2-144z=0$. **8.** $(x^2+z^2)(y^2+z^2)=(1+\tan^2\alpha)x^2y^2$. **9.** $2x=y^2-z^2$. **10.** (1) $xy\sin 2\theta+2az=0$; (2) $-\dfrac{x^2\sin^2\theta}{\cos 2\theta}+\dfrac{y^2\cos^2\theta}{\cos 2\theta}+z^2=a^2$.

3.4 习题

1. (1) $x^*+3y^*+2\sqrt{2}=0$; (2) $x=2+\sqrt{2}$. **2.** $\begin{cases} x=\dfrac{3}{5}x^*-\dfrac{4}{5}y^*+1, \\ y=\dfrac{4}{5}x^*+\dfrac{3}{5}y^*-1. \end{cases}$

3. (1) $7\sqrt{3}x^*-3z^*-11\sqrt{6}=0$; (2) $x^{*2}+y^{*2}+z^{*2}=1$.

5. 当 $|k|>2$ 时,曲线为椭圆;当 $|k|=2$ 时,曲线为抛物线;当 $|k|<2$ 时,曲线为双曲线.

6. 存在.

3.5 习题

1. (1) $-2x^{*2}+3y^{*2}+6z^{*2}+6=0$; $\begin{cases} x=\frac{1}{\sqrt{2}}x^{*}-\frac{1}{\sqrt{3}}y^{*}+\frac{1}{\sqrt{6}}z^{*}, \\ y=\frac{1}{\sqrt{2}}x^{*}+\frac{1}{\sqrt{3}}y^{*}-\frac{1}{\sqrt{6}}z^{*}, \\ z=\frac{1}{\sqrt{3}}y^{*}+\frac{2}{\sqrt{6}}z^{*}+1. \end{cases}$

(2) $6y^{*2}+6z^{*2}=4\sqrt{3}x^{*}$; $\begin{cases} x=\frac{1}{\sqrt{3}}x^{*}+\frac{1}{\sqrt{2}}y^{*}-\frac{1}{\sqrt{6}}z^{*}+\frac{1}{3}, \\ y=-\frac{1}{\sqrt{3}}x^{*}+\frac{1}{\sqrt{2}}y^{*}+\frac{1}{\sqrt{6}}z^{*}+\frac{1}{6}, \\ z=\frac{1}{\sqrt{3}}x^{*}+\frac{2}{\sqrt{6}}y^{*}+\frac{1}{3}. \end{cases}$

(3) $x^{*2}+y^{*2}-2z^{*2}=1$; $\begin{cases} x=-\frac{2}{\sqrt{6}}y^{*}+\frac{1}{\sqrt{3}}z^{*}+1, \\ y=\frac{1}{\sqrt{2}}x^{*}-\frac{1}{\sqrt{6}}y^{*}-\frac{1}{\sqrt{3}}z^{*}+1, \\ z=\frac{1}{\sqrt{2}}x^{*}+\frac{1}{\sqrt{6}}y^{*}+\frac{1}{\sqrt{3}}z^{*}-1. \end{cases}$

(4) $x^{*2}+2y^{*2}-2=0$; $\begin{cases} x=\frac{1}{\sqrt{3}}x^{*}-\frac{1}{\sqrt{6}}y^{*}+\frac{1}{\sqrt{2}}z^{*}, \\ y=\frac{1}{\sqrt{3}}x^{*}+\frac{2}{\sqrt{6}}y^{*}+1, \\ z=-\frac{1}{\sqrt{3}}x^{*}+\frac{1}{\sqrt{6}}y^{*}+\frac{1}{\sqrt{2}}z^{*}. \end{cases}$

(5) $3x^{*2}-y^{*2}-2=0$; $\begin{cases} x=\frac{1}{\sqrt{6}}x^{*}+\frac{1}{\sqrt{2}}y^{*}+\frac{1}{\sqrt{3}}z^{*}+\frac{4}{3}, \\ y=-\frac{2}{\sqrt{6}}x^{*}+\frac{1}{\sqrt{3}}z^{*}-\frac{1}{6}, \\ z=\frac{1}{\sqrt{6}}x^{*}-\frac{1}{\sqrt{2}}y^{*}+\frac{1}{\sqrt{3}}z^{*}-\frac{7}{6}. \end{cases}$

(6) $x^{*2}+y^{*2}+4z^{*2}-4=0$; $\begin{cases} x=\frac{1}{\sqrt{2}}x^{*}-\frac{1}{\sqrt{6}}y^{*}+\frac{1}{\sqrt{3}}z^{*}, \\ y=\frac{1}{\sqrt{2}}x^{*}+\frac{1}{\sqrt{6}}y^{*}-\frac{1}{\sqrt{3}}z^{*}+2, \\ z=\frac{2}{\sqrt{6}}y^{*}+\frac{1}{\sqrt{3}}z^{*}+2. \end{cases}$

$$(7)\ x^{*2}+y^{*2}-2z^{*2}=0;\begin{cases}x=\dfrac{1}{\sqrt{2}}x^*-\dfrac{1}{\sqrt{18}}y^*+\dfrac{2}{3}z^*+1,\\ y=\dfrac{4}{\sqrt{18}}y^*+\dfrac{1}{3}z^*+1,\\ z=\dfrac{1}{\sqrt{2}}x^*+\dfrac{1}{\sqrt{18}}y^*-\dfrac{2}{3}z^*-1.\end{cases}$$

$$(8)\ -x^{*2}+4y^{*2}=2;\begin{cases}x=\dfrac{1}{\sqrt{3}}x^*-\dfrac{1}{\sqrt{6}}y^*+\dfrac{1}{\sqrt{2}}z^*+\dfrac{1}{2},\\ y=-\dfrac{1}{\sqrt{3}}x^*-\dfrac{2}{\sqrt{6}}y^*-1,\\ z=\dfrac{1}{\sqrt{3}}x^*+\dfrac{2}{3}.\end{cases}$$

2. (1) 双叶双曲面；$-x^2+2y^2+5z^2+2=0$； (2) 抛物柱面；$3x^2-2\sqrt{5}y=0$；(3) 二次锥面；$x^2+y^2+4z^2=0$；(4) 双曲抛物面；$3x^2-3y^2-z=0$. **3**. $d=-\dfrac{29}{28}$. **4**. 二次曲面分别为椭圆抛物面、双曲抛物面和抛物柱面.

3.6 习题

1. (1) $x^2+y^2-2x-1=0$；$z^2-2x-1=0$；$(1-z^2)^2+4(y^2-z^2)=0$. (2) $4y\pm3z=0$；$x=2$；$z=2$. (3) $x^2+y^2=4$；$3x^2-z^2=12$；x 轴.

第 4 章

4.1 习题

1. $\begin{cases}x'=-y-1,\\ y'=-x-1;\end{cases}$ $(-1,-1)$；$(-2,-2)$. **2**. $y^2-x^2=a$.

5. (1) 平移量为$\overrightarrow{O_1r_2(O_1)}$；(2) 转角为 $\theta_1+\theta_2$，旋转中心分 θ_1 与 θ_2 同向或反向两种情况讨论.

6. 当 $l//l_2$ 时，$\sigma_2\circ\sigma_1$ 是平移；当 l_1 与 l_2 相交时，$\sigma_2\circ\sigma_1$ 是旋转.

4.2 习题

5. (1) $\begin{cases}x'=2x+3y+1,\\ y'=x-2y-1;\end{cases}$ (2) $\begin{cases}x'=x+3y-1,\\ y'=2x-y+5;\end{cases}$

(3) $\begin{cases}x'=-8x-8y+1,\\ y'=6x+8y+1.\end{cases}$

6. (1) 不变直线为 $x-y-1=0$ 或 $3x+4y-3=0$；变积系数为 6；

(2) $\begin{cases}x'=6x,\\ y'=-y.\end{cases}$

4.3 习题

1. 不动直线为$\dfrac{x}{-1+\sqrt{2}}=\dfrac{y}{-1}=\dfrac{z}{1}$；旋转角为 $\arccos\dfrac{2\sqrt{2}-1}{4}$.

2. $\begin{cases} x' = \pm lx + a_{12}y + a_{13}z, \\ y' = \pm mx + a_{22}y + a_{23}z, \\ z' = \pm nx + a_{32}y + a_{33}z, \end{cases}$ 其中 $A = \begin{bmatrix} \pm l & a_{12} & a_{13} \\ \pm m & a_{22} & a_{23} \\ \pm n & a_{32} & a_{33} \end{bmatrix}$ 为正交矩阵.

4.4 习题

4. (1) $\begin{cases} x' = 2x + y + z - 1, \\ y' = 2x + 3y + 2z - 2, \\ z' = -2x - 2y - z + 2; \end{cases}$ (2) $\begin{cases} x' = \frac{1}{4}(x - 6y - z + 5), \\ y' = \frac{1}{4}(-5x + 2y + z + 3), \\ z' = \frac{1}{4}(5x + 6y + 7z - 3). \end{cases}$

5. $\frac{4}{3}\pi \mid abc \mid$.

第5章

5.2 习题

2. $\lambda = 2, \mu = -1, b'^* = 2b^* = (2,4,-8), c'^* = c^* = (1,2,-4)$.

3. $(4,2,-2), 4x_1 + 2x_2 - 2x_3 = 0$.

5.3 习题

1. $\left[\left(\frac{4}{3}, -7\right)\right]$, $\begin{cases} \bar{\lambda} = -\frac{3}{5}\lambda + \frac{8}{5}\mu, \\ \bar{\mu} = \frac{3}{10}\lambda - \frac{1}{20}\mu. \end{cases}$ 5. $\left[\left(\frac{1}{8}, \frac{1}{20}, \frac{1}{6}\right)\right]$.

6. $\begin{cases} \sigma x_1 = 2x_1' - x_2' + x_3', \\ \sigma x_2 = 4x_1' + 2x_2' - 6x_3', \\ \sigma x_3 = x_1' + x_2' - 3x_3'. \end{cases}$ $\begin{cases} \rho x_1' = \frac{13}{8}x_2 - x_3, \\ \rho x_2' = -\frac{3}{2}x_1 + \frac{25}{4}x_2 - 4x_3, \\ \rho x_3' = -\frac{1}{2}x_1 + 3x_2 - 2x_3. \end{cases}$

5.6 习题

2. $\alpha = 0$.

5.7 习题

1. $2x_1^2 + x_2^2 - 2x_1x_3 + 2x_2x_3 = 0, \left(\frac{1}{3}, \frac{4}{3}, -\frac{1}{3}\right)$. 6. $\xi_1 = x_1, \xi_2 = -x_2, \xi_3 = -x_3$.

10. $3x_1 - 4x_2 \pm \frac{\sqrt{34}}{2}x_3 = 0$.

5.8 习题

3. $x_1^2 + x_2^2 - x_3^2 = 0$.

参考文献

[1] 丰宁欣,孙贤铭,郭孝英,李中林,吴少华:空间解析几何. 杭州:浙江科学技术出版社,1982.

[2] 苏步青,华宣积,忻元龙,张国梁:空间解析几何. 上海:上海科学技术出版社,1984.

[3] 黄宣国:空间解析几何. 上海:复旦大学出版社,2004.

[4] 黄宣国:空间解析几何与微分几何. 上海:复旦大学出版社,2003.

[5] 丘维声:解析几何(第二版). 北京:北京大学出版社,1996.

[6] 尤承业:解析几何. 北京:北京大学出版社,2004.

[7] 梅向明,刘增贤,林向岩:高等几何. 北京:高等教育出版社,1984.

[8] H. Busemann, P. Kelly: *Projective geometry and projective metrics*. New York: Academic Press Inc., 1953.

[9] 吕林根,许子道:解析几何(第三版). 北京:高等教育出版社,2004.

[10] 希尔伯特:几何基础(中译本第二版由江泽涵、朱鼎勋根据德文第十二版翻译). 北京:科学出版社,1995.

[11] 罗崇善:高等几何. 北京:高等教育出版社,1999.

[12] 傅章秀:几何基础(修订本). 北京:北京师范大学出版社,1993.

[13] 朱德祥:高等几何. 北京:高等教育出版社,1983.

图书在版编目（CIP）数据

解析几何学／沈一兵等编．—杭州：浙江大学出版社，2008.8(2024.7 重印)
（浙江大学数学系列丛书）
ISBN 978-7-308-06149-0

Ⅰ.解… Ⅱ.沈… Ⅲ.解析几何学—高等学校—教材
Ⅳ.O182

中国版本图书馆 CIP 数据核字（2008）第 130880 号

解析几何学

沈一兵　盛为民　张　希　夏巧玲　编

责任编辑　徐素君
封面设计　刘依群
出版发行　浙江大学出版社
（杭州市天目山路 148 号　邮政编码 310007）
（网址：http://www.zjupress.com）
排　　版　杭州青翊图文设计有限公司
印　　刷　广东虎彩云印刷有限公司绍兴分公司
开　　本　787mm×1092mm　1/16
印　　张　11.5
字　　数　290 千
版 印 次　2008 年 8 月第 1 版　2024 年 7 月第 10 次印刷
书　　号　ISBN 978-7-308-06149-0
定　　价　35.00 元